SCHÄFFER
POESCHEL

Inhaltsverzeichnis

Einleitung – Wer oder was führt hier? 1
I.   Bestandsaufnahme von Führung....................................... 1
II.   Erwünschte Wirkungen... 1
III.   Warnhinweise... 3
IV.   Führung und Organisationen analysieren 4
        Die Spitze des Eisbergs... 5
        Eigenlogik der Organisation erkennen............................. 6
        Analysemethode.. 7
        Von der Analyse zur Beratung 9
        Herausforderungen.. 10
V.   Gebrauchsanleitung 12
VI.   Dankeschön an.. 14

Teil I 15

Fallbeispiel 1: Unverbundenes Engagement 17
        Scheinbare Harmonie 17
        Ehrliches Interesse bringt Einsicht 18
        Liebe zur inhaltlichen Arbeit.. 18
        Fehlendes großes Bild 19
        Fazit 20

Fallbeispiel 2: Erfolgsrezepte stoßen an ihre Grenzen................... 21
        We are family 22
        Die Holding und wir 22
        Mehr vom selben 23
        Zielkonflikte werden nicht besprochen........................... 23
        Im Kokon 24
        Sind die Eigentümer loyal?... 25
        Fazit... 25

Fallbeispiel 3: Ziele von gestern 27
        Außen flott, innen zäh 27
        Jeder für sein, nur ich für mein Ziel 28
        Überholte Erwartungen an Kommunikation 29
        Chancen des Neuen... 30
        Motivation statt Einfluss 30
        Der Vorstand bittet zur Diskussion................................. 31
        Fazit... 31

Fallbeispiel 4: Veränderungsempfänger 33
   Über das Unternehmen hinaus gedacht 33
   Zu allem Überfluss noch ein Kultur-Projekt 34
   Die Führung muss sich an die neue Distanz gewöhnen 34
   Prozesse vom Reißbrett 35
   Standardisierungsschmerzen 36
   Ausführen oder mitdenken? 36
   Strategiekonferenz 37
   Fazit 37

Fallbeispiel 5: Sind das noch wir? 39
   Internationalisierung verlangt neue Kompetenzen 39
   Bürokratisierung gegen Unübersichtlichkeit 40
   Anerkennung und Feedback ade 40
   Eine neue Führungsebene 41
   Erfolgs-Delta 42
   Das Unbehagen kristallisiert sich am Geld 42
   Sinn-Erosion 43
   Fazit 44

Fallbeispiel 6: Depressionen trotz Erfolg 45
   Dicke Luft in der Produktion 45
   Vom Krisenkandidaten zum Weltmeister 46
   Ungleiche Teilhabe am Erfolg 47
   Machtloses Mittelmanagement 47
   Angst 48
   Klare Mission, klare strategische Prinzipien 49
   Prozessengineering oder Führungsreorganisation 49
   Fazit 50

Fallbeispiel 7: Helden und Hausfrauen 53
   Ausgeprägtes Selbstbewusstsein 54
   Renditedruck 54
   Maximale Eigenverantwortung 54
   Helden und Hausfrauen 55
   Wenig Aufmerksamkeit beim Kunden 56
   Fazit 57

Fallbeispiel 8: Neue Strukturen, alte Rollen 59
   Beim Hobeln 59
   ... fallen Späne 60
   Verantwortung ohne Durchgriffsrechte 60

Reorganisation ohne Diskussion 61

Mehr Autonomie der Betriebe 61

Zug in voller Fahrt 62

Chefsache 63

Misstrauen 63

Rollenklärung 64

Fazit 64

Fallbeispiel 9: Ungenutztes Potenzial 67

Innerer Zirkel 67

Vergangenheit! Zukunft? 68

Kraft informeller Kommunikation 68

Blinde Flecken 69

Fazit 70

Teil II 71

1   Gewebe der Organisation – Organisations-Design:
Die vielen Dimensionen der Gestaltung von Arbeit 73

1.1   Organisation und ihre Arbeit 73

1.2   Organisationskultur 75

1.3   Werte und Prinzipien 76

1.4   Verhalten 78

1.5   Formen 80

1.6   Formelle und informelle Organisation 81

2   Kästchen, Flüsse, Flaschenhälse – Wie Entscheidungen
über Entscheidungen Organisationen prägen 85

2.1   Entscheidungen 85

2.2   Strukturen 86

2.3   Hierarchie 86

    2.3.1   Gratwanderung zwischen Entmündigung und Überforderung 86

    2.3.2   Sinn und Autonomie als Achillesfersen der Hierarchie 87

    2.3.3   Distanz zwischen Entscheidern und Umsetzern 88

    2.3.4   Silos 91

    2.3.5   Das Oben-Unten-Muster 93

2.4   Aufbauorganisation 94

    2.4.1   Funktionale Struktur 94

    2.4.2   Divisionale Struktur 95

    2.4.3   Matrixorganisationen 96

    2.4.4   Netzwerkorganisationen 97

2.5   Prozesse 99

2.6	Projekte	102
	2.6.1 Organisationsinterne Projekte	102
2.7	Professionelle Rollen	104
3	**Unsichtbare Bahnen kollektiven Handelns – Kommunikationsstrukturen gestalten die Wirklichkeit der Organisation**	**109**
3.1	Einwegkommunikation	109
	3.1.1 Information	111
	3.2.1 Reporting	114
3.2	Dialog	115
	3.2.1 Konsultieren	115
	3.2.2 Überblick und Transparenz schaffen	117
	3.2.3 Zuviel des Redens	118
	3.2.4 Reflexion	120
3.3	Feedback	121
	3.3.1 Gehört ist noch nicht verstanden	121
	3.3.2 Lernen oder Belohnen und Bestrafen	122
	3.3.3 Wer wem Feedback gibt	124
	3.3.4 Feedback ist gefährlich	125
	3.3.5 Wenn Feedback vermieden wird	125
	3.3.6 Anonymes Feedback	126
3.4	Sternförmige Kommunikation	127
3.5	Kommunikationsmuster in Konflikten	128
	3.5.1 Harmonisieren vs. Suchen der Konfrontation	128
	3.5.2 Lösungsorientierung vs. Schuldigensuche	129
	3.5.3 Eskalation	130
3.6	Defizitäre Kommunikation	131
	3.6.1 Das Legen (zu) hoher Messlatten	133
	3.6.2 Erziehung der »Untergebenen«	134
	3.6.3 Mikromanagement	134
3.7	Ressourcenstärkende Kommunikation	135
	3.7.1 Verantwortung übertragen	135
	3.7.2 Rückendeckung geben	136
	3.7.3 Positive Sprache	137
3.8	Informelle Kommunikation	137
	3.8.1 Hier regiert der Hausverstand	137
	3.8.2 Netzwerk der Eingeweihten	138
	3.8.3 Schnelle und praktische Lösungen	139
	3.8.4 Gerüchteküche	140
3.9	Schriftliche Kommunikation	140
3.10	Kommunikation im Ausnahmezustand	142

4   Change Fiction – Was Organisationen mit Veränderungen machen und umgekehrt 145

4.1   Kein Tag wie der andere 145

4.2   Das Ziel ist nicht der Weg 147

4.3   Anlässe von Veränderungen 148

    4.3.1   Wachstum 148

    4.3.2   Internationalisierung.. 151

    4.3.3   Gesundschrumpfen oder Magersucht.................... 152

    4.3.4   Strategiewandel... 152

4.4   Veränderung gestalten.. 153

    4.4.1   Unzufriedenheit treibt 154

    4.4.2   Wie hätten wir es denn gern?.............................. 155

    4.4.3   Ressourcen für Wandel 156

4.5   Veränderungsprozesse steuern....................................... 157

    4.5.1   Schritte und Pfade.. 158

    4.5.2   Entscheidende Unterschiede 160

5   Eine Vision ist ein Gummiband – Über die Instrumente, mit denen sich Unternehmen Richtung geben 165

5.1   Mission oder Vision?.. 166

5.2   Mission.. 166

    5.2.1   Sinngehalt des Produkts 167

    5.2.2   Übereinstimmung von Mission und Zweck.............. 168

    5.2.3   Brüche... 169

    5.2.4   Mission: Veränderung! 170

5.3   Vision 170

    5.3.1   Cui bono? Wem nützt das? 171

    5.3.2   Der goldene Grat der Herausforderung.................. 173

5.4   Werte, Prinzipien, Leitbilder.. 177

    5.4.1   Ist-Soll-Falle 178

    5.4.2   Vorbildwirkung 179

    5.4.3   Grundsätze oder Verhaltensanweisungen............... 180

5.5   Strategie.. 181

    5.5.1   Unentscheidbares entscheiden............................. 181

    5.5.2   Ressourcenorientierung der Strategie.................... 182

    5.5.3   Denker und Umsetzer 183

    5.5.4   Gefangene der eigenen Strategie.......................... 184

6   Brot und Spiele: Was Unternehmen tun, um die richtige Leistung zu bekommen – und was dabei herauskommt.......................... 189

6.1   Führen mit Zielen 190

    6.1.1   Klare Erwartungen, eindeutiges Feedback 190

6.1.2   Kennzahlenoptimierung vs. Fokus auf Unternehmenserfolg 191

6.1.3   Weg der Ziele durch die Hierarchie 193

6.1.4   Vereinbarung oder Vorgabe 194

6.1.5   Beeinflussbarkeit und Messbarkeit vs. Relevanz 195

6.1.6   Output vs. Verhalten 197

6.1.7   Lerninstrumentarium 199

6.2   Lohn der Arbeit 200

6.2.1   Geld: Notwendig, aber nicht hinreichend 200

6.2.2   Die Hilflosigkeit der Führungskräfte 202

6.2.3   Impliziter Vertrag 203

6.2.4   Wofür Menschen arbeiten 204

6.2.5   Gerechtigkeit 209

6.2.6   Vergütungssysteme: Die Lösung ist das Problem 211

7   Innenwelt der Außenwelt – Welche Steuerungsimpulse Unternehmen
aus ihren Umwelten gewinnen 215

7.1   Eigentümer 217

7.1.1   Konzerne/Aktiengesellschaften 217

7.1.2   Eigentümergeführte Unternehmen und Familienunternehmen 219

7.1.3   Öffentliche Unternehmen 222

7.2   Mitarbeiter 223

7.2.1   Zufriedenheit 224

7.2.2   Verantwortung und Engagement 225

7.2.3   Qualifikation 225

7.2.4   Loyalität 226

7.3   Öffentlichkeit 227

7.3.1   Spieglein, Spieglein an der Wand 227

7.3.2   Öffentlichkeit als internes Kommunikationsmedium 228

7.4   Kunden 229

7.4.1   Stellenwert und Rolle des Vertriebs 229

7.4.2   Innenorientierung 230

7.4.3   Ungleichgewichte 231

7.5   Gesellschaft 232

7.5.1   Sinn des Lebens 232

7.5.2   Diversity 232

7.5.3   Gesellschaftliche Verantwortung 233

7.5.4   Globalisierung 233

7.5.5   Kostendruck 234

7.5.6   (Sozial-)Technologische Neuerungen 234

7.6   Berater 235

8   Führung der Führung – Fokus auf Führung und Schlüsse 239
8.1   Führung = Arbeit? 240
8.2   Führung im Dialog? 242
8.3   Führungsleistung wird nicht thematisiert 244
8.4   Führung als pseudoobjektivierter Vorgang 244
8.5   Führung lernen 245
8.6   Führung der Zukunft – Ausblick 247
        8.6.1   Laterale Kooperation und Vertrauen 248
        8.6.2   Führung »macht« Sinn 249
        8.6.3   Positive Leadership 249

Literaturverzeichnis 251
Stichwortregister 255
Die Autoren 261

Einleitung
Wer oder was führt hier?

... und warum schreiben wir darüber ein Buch?

I.   Bestandsaufnahme von Führung

In den letzten zehn Jahren haben wir eine ganze Reihe von Unternehmen sehr gründlich auf Führung untersucht: Wie und womit wird geführt? Wie und wovon wird dieses Unternehmen gesteuert? Wie wirkt sich das aus, wonach richten sich Entscheidungen und Verhalten der Personen in diesem Unternehmen tatsächlich? Um diese und viele weitere Fragestellungen zu bearbeiten gehen wir in unseren Untersuchungen völlig offen an das Thema heran und fragen uns und unsere Interviewpartner in jedem Unternehmen wieder von vorne: Was ist es hier, das tatsächlich führt? In einer Vielzahl von Unternehmen waren wir beratend tätig, und vor dem Hintergrund unserer Erfahrungen haben sich gewisse Muster, regelmäßig auftretende Phänomene von Organisation und Führung herausgeschält. Diese Beobachtungen und Schlussfolgerungen möchten wir mit Ihnen teilen. Dieses Buch ist also in erster Linie eine Bestandsaufnahme von der Realität von Führung und geführt werden im deutschsprachigen Raum. Es ist ein Versuch, unsere Wahrnehmungen und Bewertungen dessen, was ist, zu beschreiben – und noch gar nicht so sehr in Lösungen zu denken, sondern erst einmal diese Beobachtung des Bestehenden zur Diskussion zu stellen.

II.   Erwünschte Wirkungen

Dieser Zugang mag für ein Buch über Führung, das auch Praktiker ansprechen soll, ungewöhnlich sein. Wir haben ihn gewählt, weil wir hoffen, mit diesem Buch zu Folgendem beizutragen:

Ent-täuschen

Es gibt viele großartige Konzepte, Theorien und Empfehlungen für Unternehmen. Ob TQM oder AI, Mitarbeitergespräche, Lean Management, Six Sigma oder Kaizen, Reengineering oder Effectuation – die Welt ist voller Lösungen. Mit den meisten sind Heilsversprechen verbunden (»Dieser Hustensaft wird Ihre Erkältung für immer vertreiben«).

Unsere Absicht ist es, mit diesem Buch einen nüchternen Blick auf die reale Verfassung von Unternehmen und Wirkungen von Führungsverhalten zu werfen. Was beschreiben Führungskräfte und Mitarbeiter in Unternehmen von sich aus als wirkungsvoll und steuernd, wenn ihre Aufmerksamkeit nicht zuvor auf bestimmte Probleme, Fragen oder gar Lösungen gerichtet wurde? In diesem Sinne wollen wir gerne die großen Erwartungen und Versprechen beiseiteschaffen, unsere Leser ent-täuschen und uns auf die Suche nach dem machen, was sich in Unternehmen »wirklich« als wirksam erweist. Letztendlich wollen wir Sie dazu einladen, nicht impulsiv nach dem schönsten Hammer aus dem Baumarktregal zu greifen, sondern erst zu überlegen, ob es wirklich Nägel sind, mit denen Sie Ihr Regal befestigen wollen – oder ob doch Schrauben dafür geeigneter wären.

Zusammenhänge sichtbar machen

Organisationen sind komplexe Gebilde. Produktives Handeln und erwünschte Wirkungen werden nicht durch ein bestimmtes Tool ermöglicht oder durch eine einzige schlechte Gewohnheit verhindert. Die Realität ist immer Ergebnis eines Bündels von Ursachen, die sich zudem gegenseitig bedingen und aufeinander rückwirken. Darum bemühen wir uns im Folgenden, diese Wechselwirkungen zu beschreiben. Zu diesem Zweck stellen wir vor der Fokussierung einzelner Themen neun detaillierte Fallbeispiele dar, die zeigen, wie verschiedene Mechanismen in Unternehmen zu einem Ganzen zusammenwirken.

Selbsteinschätzung ermöglichen

Ob nach Analysen, in Beratungsprozessen oder in Trainings, immer wieder werden wir gefragt: Wie sind wir denn im Vergleich zu den anderen? Erleben Sie das bei anderen Unternehmen auch, was Sie bei uns sehen? (Inwiefern) Sind wir normal oder besonders?

Mit diesem Buch möchten wir Ihnen die Möglichkeit geben, sich einen Gesamtüberblick über unsere wichtigsten Antworten zu verschaffen. So können Sie einen Eindruck davon gewinnen, wie (unserer Ansicht nach) »die anderen« sind und dadurch vielleicht ein Gefühl dafür bekommen, wo Ihr Unternehmen steht, welche Themen und Strukturen in Ihrer Organisation a) viel Wirkungsmacht erzeugen und b) eine Handhabe für Veränderung (und sei es die Drosselung des Tempos) bieten.

III. Warnhinweise

An dieser Stelle möchten wir eine Vorsichtsmaßnahme ergreifen. Vor folgenden Erwartungen an dieses Buch möchten wir Sie warnen:

Die Inhalte dieses Buches sind

... nicht wahr

Und das gleich in mehrfacher Hinsicht. Auch wenn die Analysen, aus denen viele unserer Erkenntnisse stammen, auf der Arbeit mit wissenschaftlichen Methoden basieren, so verwahren wir uns gegen die Zuschreibung von objektiv feststehender Wahrheit. Denn obwohl wir uns um größtmögliche Unvoreingenommenheit bemühen, sind wir Menschen, die ihre Erfahrungen aus einer spezifischen professionellen Rolle mit einem bestimmten Wissens- und Erfahrungshintergrund gemacht haben. Wir gehen nicht als unbeschriebene Blätter, sondern mit einer gewissen Weltsicht an die Wirklichkeit heran.

Darüber hinaus sind unsere Aussagen im streng wissenschaftlichen Sinn noch weniger »wahr«, da wir zwar wissenschaftliche Methoden mit professioneller Sorgfalt angewendet haben, aber eine Analyse in einem Beratungskontext selten so gründlich sein kann wie ein wissenschaftliches Forschungsprojekt. In diesem Sinn können wir guten Gewissens behaupten, dass unsere Thesen und Behauptungen nicht bloß Meinungen sind, die wir uns aus dem Ärmel schütteln, sondern gut überprüfte, analysierte und hinterfragte Arbeitshypothesen.

Das liegt an der Herangehensweise, die wir verwenden: qualitative Methoden, die »offen« an ihre Forschung herangehen, dienen in erster Linie dazu, Hypothesen aufzustellen, während quantitative Methoden, wie sie uns aus den Naturwissenschaften vertraut sind, eine im Vorfeld erstellte Hypothese überprüfen.

Im Austausch für die vermeintliche Objektivität und Berechenbarkeit bieten wir Ihnen nicht nur Erkenntnisse zu einem bestimmten Thema, sondern ein ganzes Bündel von Hypothesen. Wir stellen sie zur Diskussion und akzeptieren auch, dass es Gegenbefunde gibt.

Und noch in einer dritten Hinsicht sind die Inhalte dieses Buches nicht wahr: Alle Fallbeispiele sind anonymisiert. Wir haben Namen, Standorte und andere Merkmale geändert, aus denen auf reale Identitäten geschlossen werden könnte. In unseren Reflexionen gehen wir von realen Wirkungsverhältnissen aus, die für das Unternehmen nicht immer schmeichelhaft sind. Deshalb haben wir uns entschieden, auf der Ebene der Fakten fiktiv zu sein, um in den Inhalten umso näher an die realen Bedingungen herankommen zu können.

... nicht originell

Wenn wir die Ergebnisse einer unserer Analysen dem Vorstand eines Unternehmens präsentieren, kommt es hin und wieder vor, dass das eine oder andere Vorstandsmitglied in der Diskussion anmerkt, es sei da aber nichts bahnbrechend Neues dabei. Ja, sagen wir dann, das ist aber auch nicht unser Ziel. Uns ist Relevanz wichtiger als Originalität. Im Zentrum steht das Bemühen um ein schlüssiges, zusammenhängendes Bild von den wesentlichen Einflussfaktoren auf Führung in diesem Unternehmen. Was ist tatsächlich wirkmächtig? Was prägt Denken und Verhalten? Was ist der Anteil von Führung daran?

Die Kombination der verschiedenen Faktoren ist in jedem Fall besonders und einzigartig und beschreibt die »Eigenlogik« der Organisation, den ihr eigenen Code, der zeigt, womit man rechnen muss, wenn man dieses Unternehmen verändern will.

... nicht vollständig

Wir betreiben qualitative Analysen, d.h. es handelt sich um wenige, aber intensiv untersuchte Einzelfälle. Diese Fälle sind nicht nach Erkenntnisinteresse oder Repräsentativität ausgewählt, sondern kommen dadurch zustande, dass ein Unternehmen Beratungsbedarf bei sich feststellt und unsere Firma um Unterstützung bittet. Das ist natürlich eine Vorauslese. Wir haben diesen Effekt mitbedacht und unsere Erfahrungen mit anderen Organisationen dazu verwendet, unsere Ergebnisse zu relativieren. Die Vielfalt der Branchen und Unternehmensgrößen, die Gründlichkeit unserer Analysen und unser theoretisches und praktisches Wissen erscheinen uns als Korrektiv ausreichend, um unsere Hypothesen der Öffentlichkeit zur Verfügung zu stellen.

Diese Herkunft unserer Erkenntnisse aus Einzelfällen bedingt, dass wir bei allem Bemühen um eine gesamthafte Sicht auf Unternehmensrealität keinen Anspruch auf Vollständigkeit stellen können.

IV. Führung und Organisationen analysieren

Es scheint uns angebracht, an dieser Stelle näher auf die Art unserer Organisationsanalyse einzugehen, um zu erläutern, wie die daraus abgeleiteten Aussagen zustandekommen und eingeordnet werden können.

Vor etwa 20 Jahren erschien »Das magische Auge«[1] ein Buch mit einer Reihe bunter Farbtafeln, die auf den ersten Blick nur aus sich wiederholenden Mustern zu bestehen schienen (s. Abb. 1). Wenn man die bunten Strukturen lange genug betrachtet, lassen sich darin gegenständliche Figuren erkennen (Hunde, Loko-

---

1 Baccei 1994

motiven, Kängurus etc.). Am besten gelingt dies, wenn der Betrachter es versteht, nicht die Bildebene, sondern etwa 20 cm dahinter zu fokussieren. Dann tritt die Gestalt aus dem gleichförmigen Muster hervor.

In unseren Analysen zu den Spielregeln der Führung in Organisationen ergeht es uns oft ähnlich. Der Außenblick auf ein Unternehmen zeigt zunächst ein buntes Gewimmel aus Farben und Formen: ein Konglomerat aus Verhaltensweisen, materiellen Gegebenheiten, wie Gebäuden, Produkten, Broschüren und Selbstbeschreibungen mündlicher, schriftlicher oder bildlicher Art. Auf den ersten Eindruck ähneln die meisten Unternehmen einander sehr: Alle haben Ziele, Budgets und Hierarchien, Prozesshandbücher und Einkaufsrichtlinien, es gibt Mitarbeitergespräche, Vertriebsstrukturen und Markenprozesse. Was davon aber ist wichtig und tatsächlich entscheidend für den Erfolg? Worin unterscheiden sich Unternehmen von ihren Mitbewerbern? Und vor allem: Wer oder was führt Unternehmen in Zeiten zunehmender Unsicherheit, Kurzfristigkeit und Konkurrenz?

Die Spitze des Eisbergs

Auch wenn das unmittelbare Verhalten der einzelnen Führungskraft für die jeweiligen Mitarbeiter oft ein prägendes Moment für ihre Arbeit darstellt, handelt es sich dabei nur um die Spitze des Eisbergs. Den weitaus größeren und entscheidenderen Teil von Führung bilden strukturelle Faktoren: Unter der Oberfläche gibt es Werte und Prinzipien, die Organisationskultur, die Strukturen, aber auch Einflüsse von außen – von Kunden, den Märkten, dem sozialen Umfeld des Unternehmens. Darüber hinaus ziehen Entwicklungen und Umstände oft völlig unvorhersehbare Wirkungen nach sich: Wachstum oder Personalabbau, die Gewinnentnahmen der Eigentümer oder die Gewohnheit, viele Berater ins Haus zu holen. Alle diese Entscheidungen lösen etwas aus, beeinflussen Haltungen, Handlungen und Entscheidungen der Mitarbeiter. Der Versuch, das Zusammen-

Abb.1: Das magische Auge. In diesem Muster ist es möglich, bei »weichem« Blick ein Objekt zu sehen (leider nicht hier – nur im Original, Baccei 1994).

spiel all dieser Faktoren und Bedingungen zu beeinflussen, nennt sich Führung: Steuerung von kollektivem Verhalten.

Eigenlogik der Organisation erkennen

Womit muss Führung rechnen? Was hat sie in der Hand, um die Organisation erfolgreicher, robuster, effektiver zu machen? Als Berater sind wir mit der Erwartung konfrontiert, Führungskräften Antworten auf diese Fragen geben zu können. Und natürlich haben wir jede Menge schlauer Theorien, praktischer Instrumente und inspirierender Benchmarks in der Tasche. Als systemisch ausgebildete Berater akzeptieren wir aber, dass jede Organisation eine spezifische Eigenlogik hat, die darüber entscheidet, welche Lösungswege und Impulse von ihr angenommen und wirksam werden. Zu oft haben wir erfahren, dass Inputs und Interventionen, die für eine Organisation der Stein der Weisen waren, bei anderen wenig oder gar nicht die erhoffte Wirkung zeigten.

Was aber bestimmt diese Eigenlogik? Welchen Blickwinkel müssen wir einnehmen, damit wir nicht nur ein verwirrend buntes Muster sehen, sondern die tatsächliche Gestalt dahinter erkennen können? Wir haben zu diesem Zweck mit einem Methodenset experimentiert, das aus der Sozialwissenschaft stammt und in den Kanon qualitativer (im Unterschied zu quantitativen) Methoden einzuordnen ist. Die Effekte dieser Analysen übertrafen unsere anfänglichen Erwartungen erheblich. Die Ergebnisse lösten in so gut wie allen Fällen starke Resonanz und Aha-Erlebnisse in den untersuchten Organisationen aus. Die Reaktion auf die Ergebnisse, die wir, wenn möglich, vor den Führungskräften des Unternehmens präsentierten und dort besprechen ließen, war meist überschwänglich: »Ja, genau so sind wir«, »dass das endlich mal jemand ausspricht!«. Diese hohe Akzeptanz ermöglichte anschließend oft die Entwicklung neuer Ansätze für Kommunikation, Strukturen und Kooperation in der Führung dieser Unternehmen, die vorher in dieser Form undenkbar gewesen wären. Aber genug des Eigenlobes, zurück zum eigentlichen Thema des Buches: die Realverfassung von Führung in Unternehmen.

Die Grundfrage ist und bleibt immer dieselbe: Was hat besonders großen Einfluss darauf, wie Menschen sich verhalten? Dahinter steht die Annahme, dass es schlussendlich das menschliche Verhalten ist, das den Erfolg einer Organisation ausmacht. Nach zehn Jahren Analysetätigkeit in verschiedenen Unternehmen zeichnen sich in Hinblick auf diese herausragenden Wirkungsfaktoren jene Muster ab, die uns zu den in diesem Buch versammelten grundsätzlichen Reflexionen inspirierten: Welche Regeln sind im Unternehmens-Spiel wirksam? Was führt, wer führt, welche Führung hat welche Wirkung?

Analysemethode

Weil die meisten hier beschriebenen Erfahrungen und Erkenntnisse auf unseren Organisationsanalysen beruhen, geben wir hier einen kurzen Einblick in die Methoden sowie die Entstehung unserer Hypothesen. Dadurch soll transparent werden, inwiefern es mithilfe dieser Methode möglich ist, Interaktionsmuster und Organisationsdynamiken sichtbar zu machen, die in der Organisation bisher unentdeckt geblieben sind. Unsere Analysemethode beruht auf qualitativen sozialwissenschaftlichen Herangehensweisen, insbesondere auf hermeneutischen (»textauslegenden«) Verfahren (siehe Abb. 2).

Hermeneutische Methoden gehen davon aus, dass sämtliche von Menschen in einem gewissen Zusammenhang produzierte Zeichen oder Gegenstände – seien es mündliche Aussagen, schriftliche Dokumente oder materielle Produkte – nicht zufällig zustande kommen. Jede Ausdrucksform ist in jedem Detail sinnhaft begründet. Menschen tun und sagen Dinge nicht zufällig auf eine bestimmte Art, sondern weil sie ganz bestimmten Regeln, Interessen und Sichtweisen folgen, die ihnen jedoch in dieser Form nicht notwendigerweise vollkommen bewusst sind. Wenn man Aussagen, Dokumente und andere Zeugnisse von Menschen nur genau genug untersucht, beginnen sie gleichsam wie von selbst »Sinn zu ergeben«. Davon ausgehend kann der Interpret Annahmen über die Lebens- und Denkwei-

Prinzipien qualitativer Sozialforschung		Quantitative Verfahren
Offenheit	Qualitative Verfahren verstehen sich in erster Linie als hypothesen-generierend, es wird möglichst ohne Vorannahmen an den Forschungsprozess herangegangen.	hypothesenüberprüfend Hypothese wird vom Forscher ex ante aufgestellt.
	Relevanzen und Deutungen der Beforschten sind wichtig, um Hypothesen über das Thema zu bilden und integraler Bestandteil des Forschungsprozesses.	Deutungen und Relevanzen der Befragten sind für den quantitativen Forschungsprozess nicht relevant oder nur soweit sie sich mit den vorgegebenen Annahmen des Forschers decken.
Prozesshaftigkeit	Qualitative Forschung ist in ihrem Ablauf während des Forschungsprozesses veränderbar. Zwischen Datenerhebung und –Analyse wird hin- und hergewechselt. Die erhobenen Daten werden analysiert, die gewonnen Erkenntnisse bestimmen den weiteren Verlauf der Untersuchung – es wird während des Forschungsprozesses gelernt.	Der Prozess wird im Vorhinein definiert und kann dann nicht mehr verändert werden, um die statistische Vergleichbarkeit des Materials zu ermöglichen.
Kommunikation	Forschung ist Kommunikation – sie ist keine Störung, sondern Teil des Prozesses. Beforschte werden als deutungs- und theoriemächtiges Subjekt verstanden.	Geht von einem sich nicht verändernden, nicht lernenden Forschungsgegenstand aus. Um Signifikanz der Aussagen zu sichern, muss Lernen der Beforschten während des Forschungsprozesses sogar möglichst verhindert werden.

Abb. 2: Eigenschaften qualitativer sozialwissenschaftlicher Methoden

sen derjenigen Menschen, die diese Ausdrücke produziert haben, treffen. Wie kann man sich das vorstellen?

Datenerhebung

Der Kern unserer Datenerhebung sind offene Gruppeninterviews, aber auch Einzelinterviews, Beobachtungen und sonstige aussagekräftige Materialien der Organisation wie z.B. Webpräsenz, Broschüren und interne Dokumente. In die Interviews gehen wir zunächst mit ganz offenen Fragen hinein und lassen die Befragten davon erzählen und diskutieren, was sie gegenwärtig in der Organisation beschäftigt und welche Veränderungen sie erleben.

Die Interviews werden wortwörtlich transkribiert. Genau genommen reicht die Transkription über die Wortwörtlichkeit sogar hinaus: Auch Sprechgeräusche (»ahm« und »hm«), Lachen, Räuspern und Ähnliches werden notiert, Dialekt als Dialekt wiedergegeben etc.

Analyse

Die Analyse orientiert sich stark an den Interviewmethoden der qualitativen Sozialforschung[2]. Sie findet auf mehreren Ebenen statt:

In der *Feinanalyse* werden kurze Textstellen sehr intensiv analysiert. Wir hinterfragen jedes Wort daraufhin, warum in diesem Zusammenhang genau diese Formulierung verwendet wurde. Wenn zum Beispiel das Wort »wir« fällt, überlegen wir, wer in diesem Zusammenhang genau mit »wir« gemeint sein könnte. Wenn ein Konjunktiv verwendet wird, ist die Frage, warum hier wohl kein Indikativ verwendet wurde. Wenn im Passiv gesprochen wurde, stellen wir Vermutungen an, warum die Sprecherin hier eine diese Formulierung verwendet und keine aktive usw. Daraus entstehet eine Vielzahl von Hypothesen, deren Plausibilität wir sowohl an dieser wie an weiteren Textstellen überprüfen.

In der *Systemanalyse* untersuchen wir längere Textabschnitte, in denen mehrere Personen miteinander diskutieren. Wir achten etwa darauf, wer wen bei welchem Argument unterstützt und wer wem wann widerspricht. Daraus entstehen Hypothesen über Konflikte und Spannungen in der Organisation.

Jede einzelne Hypothese aus Fein- und Systemanalyse ist spekulativ, und wir verwerfen einen Großteil bald wieder. Aber in der Gesamtschau und durch die dauernde Überprüfung und Gegenüberstellung entsteht ein dichtes Muster von relevanten Themen und Wirkungsbeziehungen.

In der *Themenanalyse* schließlich gehen wir den gesamten Inhalt aller Interviews durch und registrieren alle Themen und in welchem Zusammenhang sie genannt werden. Auf dieser Ebene betrachten wir die Sprecher als Experten des

2   Vgl. Froschauer/Lueger 2003

jeweiligen Themas und nehmen vor allem ihre inhaltlichen Argumente, Beobachtungen und Bewertungen als wichtige Informationen über Führung im Unternehmen auf. Die Themenanalyse erlaubt zugleich eine weitere Überprüfung der aus den ersten beiden Schritten gewonnen Hypothesen.

Von der Analyse zur Beratung

Die Wirkung der Analyse beruht aber nicht nur auf den eingesetzten Analysemethoden, sondern auch auf dem Kommunikationsprozess mit den Auftraggebern, in dem die Analyse eingebettet ist.

Entscheidend im Analyseprozess sind die Feedbacksituationen. Nach Abschluss der offenen Erhebungsphase gibt es eine Zwischenpräsentation sowohl für eine Querschnittsgruppe aus dem Unternehmen als auch für den Auftraggeber. In diesen Präsentationen und den anschließenden Diskussionen werden die bisherigen Ergebnisse auf Plausibilität geprüft. Die Teilnehmer schätzen dabei auch die Relevanz der Ergebnisse für die Organisation ein. Im Treffen mit den Auftraggebern wird danach die 1. Erhebungsphase thematisch fokussiert: Was ist für die Auftraggeber nicht plausibel und muss deswegen noch einmal überprüft werden? Welche Ergebnisse sind relevant und sollten deswegen im Detail vertieft werden? Mit diesen Aufträgen gehen wir in die 2. Erhebungsphase, in der wir nun auf die strittigen und interessanten Themen hin fokussiert befragen und beobachten. Die Interviews bekommen nun mehr den Charakter von Experteninterviews.

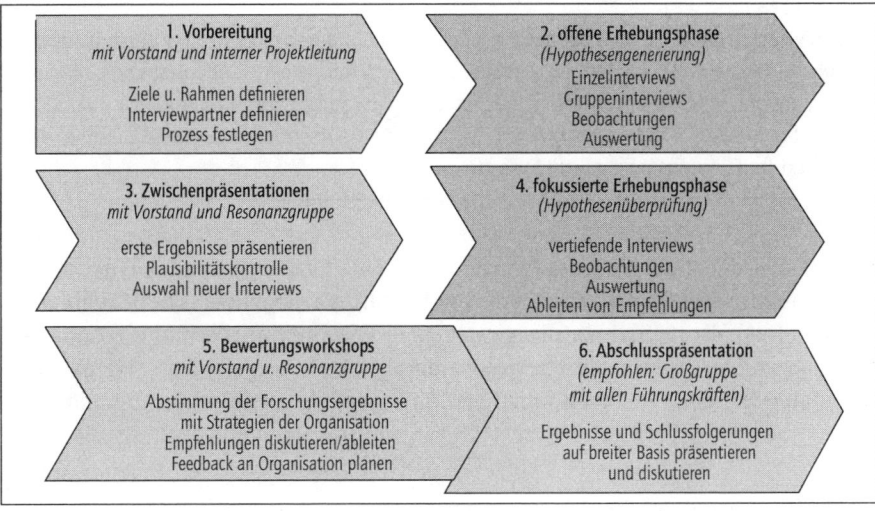

Abb. 3: 6-stufiger Analyseprozess

Am Ende gibt es wiederum eine Rückmeldung an beide Gruppen. Wir geben auch Empfehlungen aus unserer Sicht ab, allerdings erst, nachdem die Auftraggeber die Ergebnisse für sich reflektiert und Handlungsbedarf aus ihrer Sicht skizziert haben.

Herausforderungen

Von der Landkarte auf die Landschaft schließen

Eine der größten Herausforderungen bei der Analyse sozialen Handelns ist die Beschreibung von Verhalten. Das, was jemand sagt, ist nicht notwendigerweise das, was er meint. Was jemand behauptet, dass es ihn leitet, ist nicht notwendigerweise das, wonach er sein Verhalten tatsächlich ausrichtet. Jemand kann von sich sagen, dass er seinen Mitarbeitern vertraue – aber wenn er sich zum Beispiel jeden Tag dreimal berichten lässt, spricht sein Verhalten eine andere Sprache. Mit unserer Methode wollen wir zu einer möglichst genauen und unverstellten Einschätzung dessen vordringen, wie die Dinge in einer Organisation tatsächlich laufen.

Beschreibung 1. und 2. Ordnung

Fritz Simon nennt dies den Unterschied zwischen der Beschreibung 1. Ordnung, die durch Verhalten passiert, und der Beschreibung 2. Ordnung durch Sprache. Wenn ich eine Papaya mit Genuss esse, beschreibe ich sie als wohlschmeckend. Der Satz: »Eine Papaya schmeckt gut« wäre demnach die Beschreibung 2. Ordnung eines Beobachters, der jemandem (der auch er selbst sein kann) beim Essen einer Papaya beobachtet und den entsprechenden Schluss daraus zieht.[3]

Das Vertrackte dabei ist, dass die Beschreibung 2. Ordnung sich nicht mit der Beschreibung 1. Ordnung decken muss, sondern aus vielerlei Gründen (Höflichkeit, Harmoniestreben, Manipulationsabsicht, Vermeiden von Widersprüchen etc.) ganz anders ausfallen kann. Eine wohlklingende Speisekarte ist eben noch keine Garantie für Gaumenfreude. In diesem Sinne: Wie schmeckt Ihr Führungsgericht – und wieso?

Da wir aus den Interviews vorwiegend sprachliche Beschreibungen zur Verfügung haben, gestaltet sich das Freilegen der darunterliegenden Ebene nicht ganz einfach. Deshalb suchen wir die sprachlichen Beschreibungen und Interaktionen in Gruppeninterviews nach Hinweisen darauf ab, was Menschen tun und was dabei eine Rolle für sie spielt, auch wenn sie es nicht ausdrücklich benennen.

---

3   Simon 1997, S. 56 f.

Durchquerung des Sumpfes der Defizite

Gleich in unserer ersten größeren Organisationsanalyse war die Defizitorientierung der Organisation eines der prägnantesten Analyseergebnisse. Dabei fiel uns auf, dass auch unsere eigenen Ergebnisse vor Defiziten nur so strotzten. Erst bei genauerer Betrachtung wurde hinter dieser erdrückenden Anhäufung von Mängeln ein sinnvolles Kommunikationsmuster deutlich, das bestimmte Bruchstellen in der Entwicklung der Organisation markierte. So wie pubertäres Verhalten manches Mal sinnlos destruktiv erscheinen mag, solange nicht das Verständnis des Übergangs vom Kind zum Erwachsenen in die Beurteilung einbezogen wird, brachte erst der Bezug auf Geschichte und Zukunftsaussichten der Organisation Sinn in die beobachteten Phänomene

Dieses Phänomen begegnete uns in unterschiedlichen Abstufungen bei jeder größeren Organisationsanalyse aufs Neue. Eine Erklärung dafür wäre, dass – wie ressourcenorientiert wir uns auch verstehen – Beratung (wie auch Management) immer die Behauptung eines zu behebenden Mankos voraussetzt[4] und dieser Kontext den an sich »wertfreien« Ergebnissen eine gewisse Problemorientierung verleiht. Die gute Nachricht: Die hartnäckige Reflexion dieses Musters führt oft auch direkt zu den eigentlichen Juwelen der Analyse.

Sinn statt Schuldzuschreibung

Wenn soziale Beziehungen als mühsam oder dysfunktional empfunden werden – und das ist bei so komplexen Gebilden wie Organisationen leicht der Fall – sind die Beteiligten oft dazu verführt, anderen Menschen Böswilligkeit, Unfähigkeit oder Dummheit zu unterstellen. Auch als Beobachter drängen sich uns als erste Reaktionen oft Ungläubigkeit und Unverständnis auf.

Auch hier gilt: Wir tun nichts umsonst, sondern jede unserer Handlungen hat Hintergründe. Wenn ich versuche, den Sinn eines Verhaltens so wertfrei wie möglich zu beschreiben, dann werden sich mir die dahinterliegenden Handlungs- und Denkmuster erschließen. Die Annahme, dass alle Beteiligten sinnvoll und meistens konstruktiv handeln, ist das mächtigste Instrument bei unserer Umwandlung von Rohdaten und ersten Erklärungen in für die Organisation hilfreiche Hypothesen. Sobald wir die Sinnhaftigkeit und die Leistungen der Beteiligten trotz der Spannungen anerkannten, die sie erzeugten, stießen wir auf die Bereitschaft, das Geschehen mit neuen Augen zu betrachten und andere Umgangsweisen als bisher zu finden.

---

4   Vgl. dazu etwa Baecker 2003, S. 257

Die Organisation steht im Mittelpunkt, nicht die Personen

Damit Ergebnisse zu einem Dialog führen konnten, der Verhalten änderte, musste heikles Verhalten benannt werden, ohne dass dies zu einer einseitigen Schuldzuschreibung führte. Wenn soziale Systeme Muster entwickeln, so sind immer mehrere Akteure beteiligt, und die Schuldfrage ist nur eine Frage der Interpunktion – die alte Frage, die uns schon seit der Sandkiste beschäftigt: »Wer hat angefangen?«

Die (meistens) unproduktiven Machtkämpfe, die durch die Schuldfrage ausgelöst werden, konnten dadurch entschärft werden, dass wir nicht einzelne Individuen in den Brennpunkt der Betrachtung nahmen, sondern die organisationalen Muster, die alle gemeinsam produzierten. Dieser Fokus ermöglichte es in den meisten Fällen, auch heikle Themen anzusprechen und dadurch bearbeitbar zu machen. Für viele Führungsteams hatte diese Erfahrung oft bereits kathartischen Charakter, bevor überhaupt eine gemeinsame Lösung in Sicht war.

V.   Gebrauchsanleitung

Zum Schluss ein paar Hinweise zum praktischen Gebrauch dieses Buches:

Selektives Lesen

Alle Kapitel sind einzeln lesbar. Sie können dieses Buch auch wie ein Nachschlagewerk zu Organisationsthemen behandeln. Da viele Themen untereinander verknüpft sind, kommen manche Aussagen und Themen mehrfach vor. Wir haben diese Redundanz absichtlich eingebaut, um Ihnen zu ermöglichen, sich bei Bedarf nur die Themen herauszupicken, die besonders interessant sind, ohne das ganze Buch auf einmal lesen zu müssen. Wir bitten für die dadurch entstehenden Wiederholungen um Verständnis.

Fallbeispiele

Bei den Beispielen war es uns wichtig zu zeigen, wie die Themen im jeweiligen Einzelfall ein ganz spezifisches einzigartiges Organisationsgewebe miteinander bilden. Wir sind in unseren Beispielen nahe an real existierenden Situationen geblieben, haben aber Namen, Orte und eindeutige Hinweise auf die Identität des jeweiligen Unternehmens verändert, um die schwierigen Seiten, die in nahezu jeder Beratungssituation auftauchen, beleuchten zu können.

Inhaltliche Kapitel

In den inhaltlichen Kapiteln beschreiben wir die unserer Erfahrung nach wichtigsten Themen in Bezug auf Führung. Im 1. Kapitel »Das Gewebe der Organisation« benennen wir unsere theoretischen Bezugspunkte und geben einen Überblick über die aus unserer Sicht relevanten Führungsthemen. In den weiteren Kapiteln gehen wir näher auf die Praxis dieser zentralen Schwerpunkte ein. Kapitel 9 widmet sich abschließend der Frage, wie Führung geführt wird und was – ausgehend von der dargelegten Bestandsaufnahme – dazu beitragen könnte, Führungskräfte noch besser in die Lage zu versetzen, effektive und lebendige Organisationen zu gestalten.

Theoriesplitter

Darüber hinaus knüpfen unsere Erkenntnisse an Erklärungen und Erläuterungen aus der einschlägigen Literatur an. Einiges aus dieser reichhaltigen »Theorieapotheke« findet sich in Form von Kästen in den inhaltlichen Kapiteln. Wir wollten uns und dem Leser mit diesen Fragmenten die Möglichkeit geben, der harten Disziplin der reinen Bestandsaufnahme gelegentlich zu entkommen, und den Lösungen und Impulsen, die uns natürlich auch immer wieder auf der Zunge liegen, Raum zu geben.

Interventionsrichtungen

Da wir annehmen, dass die reine (nur mit ein paar Theoriesplittern angereicherte) Bestandsaufnahme für viele unsere Leser letztendlich unbefriedigend wäre, geben wir am Ende eines jeden Kapitels Hinweise darauf, in welche Richtungen wir Empfehlungen abgegeben haben oder abgeben würden. Immer unter der Prämisse, dass es keine Regel ohne Ausnahmen gibt und kein Rezept empfehlenswert ist, das nicht auf einer differenzierten Analyse der konkreten Situation aufsetzt.

Zitate

In den inhaltlichen Kapiteln verwenden wir viele Originalzitate aus Interviews, um die Themen in den Organisationen zu veranschaulichen. Auch wenn wir uns häufig auf Zitate beziehen, so sind sie eher als Illustration gedacht denn als Untermauerung unserer Thesen. Manches – das liegt in unserer Methode – wird nicht ausdrücklich gesagt, sondern als Handlungsmuster beschrieben. Wenn wir Zitate verwenden, dann immer deshalb, weil wir das angesprochene Phänomen mehrfach beobachten konnten. Viele Zitate lassen auch in einem Satz mehrere wichtige Themen anklingen, da in der Realität die Dinge selten so fein säuberlich getrennt sind wie auf dem Papier. Auch die Verschränktheit der Themen wird dadurch manchmal schön sichtbar, deshalb führen wir manche Zitate sogar mehrfach auf – weil sie in mehr als einer Hinsicht aussagekräftig sind.

Gender

Wir haben zugunsten der Lesbarkeit auf die geschlechtsneutrale Schreibweise verzichtet. Es sind in diesem Buch durchgängig beide Geschlechter gemeint – wo nicht, ist dies (hoffentlich) aus dem Text ersichtlich.

VI.   Dankeschön an

Johannes Köpl, Harald Lederer, Jürgen Lenz, Anita Lung, Eva Peter-Heinrich, Ruth Seliger, Jürgen Sicher, Thomas Schöller, Einhard Schrader, Michael Stadlober, Paul Tolchinsky, Valérie Vuillerat, Claudia Wenzl-Wintersteiger und Sabine Zhang für ihre Inspiration, die Auseinandersetzungen und gemeinsamen Analysen über viele Jahre hinweg und/oder wertvolles Feedback für den vorliegenden Text. Und ganz besonders an Helmut Neundlinger, dessen kritische und höchst konstruktive redaktionelle Begleitung uns über manche Hürde hinweggeholfen hat.

Wien, Juli 2014   Oliver Schrader, Lothar Wenzl

Teil I

Fallbeispiel 1
Unverbundenes Engagement

Die Tochter eines internationalen Gesundheitskonzerns konnte auf eine lange, ruhige Erfolgs-geschichte zurückblicken. Man pflegte exzellente und stabile Kundenbeziehungen und ver-traute auf ein engagiertes Team mit außerordentlichem Fachwissen und einen guten Ruf. Doch diese Erfolge schienen infrage. Neue Vorgaben für Qualität und Compliance und die Notwendigkeit, ein neues Führungsverständnis zu entwickeln, um der jungen Mann- und Frau-schaft gerecht zu werden, brachten Spannungen mit sich und zeigten Herausforderungen ziemlich deutlich auf. Die ruhigen Jahre friedlicher Koexistenz hatte die Bereiche zu Silos wer-den lassen und die Gesamtinteressen in den Hintergrund gedrängt.

Scheinbare Harmonie

Der Geschäftsführer von Rotbusch, einem Unternehmen der Gesundheitsbran-che, war irritiert. Mehr als das, er war ratlos. Gemeinsam mit dem Management-team hatte er ein Führungsentwicklungsprogramm beauftragt und durchgeführt. Viele Führungskräfte hatten es absolviert und die meisten hatten auch den Ein-druck, dass es sinnvoll war und den Führungskräften etwas gebracht hatte.

Im Grunde, so der Konsens, stehe Rotbusch doch gut da: Die Mitarbeiter sind stolz auf das, was sie tun. Sie machen es gern und engagiert. Das Unternehmen ist lange am Markt und hat Einfluss. Die Produkte funktionieren, doch gleichzei-tig ist schon der Hauch eines neuen Mitbewerbers spürbar. Dadurch spielt das Headquarter eine wichtiger werdende Rolle, die Bürokratie nimmt zu. Vorhande-ne individuelle Spielräume werden sukzessive eingeschränkt.

Zum Abschluss des Führungsentwicklungsprogramms setzte sich das Manage-mentteam mit den Teilnehmern dieser Fortbildungsreihe zusammen – im guten Glauben, einen wichtigen Schritt gemacht zu haben. Was sie dabei zu hören beka-men, ließ ihnen jedoch die Augen übergehen. Sämtliche Probleme, die viele schon länger beklagt hatten, seien immer noch da, zum Teil stärker als je zuvor. Von Königreichen war die Rede, in denen jede Führungskraft täte, was sie wollte. Über völlig unterschiedliche Botschaften zu ein und demselben Thema seitens des Ma-nagements wurde geklagt, und dass dadurch die Orientierung fehle. Es gebe auch keine Konsequenzen für jene, die ihr eigenes Süppchen kochten und nicht koope-rierten. Entscheidungen fielen irgendwie, unnachvollziehbar, es sei nicht einmal klar, was eine Entscheidung sei und was nicht. Cliquen hätten sich gebildet. Die kundennahen Abteilungen dächten, sie hätten alle Macht und behandelten alle anderen als Wasserträger: Von »Kartoffelschälern, die die Leute draußen an der Front unterstützten«, war da beispielsweise die Rede.

Ratlosigkeit machte sich breit. »Wir verstehen uns doch gut, die Beziehungen sind in Ordnung, die Menschen mögen und schätzen einander doch. Und dann das ...«

Ehrliches Interesse bringt Einsicht

Mit diesen irritierenden Nachrichten kamen der GF und der HR-Verantwortliche zu uns:

»Was können wir tun? Wie kommen wir da wieder raus?« Ihre Fragen klangen ernsthaft, sie waren in Sorge. Wir hatten den Eindruck, dass die beiden in der Tiefe verstehen wollten, was dazu führte, dass die Situation so war, wie sie war.

Eine Tiefenanalyse brachte schon während des Diagnoseprozesses interessante Erkenntnisse. In den Gruppeninterviews brauchten die befragten Mitarbeiter und Führungskräfte lange, um miteinander in einen Dialog zu kommen. Am Anfang wurden nur Positionen in den Raum gestellt – nebeneinander, nicht aufeinander bezogen. Wir hatten das Gefühl, dass wir stattdessen auch Einzelinterviews hätten führen können. Hörten die Leute überhaupt, was die anderen sagten, oder dienten die Aussagen von anderen nur als Steilvorlage für die eigene Position? Gleichzeitig hatten wir nicht das Gefühl, dass große Konflikte oder gar Antipathien im Raum waren. Das einzige Thema, wo man sich einig war und einander zuhörte, waren Klagen über die allgemeine Lage oder über das Headquarter, das allen zu schaffen machte. Teilweise verständigte man sich auch über die gemeinsame Kritik am Managementteam. Die Externalisierung von Problemen funktionierte gut.

Erst nach mehr als einer Stunde begannen die Befragten einander zuzuhören. Es wurde uns klar, dass es nach der Analyse darum gehen musste, den Dialog zu organisieren, für einen Prozess zu sorgen, in dem die Menschen in diesem System lernen können, wie man einander verstehen und über die persönliche gute Beziehung hinaus über relevante Organisationsfragen reden konnte. Wir nannten eines der dahinterliegenden Muster: »Friedliche Koexistenz und Pseudoharmonie«. Man hatte wenig miteinander zu tun. Geschäftlich, inhaltlich ließ man sich in Ruhe, um nichts zu gefährden, um im eigenen Bereich ungestört werken zu können. Die Beziehungen stellte man fast ausschließlich über informelle, persönliche Kontakte her. Das führte dazu, dass alle Mitarbeiter der Meinung waren, man verstehe sich doch und die Stimmung sei gut. In der Organisation blieben die Bereiche und Abteilungen unverbunden. Und noch etwas wurde hier deutlich: Schlechte Nachrichten, Feedback vor allem über den eigenen Kokon hinaus, in den man sich zurückgezogen hatte, um Stabilität zu wahren, wurde nicht oder selten transparent. Man mischte sich halt nicht ein.

Liebe zur inhaltlichen Arbeit

So musste informelle Kommunikation das Unternehmen irgendwie zusammen-halten, nach dem Motto: »Wir reden ja eh miteinander«. Gleichzeitig erfuhren wir in fast allen Interviews mit Führungskräften und Mitarbeiten, man wisse nicht, was in der Firma lief, warum Initiativen oder Projekte gestartet wurden oder wo sie standen. Wir hörten kaum bis nie, dass es Informationen darüber gab, welche Strategien im Unternehmen oder gar in anderen Bereichen verfolgt wurden. In einem solchen Szenario gestalteten sich Lernprozesse schwierig. Alle mussten ihre Erfahrungen selber machen, das Rad musste immer wieder neu erfunden werden.

Gleichzeitig jedoch spürten wir riesiges Engagement der Mitarbeiter. Sie spra-chen mit leuchtenden Augen über ihren Job, über Kunden, mit denen sie gut im Kontakt waren, deren Probleme sie gelöst hatten. Sie liebten vor allem das In-haltlich-Fachliche ihrer Aufgabe und arbeiteten alle viel. Und viele beschrieben gleichzeitig, dass die Anstrengung hoch und der Energieaufwand, um Themen zu bearbeiten, enorm war.

Fehlendes großes Bild

Wir konnten uns zunächst nicht erklären, warum es hochintelligenten, sympa-thischen und flexiblen Menschen nicht gelang, miteinander in einen Austausch zu kommen, warum sie es nicht schafften, gewisse Dinge zu verstehen und wa-rum sie immer wieder dieselben Themen besprachen, ohne substanziell vom Fleck zu kommen.

In den Interviews wurde auch deutlich, dass es kaum Gremien oder Kommu-nikationsgelegenheiten – wie zum Beispiel Meetings – gab, wo man Themen gemeinsam, bereichsübergreifend diskutieren und entscheiden konnte. Zum ei-nen fehlte gesteuerte, strukturierte Kommunikation, zum anderen führte die gro-ße Bereitschaft, Dinge anzugehen, dazu, dass man »handelte, bevor das große Bild oder das Ziel klar war«. Wir nannten das Muster »Handeln ohne großes Bild«. Ein grundsätzlich positives, funktionales Muster, Engagement und Hand-lungsorientierung, wurde dysfunktional, denn es führte zu Vereinzelung und Ak-tionismus. Die Kultur, die Rotbusch stark gemacht hatte, erwies nun mehr und mehr als Bumerang. Das große Engagement, der Wille und die Bereitschaft zu gestalten waren hoch, trotzdem hatte man das Gefühl, dass die Energie irgend-wie verpuffte. Die einzelnen Bereiche blieben unverbunden, denn man mischte sich ja nicht ein, lernte wenig voneinander und das Engagement blieb weitge-hend ungerichtet, wenn es um längerfristige Projekte oder um Fragen der Ge-samtorganisation ging. Ad-hoc-Probleme wurden jedes Mal neu gelöst, aber dann sehr gut. Dies führte aber zu hohem Aufwand und einem Gefühl von Ineffizienz. Organisationales Lernen blieb im Hintergrund. Das Engagement war nicht mit der Organisation verbunden und lief ins Leere. Die Organisation blieb weitgehend dumm, obwohl sie aus Personen mit großem intellektuellem Potenzial bestand.

Als eine der ersten Maßnahmen klärten wir die Rollen im Managementteam. Dieses wurde als diffus wahrgenommen und die Mitarbeiter hatten das Gefühl, dass die Entscheidungen aus der Perspektive der einzelnen Bereiche und nicht der des Unternehmens getroffen wurden. In einem weiteren Schritt wurde mit allen Führungskräften die wechselseitigen Erwartungen zwischen Managementteam und dem mittleren Management verhandelt. Die Klärung der Rollen und der Identität des Managementteams leistete dazu einen wichtigen Beitrag. Daraus konnte von innen heraus ein Führungsleitbild entwickelt werden, das wesentlich dazu beitrug, dass Führung einen höheren Stellenwert einnahm und damit insgesamt das große Bild und der Zusammenhalt wesentlich gestärkt werden konnte.

Fazit

Dieser Fall zeigte uns deutlich, dass große Expertise und hochengagierte Menschen noch nicht ausreichen, um Organisationen nachhaltig erfolgreich zu machen. Erst wenn Wissen, Talente und Stärken zu etwas größerem Ganzen verbunden werden, können Unternehmen wirksam und energievoll arbeiten.

Stichworte
- Gewebe der Organisation: informelle Organisation (Kapitel 1)
- Kästchen, Flüsse, Flaschenhälse (Kapitel 2)
- Change Fiction: Wachstum und Internationalisierung (Kapitel 4)
- Unsichtbare Bahnen: Sternförmige Kommunikation, Konfliktvermeidung, defizitäre Kommunikation (Kapitel 3)
- Führung der Führung (Kapitel 8)

Fallbeispiel 2
Erfolgsrezepte stoßen an ihre Grenzen

Das Familienunternehmen Gabele kann auf eine beeindruckende Erfolgsgeschichte verweisen: Die Umsätze wachsen seit Jahren, die Margen liegen an der Spitze der Lebensmittelbranche und in Sachen Mitarbeiterorientierung und gutem Organisationsklima ist das Unternehmen ebenfalls kaum zu überbieten.

Der sukzessive Anstieg der Weltmarktpreise für Rohstoffe zeigt jedoch Schatten auf dem strahlenden Bild. Das Management hält an den ehrgeizigen Zielen fest und versucht das überdurchschnittliche Wachstum mit allen Mitteln aufrechtzuerhalten.

Eine Kleinstadt im Badischen: Die Straße, in der die Unternehmenszentrale liegt, ist nach Dr. Karl Gabele, dem langjährigen Vorstandsvorsitzenden des Familienunternehmens, benannt. Das Gebäude ist ein langgestreckter zweistöckiger Backsteinbau ohne Klingeln und Portier. Anscheinend kommen hier selten Fremde vorbei, und wenn, dann nur mit Termin. Das Gebäude, das Treppenhaus und die Besprechungsräume atmen den Duft der 1970er-Jahre: Holzintarsien an den Wänden, Holz und schweres Ledermobiliar in den Besprechungsräumen. An den Zimmertüren finden sich nur Namensschilder, keine Funktionen. Der Personalchef erklärt uns, dass dies die alte Firmenzentrale sei, in die man während der Bauphase für den neuen Firmensitz ausgewichen sei. Dieses Quartier verschafft uns einen Eindruck, wo das Unternehmen herkommt.

Gabele produziert hochwertige Süßwaren, hat einen guten Namen beim Konsumenten und führt einige sehr bekannte Marken. Dem Unternehmen, das der Geschäftsführer selbstironisch und kokettierend »Naschbude« nennt, geht es gut: Man erwirtschaftet seit langer Zeit steigende Gewinne und hat in den letzten 20 Jahren internationale Töchter gegründet oder gekauft. Die proaktive Organisations- und Kulturentwicklung hat das interne Betriebsklima rundum positiv gestaltet. Das betrifft in erster Linie den Standort der Zentrale, in dem sich vor allem Marketing, Finanzen, Einkauf und Vertrieb befinden. Die Unternehmenserfolge werden allerdings durch die Entwicklungen auf dem Markt bedroht: Die Rohwaren haben sich verteuert, und die daraus resultierenden Preiserhöhungen haben das Geschäft gedrückt. Aber im Wesentlichen habe er uns quasi im Sinne einer Vorsorgeuntersuchung gerufen, so der Geschäftsführer. Schauen wir also, wie es bei Gabele um das Thema Führung steht, was hier welche Wirkungen auf Arbeit, Zusammenarbeit und Leistung erzeugt. Wie ist die Energie? Stimmen die wesentlichen Lebensfunktionen, ist man robust, gerüstet?

We are family

Der Geschäftsführer von Gabele Deutschland schwärmt von seiner Firma, der Personalchef nickt beipflichtend. Im Familienunternehmen herrscht seit jeher große Loyalität zwischen Eigentümern und Belegschaft, und man rühmt sich einer ausgezeichneten Mitarbeiterorientierung. Schon seit vielen Jahren beschäftige sich das Management kontinuierlich mit Fortbildung und Managementtheorie, so der GF, und das habe sich sowohl beim Arbeitsklima und die gute interne Kooperation als auch beim äußeren Erfolg bezahlt gemacht.

Nach mehreren Gruppeninterviews sind wir beeindruckt: Das Bild des Geschäftsführers wird sowohl von den mittleren Führungskräften als auch von Mitarbeitern in wesentlichen Punkten geteilt. Die Befragten unterstützen fast durchgehend dessen Lobeshymnen auf das Unternehmen – in dieser Qualität ist uns das selbst in Familienunternehmen selten begegnet. Hier achtet niemand auf Rang und Namen, man kann zu jedem hingehen, auf jedes Bedürfnis auf Mitarbeiterseite findet das Management eine Antwort. Alle nur denkbaren Arbeitszeitlösungen gibt es hier, maßgeschneidert auf den jeweiligen Mitarbeiter, seine Lebenssituation und die jeweilige Stellenbeschreibung. Bei einem jährlichen BetriebsEvent werden alle zusammengeholt und man kann über alles reden. Für alle ist diese Veranstaltung ein wiederkehrender Markstein, auf den man sich freut und der motiviert.

Auch für die Formulierung der Strategie gab es einen Prozess, an dem Mitarbeiter und Führungskräfte partizipierten. Das alles wird getragen von einer bekannten Marke. Wer bei Gabele arbeitet, hat eine Identität, Bekannte und Freunde können etwas mit dem Unternehmensnamen etwas anfangen, er erzeugt positive Resonanzen.

»We are family«, so werden wir es später auf den Punkt bringen, selten stimmt der Satz derart für ein Unternehmen wie für dieses. Dennoch zeigen sich hier und dort Unzufriedenheiten, die zusammen gesehen ein Muster ergeben, einen Schatten, den auch dieses in vieler Hinsicht exzeptionelle Unternehmen wirft.

Die Holding und wir

Zwei Problemfelder werden gleich zu Beginn sichtbar. Eine davon ist die Beziehung zur internationalen Holding. Eigentlich ist ja die deutsche Gesellschaft die Mutter, und alle internationalen Käufe und Gründungen waren vor nicht allzu langer Zeit noch Töchter. Nunmehr existiert eine übergeordnete Holding, die zentrale Vorschriften zu machen versucht, zugleich aber in vielen Fragen auf die deutsche Zentrale angewiesen ist, was Kapazitäten und Know-how angeht. In Klein-Badingen fühlt man sich bevormundet: Jene Ressourcen, die man anbietet, werden nicht genutzt, dafür stößt der Freiraum, den man intern gewöhnt ist, gegenüber der Holding auf enge Grenzen. Was man unter sich ausmacht, funktioniert, aber fast alles, bei dem die Holding mitmischt, wird anstrengend, mühsam, konfliktreich. Für die erfolgreiche deutsche Tochter, aus der eigentlich alles entstanden ist, sind Vorgaben der Zentrale nur schwer zu akzeptieren, insbesondere weil man sich in vielen Fragen als kompetenter und fortschrittlicher sieht. Das Hauptgebäude der Holding ist zwar nur wenige Kilometer entfernt, aber kulturell scheinen Welten dazwischen zu liegen. Wir würden gerne jemanden aus der Holding interviewen, um auch die andere Seite kennenzulernen. Von Seiten der Geschäftsführung wird uns beschieden, man wolle den Prozess nur intern durchlaufen und wir sollen daher niemanden aus der Holding sprechen. Es scheint, dass hier schon Empfindlichkeiten bestehen, der einzige denkbare Lösungsweg ist möglichst weitgehende Vermeidung und es ist keine Veränderung in Sicht.

Mehr vom selben

Der andere Schatten fällt vom Markt her auf Klein-Badingen. Die Weltmarktpreise für Rohstoffe haben sich erhöht, allerdings meint man, den Kunden nicht mehr viel an Preissteigerung zumuten zu können. Vor allem auf den Vertrieb übt diese Zwickmühle erheblichen Druck aus: Mit großem Einsatz wollen oder sollen die Verkäufer die sinkenden Gewinne mit verdichtetem Kundenkontakt wettmachen. Der Gedanke, man könne hinter die Ergebnisse der Erfolgsjahre zurückfallen, löst nahezu Panik aus. Bei einigen Mitarbeitern tauchen in diesem positiven Umfeld erstaunlich negative Bilder zur Lage des Unternehmens auf: Man fühle sich »wie ein Sack, auf den von außen eingeprügelt wird«. Diese düsteren Assoziationen sind zwar in der Minderzahl, aber auch kein Einzelfall bei unseren Fragen nach einer Metapher für den Zustand des Unternehmens.

Es zeigt sich, dass auch langfristig sehr ambitionierte Ziele anvisiert werden. Ein Abweichen aufgrund eines sich möglicherweise verändernden Umfeldes ist nicht vorgesehen. Bisher wurde viel mit Zielen geführt, der Tenor dazu ist eher positiv. Ziele zu setzen und zu erreichen gab den Beteiligten Energie. Aber jetzt scheint sich die Stimmung zu ändern: Die unsichere Lage rückt die ehrgeizigen Ziele in ein anderes Licht, löst Gefühle von Belastung und Hilflosigkeit aus.

Zielkonflikte werden nicht besprochen

Nach und nach tauchen weitere Puzzlesteine auf, die das Bild vervollständigen. Die Familiarität, die so sehr zum Wohlfühlfaktor beiträgt, hat einen ambivalenten Aspekt. Man streitet nicht gern, unterschiedliche Prioritäten werden nicht gerne benannt oder weggeredet. Dieses Harmoniestreben hat Auswirkungen im

Großen: Gegensätze zwischen kurzfristiger Gewinnsteigerung und nachhaltigen bzw. stärker kunden- und qualitätsorientierten Strategien bleiben unausgesprochen. Diese Spannung wird nicht benannt, was wiederum dazu führt, dass allen Zielen gleichzeitig nachgerannt wird. In einigen Abteilungen scheinen sich dabei Überlastungstendenzen zu häufen. Paradoxerweise scheint gerade die Loyalität und Verbundenheit mit der Firma das freiwillige Übergehen individueller gesundheitlicher Grenzen zu fördern.

Zum familiär-egalitären Führungsstil gehört, dass Mitarbeiter einen großen Freiraum genießen. Man wird für voll genommen und bekommt tatsächlich Verantwortung übertragen. Im eigenen Verantwortungsbereich kann man schalten und walten. Allerdings endet der Einfluss auch genau an diesen Grenzen. Wenn man jemanden gut kennt, dann bekommt man bilateral auch etwas über Abteilungsgrenzen hinweg, aber übergreifende Veränderungen anzuregen ist schwierig. Dafür gibt es keine Gremien, und der freundschaftliche Ton täuscht zudem darüber hinweg, dass viele Prozesse hier genauso klassisch bürokratisch-hierarchisch ablaufen wie in 90 Prozent aller anderen Unternehmen: mit Budgets und Etats, die von oben zugeteilt werden und während des Jahres nur schwer abänderbar sind. Also bleibt man besser bei seinem eigenen Leisten. Das ist bei eingespielter Routine sehr effizient. Nur wenn sich die Umwelt ändert, vielleicht sogar plötzlich, wird deutlich, dass diese Struktur es erschwert, angemessen und zügig zu reagieren.

Im Kokon

Der angenehm familiäre und trotz der genannten Einschränkungen auch sehr produktive Kokon in Klein-Badingen ist nach außen mit Abgrenzungen verknüpft: Informationsfluss und Kooperation zwischen Klein-Badingen und dem Headquarter, in geringerem Maße aber auch zu Kunden, Vertrieb und den Werken sind deutlich zäher und undurchlässiger als in Klein-Badingen. Wer sind wir, wem gilt unsere Loyalität? In diesem Fall fällt die Antwort recht eindeutig aus.

Dem Headquarter wird bei neuen Initiativen schon von vorneherein Misstrauen entgegengebracht. Die Intensität der Dynamik erinnert an innerfamiliäre Konflikte, und da hier nicht so ganz klar ist, wer eigentlich Mutter und wer Tochter ist, drängt sich das Bild einer doppelten Pubertät auf. Beide Seiten sind Mutter und Tochter zugleich, und beide Paare sind in der Pubertät (Pubertät ist nicht die Beschreibung eines persönlichen Zustandes, sondern einer Beziehung zwischen Eltern und Jugendlichen) und lavieren um Ablösung, Autonomie, Kontrolle und gegenseitigen Respekt herum.

Die anderen Außenbeziehungen sind weniger konflikthaft, aber man nimmt deutlich weniger Impulse von den Werken, vom Vertrieb oder gar von den Kunden auf als etwa von den Kernfunktionen vor Ort. Die Werke sind mit der Zusammenarbeit zufrieden, aber etwas enttäuscht sei man schon, wie selten die Kollegen aus der Zentrale mal kämen, um sich die Lage hier anzusehen und die Produktion in ihre Überlegungen miteinzubeziehen. Der Außendienst beschwert sich, dass Kundenreklamationen bei den zuständigen Stellen nur schleppend bearbeitet werden; die Kritik der Kunden, dass weder ökologisch noch sozial nachhaltige Lösungen explizit aufgegriffen werden, hat bisher wenig Resonanz gefunden.

Sind die Eigentümer loyal?

Wie immer melden wir unsere Ergebnisse an das Managementteam und an eine Querschnittsgruppe aus Führungskräften und Mitarbeitern aus verschiedenen Abteilungen zurück. Unsere Ergebnisse lösen Zustimmung und Betroffenheit aus. In der Querschnittsgruppe entsteht jedoch ein Gespräch, das einen ganz neuen Aspekt bringt: *We are family*, ja, das hätte lange gegolten, aber jetzt sei man verunsichert: Entlassungen in der internationalen Holding, aber auch die Darstellung der Unternehmenskennzahlen und der hohe Druck durch kurzfristige Gewinnorientierung lassen Zweifel aufkommen, ob die Eigentümerfamilie noch genauso hinter dem Unternehmen und der Mitarbeiterorientierung steht wie bisher.

Unser Analyseauftrag ist hier beendet, und Gabele scheint fürs Erste genug Information bekommen zu haben.

Fazit

Gabele hat sich mit viel Einsatz und Managemententwicklung eine hervorragende Position nach außen und eine äußerst produktive und kooperative Kultur nach innen aufgebaut. Doch der Erfolg verwöhnt, und das warme gute Gefühl im Inneren ist mit einer verminderten Aufmerksamkeit nach außen verknüpft, die in dem Moment, da sich Umweltbedingungen verändern, problematisch wird. Das starre Festhalten an ehrgeizigen Zielen kehrt den positiven Effekt der bisherigen Zielsetzungen um und führt zu kurzfristig zahlengetriebenem Aktionismus, was die Kapazitäten einschränkt, um adäquate Lösungen zu finden. Zudem lässt der hohe Ergebnisdruck Zweifel in Bezug auf die Loyalität der Eigentümer zum Unternehmen entstehen. Trotz aller erfreulichen Effekte ist es gerade die harmonische Unternehmenskultur, die es erschwert, sich mit den bestehenden Konflikten auseinanderzusetzen. Entsprechend unscharf ist das gemeinsame Bild der Führungsmannschaft davon, welches individuelle und kollektive Führungsverhalten der sich verändernden Situation angemessen ist.

Stichworte

- Kommunikation: Dialog, Konfliktaustragung (Kapitel 3)
- Veränderung (Kapitel 4)
- Richtung geben: Strategie, Vision (Kapitel 5)
- Leistungssteuerung: Ziele, Vergütung – nicht monetäre Benefits (Kapitel 6)
- Innenwelt der Außenwelt: Eigentümer, Marke, Kunden (Kapitel 7)
- Führung der Führung (Kapitel 8)

Fallbeispiel 3
Ziele von gestern

VeryVision, vor kurzem noch ein kleines progressives Medien Unternehmen, ist seit kurzem die nationale Zweigstelle eines internationalen Medien-Konzerns. Dem Eigentümerwechsel war ein rasantes Wachstum vorausgegangen. Die Führungsmannschaft ist stolz auf das kollegiale jugendliche Klima im Haus und die seit Jahren ausgezeichneten Zufriedenheitswerte. Doch genau diese befinden sich seit einem halben Jahr im kontinuierlichen Sinkflug, ohne dass die Unternehmensspitze dafür eine schlüssige Erklärung hat.

Vom 9. Stock des Firmengebäudes von VeryVision aus hat man einen hervorragenden Blick. Die Vorstandsetage besteht aus vielen luftigen durch Glas abgetrennten Arbeitsplätzen, die sich um einen zentralen Aufenthaltsbereich gruppieren. Im Eingangsbereich hängen großformatige Bilder zeitgenössischer Künstler.

Bis vor zwei Jahren trug VeryVision Deutschland noch den Namen Bambi-Works und war ein für die Verhältnisse am Medienmarkt kleines Unternehmen, das den Platzhirschen mit innovativen Angeboten das Leben schwer machte. Der Erfolg des kleinen umtriebigen Unternehmens lockte einen großen internationalen Player an, der die Chance nutzte, sich in den deutschen Markt einzukaufen. Jetzt ist VeryVision Teil eines international operierenden Konzerns mit Sitz in Amsterdam. Für die deutsche Tochter wurde eine neue Zentrale errichtet, ein imposantes Flaggschiff mit unkonventionellen, modernen Formen.

Der frischgebackene Personalvorstand von VeryVision Deutschland empfängt uns in seinem Büro. Er ist sportlich gekleidet. Erst kürzlich ist er vom niederländischen Mutterkonzern zum deutschen Ableger gewechselt. Er vermittelt Energie, einen zupackenden Willen und will laut eigenen Worten »Muster brechen«. Das neu aufzusetzende Ausbildungsprogramm für Führungskräfte sieht er diesbezüglich als Chance. Die Konzernstrukturen seien noch sehr neu hier, man arbeite noch nicht selbstverständlich im größeren Kontext, meint er. Und die Zufriedenheitswerte der Mitarbeiter mit ihren Führungskräften seien im letzten halben Jahr stetig gesunken, wie die regelmäßig durchgeführte Mitarbeiterbefragung erkennen lasse. Allerdings könne man die Gründe dafür aus den Antworten nicht wirklich herauslesen.

Außen flott, innen zäh

Was wir in den ersten Gruppeninterviews hören, überrascht uns angesichts des modernen, jugendlichen Unternehmensauftritts sehr. Man lobt zwar das Klima, den innovativen Geist. Das Unternehmen gibt sich auch alle Mühe, die gute Laune zu erhalten und hochwertige Arbeitsplätze zu bieten. In allen Besprechungsräumen hängt ebenso wie in der Vorstandsetage moderne anspruchsvolle Kunst, auf den Gängen sind Bildschirme aufgestellt, auf denen Mitarbeiter in den Pausen beim Computerfußball gegeneinander antreten können. Auch die Kantine glänzt mit einem überdurchschnittlich hohen Niveau.

Die unteren und mittleren Führungskräfte sind stolz, in diesem großen Technologieunternehmen zu arbeiten, aber es war schon lustiger. Viele Mitarbeiter haben das Gefühl, dass der Impuls des Zupackens stark gebremst wird. Selbst Führungskräfte im mittleren Management haben wenig Spielraum und Entscheidungskompetenzen, zudem keine Budgetverantwortung, Techniker müssen Materialeinkäufe für 50 € vom Controlling genehmigen lassen. Eine Führungskraft berichtet, dass im Vorstand die Positionierung des neuen Brandmelders im 1. Stock diskutiert werde. Andere erzählen von Konzeptvorlagen, die sie zum 4. Mal überarbeiteten und die anschließend über zwei Hierarchiestufen hinweg präsentiert und wieder in die Überarbeitung geschickt worden seien. Früher sei das anders gewesen: Da konnte man schnell mal zum Chef gehen und erhielt direkt Feedback. Man kannte jeden und ließ den Marktführer mit der Wendigkeit des Kleinen regelmäßig alt aussehen.

Jetzt muss man sehr viel im Konzern genehmigen lassen – besonders in der Technik, im Marketing und im HR-Bereich wird diesbezüglich gestöhnt. Einzig der Vertrieb vermittelt den Eindruck einer mehr gefühlten als tatsächlich vorhandenen Selbstbestimmung. Über die internationale Organisation schimpfen fast alle. Was da aus der Zentrale in Unkenntnis der lokalen Gegebenheiten angeordnet werde und welchen unnötigen Standardisierungen man sich unterordnen müsse! Immer wieder würden in Amsterdam Entscheidungen verworfen oder neue Prioritäten gesetzt, von denen in Deutschland nur noch die Anweisungen ankommen. Alles in allem eine demotivierende Erfahrung.

Jeder für sein, nur ich für mein Ziel

Der zweite Umstand, der in den Interviews offen beklagt wird, sind die Ziele, die im Unternehmen über sechs Hierarchiestufen vom Vorstand bis hinunter zum Mitarbeiter im Callcenter kaskadiert werden. Sie behinderten nach Ansicht unserer Gesprächspartner sinnvolle Planung, weil sie zu spät beschlossen und zu früh bilanziert würden. Auch während des Jahres könnten sie nicht angepasst werden. Auf die Zielerreichung gebe es zu wenig Einfluss. Der theoretisch an die Erfüllung dieser Ziele geknüpfte Bonus werde daher nur in Ausnahmefällen ausgezahlt. Es handele sich also nicht um eine Leistungsentlohnung, sondern um eine Gehaltszulage.

Nicht ungewöhnlich für einen Konzern dieser Größe, aber auch nicht zu überhören ist das Klagen über Bereichs-Silos. Abteilungsübergreifende Zusammenar

beit ist mühsam, im Marketing greift man sich über die kurzfristige Vertriebsden-
ke an den Kopf, in der Technik über nicht abgestimmte Marketing-Versprechen
an den Markt, und alle fühlen sich von der Finanzabteilung missverstanden und
eingeengt. Bei genauerem Hinschauen ist es genau das vertikal durchdeklinierte
Zielsystem, das dieses Silodenken verstärkt. Bereichsübergreifende Initiativen
haben es unter anderem deswegen so schwer, weil jeder Bereich und jede Abteilung auf die Optimierung der eigenen Kennzahlen fixiert sind und wenig Spielraum für Programme sehen, die sich nicht in den jeweiligen Kennzahlen, sondern andernorts im Unternehmen positiv niederschlagen.

Überholte Erwartungen an Kommunikation

Eine erste Zwischenbilanz zeigt uns ein von großen Gegensätzen bzw. stark kon-
trastierenden Realitäten geprägtes Unternehmen. In der Analyse zeichnet sich
ab, dass ein nach wie vor recht zufriedenes Netzwerk langjähriger Mitarbeiter
aus der Zeit vor der Übernahme existiert, auch wenn sich einiges verkompliziert
hat. Wer über diese persönlichen Beziehungen nicht verfügt, tut sich schwer,
Entscheidungen zu beeinflussen bzw. muss sich lange in schwierigen Prozessen
aufreiben.

Die Komplexität der Kommunikation ist durch Wachstum und Internationalisierung gestiegen – vorbei sind die Zeiten, als es noch familiärer, sprich einfacher
zuging. Allerdings scheinen die Führungskräfte und Mitarbeiter immer noch die
Erwartung an Kommunikation und Entscheidungen von vor fünf Jahren zu haben: Alles geht schnell, jeder weiß alles, und alles ist abgesegnet, weil der Chef
sowieso laufend präsent ist. Aber seit der Übernahme ist das Unternehmen gewachsen, zwischen den Abteilungsleitern und dem Mitarbeiter liegen jetzt ein
bis zwei Hierarchiestufen mehr – und immer noch wollen alle überall mitreden.
Auch die Kommunikation über Bereichsgrenzen hinweg ist aufwendiger geworden und nicht mehr »mal eben« zu leisten, weil mehr Menschen beteiligt, mehr
Abteilungen zu berücksichtigen sind. Das gewohnte Interaktionsmuster kann
sich an diese neue Fülle an Impulsen, Perspektiven und Interessen nur schwer
anpassen.

Und dort, wo die Mitarbeiter mitreden dürfen, gibt es widersprüchliche Signale aus Amsterdam. Das Marketing operiert mit anderen internationalen Vorgaben
als die Finanzabteilung, und viele Entscheidungen müssen auch noch in internationalen Gremien begutachtet und abgenickt werden.

Chancen des Neuen

Die Chancen der neuen Situation werden angesichts dieser Verkomplizierungen nur von wenigen deutlich wahrgenommen: internationaler Kontakt, Zugang zur Technologie, Marktmacht, Investitionsvermögen. Wer diese Gelegenheiten dennoch sieht, hat gemischte Gefühle: Ein Teil der Seele des Unternehmens ist noch im familiären Start-up zu Hause. Natürlich versuchen sowohl die internationale als auch die nationale Unternehmensführung den Kulturwandel zu steuern. An den Wänden hängen Plakate mit den Unternehmensprinzipien und geben Anlass für zynische Kommentare.

Die gestiegene Komplexität kommt bei den Mitarbeitern vorwiegend als negative Botschaft an: Uns werden keine Entscheidungen zugetraut, unsere Hände sind gebunden. Aber wir sollen perfekt sein. Obwohl die Bürokratie nicht zu leugnen ist, scheint sich die Ansicht, den Führungskräften seien die Hände gebunden, zu verselbständigen. Selbst da, wo Spielräume und Chancen vorhanden wären, werden sie nicht genutzt.

Motivation statt Einfluss

Das ist besonders schmerzhaft, weil immer noch das Bild der überschaubaren Familie und der schnellen informellen Absprachen wirksam ist.

Über die geänderten Anforderungen an Führung – denn was machen Führungskräfte, wenn nicht Kommunikation gestalten? – gab und gibt es aber keinen systematischen Austausch. Führung ist gleichbedeutend mit Einzelkämpfertum: Wer Beziehung zum Netzwerk der old boys und girls hat, tut sich leichter, wer nicht ... hat Pech gehabt.

Da VeryVision traditionell sehr mitarbeiterorientiert ist, entsteht durch die sinkenden Zufriedenheitswerte in der Mitarbeiterbefragung allerdings Verunsicherung in der Führungsriege. Es gibt Unzufriedenheit, aber keine konsistente Erklärung dafür. Wie können, wie sollen die Führungskräfte darauf reagieren?

Die reflexartige Antwort der VeryVision-Führungsmannschaft lautet: Wir müssen mehr motivieren. Mehr Incentives, mehr Lob, mehr Mitarbeiter des Monats. Die Leistungsbemessung stellt sich bei dem bürokratischen System Ziele zu setzen, bei der Entmündigung und bei dem latenten schlechten Gewissen der Organisation gegenüber den Mitarbeitern als schwierig dar. Die angeblich leistungsanreizenden Belohnungen führen ins Leere, weil sie keinen Effekt haben. Den Bonus bekommen sowieso alle, weil es Usus ist, dass die Ziele so niedrig verhandelt werden, dass 90 Prozent aller Mitarbeiter im Normalfall auf 120 Prozent Gehalt kommen. Alles darunter wird als schwerer Eingriff in persönliche Ansprüche wahrgenommen. Gleichzeitig ist der Druck und die Gesamtleistung zwar gestiegen, das Einkommen aber nicht entsprechend mitgewachsen, so dass selbst die 120 Prozent nicht als gerechter Gegenwert für die Leistung empfunden werden.

Der Vorstand bittet zur Diskussion

Es ist Hochsommer, als wir dem Vorstand unsere Ergebnisse zurückmelden. Er folgt unserer Präsentation mit großer Aufmerksamkeit. Das meiste können die Vorstandsmitglieder nachvollziehen, einiges macht betroffen, manche Thesen lösen auch Zweifel bzw. Uneinigkeit aus. Trotzdem stimmen die Vorstandsmitglieder zu, die Ergebnisse ohne Einschränkung vor einer großen Gruppe von 80 Führungskräften präsentieren zu lassen. In dieser Konferenz kommt überwältigendes Feedback der Führungskräfte. Ja, so sei es, tönt es aus geschlossenen Reihen, nachdem die Ergebnisse reflektiert worden sind.

Nach der Pause lassen wir sie Ergebnisse und Reaktionen im Fishbowl-Format diskutieren: Zwei Vorstände reden vor allen anderen mit Vertretern aus unterschiedlichen Funktionsbereichen, der Rest sitzt drumherum und hört zu. Die Stimmung ist zum Schneiden. Mittlere Führungskräfte bekennen Farbe, benennen ihre wichtigsten Kritikpunkte, die Vorstände hinterfragen, es kommt zu heftigen, aber letztendlich konstruktiven Wortwechseln. Es ist erstaunlich, wie unterschiedlich Perspektiven sein können, bevor man drüber geredet hat – und welche Aha-Effekte sich ergeben, wenn man es dann tut. Drei Monate später erteilt der Vorstand den Abteilungsleitern Budgethoheit.

Fazit

Mit dem Zukauf durch den internationalen VeryVision Konzern wurde aus dem erfolgreichen, Start-up BambiWorks mit einem Mal Teil einer internationalen Matrix-Organisation. Es gibt weniger Überblick, aber immer noch wollen alle wie früher alles wissen und bei allem mitreden. Das macht schwerfällig. Die Führung versucht, die Kontrolle durch enge Budgetregeln und ein langwieriges Zielkaskadensystem abzusichern, was aber in Verbindung mit widersprüchlichen internationalen Vorgaben zu Frustration und Ohnmacht im Unternehmen führt. Bewegen kann man in diesem komplexen Gebilde nur etwas, wenn man im Netzwerk der altgedienten Mitarbeiter eingebettet ist. Da dem Vorstand die Zufriedenheit der Mitarbeiter wichtig ist, werden die Ursachen des steigenden Unmuts erforscht – und als Konsequenz der Zielvereinbarungsprozess auf neue Füße gestellt und dem mittleren Management Budgetverantwortung zugestanden.

Stichworte

- Entscheidungsstrukturen: Hierarchie, Struktur, Matrix, Prozesse (Kapitel 2)
- Kommunikation: Informelle Kommunikation (Kapitel 3)
- Veränderungen: Wachstum (Kapitel 4)
- Leistungsmanagement: Führen über Ziele, Vergütung, Output vs. Verhalten (Kapitel 6)
- Innenwelt der Außenwelt: Eigentümer, Mitarbeiter (Kapitel 7).

Fallbeispiel 4
Veränderungsempfänger

Lobmeyer ist ein niederösterreichisches Familienunternehmen in der Verpackungsindustrie mit langer Tradition. Die letzten Jahre waren von starkem Wachstum und Diversifizierung vor allem durch Zukäufe geprägt. Die meisten sind gut aufgegangen, nur die zuletzt integrierte Firma will nicht wieder recht in die Gänge kommen. Das massive Wachstum führt zu Klimaveränderungen, die familiäre Vertrautheit ist einem für viele unübersichtlichen Konglomerat mit einer übergeordneten Holding gewichen. Eigentümer und Holdingleitung wollen in dieser Situation etwas für den Zusammenhalt und die gemeinsame Identität tun.

Der Vater der jetzigen Unternehmensleiter hatte aus dem kleinen Familienbetrieb mit klarer Kernkompetenz ein mittelständisches Unternehmen gemacht, dessen Produkte mittlerweile in einigen Nischen weltweit konkurrenzfähig sind. In den letzten zehn Jahren wurden mehrere Unternehmen zugekauft, die entweder die Kernkompetenz direkt ergänzen oder sie um ein Anwendungsfeld erweitern, um bestimmte Endkunden direkt beliefern zu können.

Die erste dieser Einverleibungen war hervorragend gelungen: Das Familienunternehmen hatte die neue Tochter aus einer schweren Krise gerettet und konnte durch die neugewonnene Größe Auftragsschwankungen wesentlich besser abfangen als zuvor, was allen Beteiligten zugute kam. Die Mitarbeiter der zugekauften Firma waren noch mehrere Jahre später voll des Lobes und Dankes für die Rettung aus der Bedrängnis.

Die jüngste Integration allerdings war weniger von Erfolg gekrönt. Das neue Unternehmen kam nicht aus den roten Zahlen heraus und spielte unter den Anbietern auf seinem Markt weiterhin nur eine Nebenrolle. Auch intern war die Integration von starken Auseinandersetzungen geprägt und im Restunternehmen auch nach drei Jahren lange nicht so eingebettet, wie es nach dem vorigen gelungenen Merger allerseits erwartet wurde.

Über das Unternehmen hinaus gedacht

Wir wurden geholt, weil die Unternehmensspitze die Integration dieser Unternehmen kulturell festigen und vorausschauend Maßnahmen entwickeln wollte, um die Identifikation seiner Mitarbeiter mit dem Unternehmen zu erhalten und zu stärken. In diesen Vorüberlegungen waren durchaus visionäre Elemente erhalten: Es wurde überlegt, welche Rolle der Betrieb in der Entwicklung der Region spielen und wie auch seine Umwelt profitieren könne. Auf diese Weise sollten nicht nur die Mitarbeiter persönlich, sondern auch ihr Umfeld mit dem

Betrieb verknüpft werden und ihn als positiven Faktor für das Leben in der Region wahrnehmen. Das Projekt »Herzstück« war geboren.

Zu allem Überfluss noch ein Kultur-Projekt

In der Vorbereitungsgruppe wurde das Projekt als solches in Frage gestellt: Warum noch ein Vorhaben, gerade jetzt, wo alle mit ganz anderen Dingen zu kämpfen haben? Schnell stellte sich heraus, dass die Ziele und der Lösungsversuch allein auf Annahmen des Managements beruhten, zu denen es nicht im Dialog mit der Führungsmannschaft oder gar mit Mitarbeitern gekommen war. Die Mitarbeiter plagten andere Sorgen: die Reorganisation, starke Auftragsschwankungen, die Einführung von SAP und die laufende ISO-Zertifizierung beanspruchten alle verfügbaren Kapazitäten.

Die Auswertung unserer Interviews brachte einige überraschende Ergebnisse – zumindest für das Management. Das Wir-Gefühl schien in erster Lesung nicht die eigentliche Baustelle zu sein. Bis auf die zuletzt integrierte Firma identifizierten sich alle Mitarbeiter – aus welcher Einheit auch immer – stark mit dem Unternehmen. Auch beim zuletzt dazugestoßenen Sorgenkind lag der Grund für die Distanz zum Restunternehmen nicht im Widerwillen gegen die neue Zugehörigkeit und Identität, sondern in der völligen Inanspruchnahme durch interne Probleme begründet.

Die Führung muss sich an die neue Distanz gewöhnen

Ein allgemeines Unwohlsein bedingte freilich der Umstand, dass der Kontakt zwischen Unternehmensleitung und Mitarbeitern in den letzten Jahren stark abgenommen hatte und die einstmals verschworene Betriebsgemeinschaft im Zuge der Erweiterungen so gewachsen war, dass der Einzelne sie nicht mehr überblicken konnte. »Früher hast du jeden gekannt, aber jetzt weißt du nicht mal mehr, zu welcher Abteilung der andere gehört«, beschreibt ein Mitarbeiter die neue Situation.

Am stärksten aber war dieses Gefühl in der Unternehmensspitze selbst anzutreffen. Zwei der vier Vorstandsmitglieder waren in den Holding-Vorstand gewechselt und in ihrer neuen Rolle erheblich weiter vom Alltagsgeschäft entfernt als bisher. Bei ihnen war die Spannung aufgrund der gewachsenen Distanz und des Verlusts von Familiarität sehr deutlich zu spüren, ebenso beim Eigentümer. Durch die Integration neuer Unternehmen, die jeweils eigene Führungsorgane mit besserer Expertise besaßen, hatten sich auch hier die Aufgaben der bisherigen Leitung verändert. Sie hatte nicht mehr Produktentwicklung und Prozess, Mannschaft und Maschinen einer Firma zu steuern, sondern die Zusammenarbeit dieser vier Business Units, während die Aufgaben und konkreten Zielstellungen der neu eingemeindeten Firmen von anderen verantwortet werden mussten. Sowohl der Abstand zu den bisherigen operativen Aufgaben als auch die größere Distanz zu den Menschen waren für die Führungskräfte, die mit diesem Unternehmen gewachsen waren, ein harter Brocken.

Ein unangenehmer Nebeneffekt der Distanzierung war, dass es weniger Kontakt zu den mittleren Führungskräften und den Mitarbeitern gab, und dass destruktives Verhalten einzelner Führungskräfte nicht bemerkt wurde oder ohne Konsequenzen blieb. Das Topmanagement – das bei den Mitarbeitern viel Vertrauen genoss – war im Betrieb weniger präsent. Ein anderer Mechanismus, um die Qualität der Führungsarbeit zu sichern, war jedoch nicht etabliert worden. Zwar existierte ein Führungsleitbild, aber nur wenige hatten es tatsächlich gelesen, ganz zu schweigen davon, dass es zur Reflexion oder Bewertung von Führungsverhalten und -leistung herangezogen worden wäre.

Prozesse vom Reißbrett

Viel stärker jedoch wurde das Unternehmen in seiner Gesamtheit von einem anderen Thema bewegt, das die Unternehmensspitze bis dahin gar nicht hatte wahrnehmen können: Die Produktion der bisher nebeneinander existierenden Geschäftsbereiche war zusammengelegt worden, während die Vertriebs-, Planungs- und Entwicklungseinheiten weiterhin getrennt blieben. Dies bedeutete eine große Umstellung für die Produktion, die auf einmal Aufträge und Prozesse mit vier verschiedenen Frontoffices koordinieren musste. Die Mitarbeiter klagten über Prozesse, die ihre Arbeit sehr kompliziert hätten, während für sie der Sinn der Zusammenlegung kaum erkennbar sei. Aus der Sicht der vier Vertriebsorganisationen dagegen stellte die zentrale Produktionseinheit ein Nadelöhr dar, um deren Kapazität man mit den anderen Unternehmensteilen konkurrieren musste. In diesem Spiel wogen die informellen Kontakte naturgemäß schwerer. Immer wenn ein Prozess oder eine Priorität unklar war – oder der Prozess zur Klärung einer derartigen Unklarheit –, stach die bessere Beziehung.

In den Interviews zeigte sich, dass alle wesentlichen Entscheidungen für die teils sehr aufwendigen Veränderungsprozesse (Restrukturierung, SAP-Einführung, ISO-Zertifizierung) exklusiv in der Unternehmensspitze gefallen waren. Niemand außerhalb des Vorstandes konnte Einfluss auf die Prozesse nehmen. Die neuen Umstände wurden erduldet, scheinbar überflüssige Mehrarbeit und Komplikationen mit ungerichtetem Ärger oder Ratlosigkeit quittiert. Weder gab es Feedbackschleifen oder Verbesserungen noch Verantwortlichkeiten für die Weiterentwicklung der Prozesse nach deren Einführung.

Standardisierungsschmerzen

In vielen Arbeitsbereichen wurden Entscheidungskompetenzen zugunsten von standardisierten Abläufen massiv eingeschränkt. Tätigkeiten wurden spezialisiert, damit aber auch weniger abwechslungsreich. Immer dort, wo Mitarbeiter den Eindruck hatten, die neue Vorgangsweise erhöhe den Aufwand, aber den Nutzen nicht eindeutig erkennen konnten, wurde die eigene Arbeit entwertet. Die individuelle Erfahrung und Kompetenz hinsichtlich Abläufe und Arbeitsorganisation war plötzlich wertlos geworden. Dies führte dazu, dass sich die Mitarbeiter weniger identifizierten und Dienst nach Vorschrift machten.

Dieses Gefühl wurde dadurch verstärkt, dass mehrere tiefgreifende Veränderungsprozesse, etwa eine Umstrukturierung, eine SAP-Einführung und eine Iso-Zertifizierung, gleichzeitig passierten. Abgesehen von der Aufmerksamkeit der Führungskräfte, die in allen diesen Prozessen gebunden wurde, hatte die Überlagerung weitreichende Verunsicherungen und Desorientierungen zur Folge. Ein Mitarbeiter wusste schon gar nicht mehr, wie die Einheit hieß, in der er jetzt arbeitete. Andere beklagten sich, in neuen Vorschriften und Abläufen unterzugehen, die Aufgaben nicht mehr oder nur mit erheblichem Mehraufwand abarbeiten zu können, ohne eine Perspektive zu haben, wie und wann sich dies zum Besseren ändern werde.

Auch viele Führungskräfte fühlten sich von dieser Gleichzeitigkeit überfordert und hatten das Gefühl, weder auf zeitliche noch auf inhaltliche Prioritäten Einfluss nehmen zu können. Eine Anforderung überrolle die andere, viele Teilprojekte blieben halbfertig auf der Strecke, was es schwierig mache, Erfolge zu ernten. Erstaunlich war allerdings, dass trotz aller Überforderung die gegenseitige Wertschätzung blieb, und es kein Murren gab – eher duldsames und etwas resigniertes Abarbeiten.

Ausführen oder mitdenken?

Diese Phänomene meldeten wir zurück an das Vorstandsteam – und ernteten zunächst große Irritation und Unverständnis. Uns wurde mangelhafte Arbeit vorgeworfen. Ein Teil der Irritation bestand in der Enttäuschung des vierköpfigen Geschäftsführungsteams, doch so viel diskutiert und so viel Mitarbeitermeinung eingeholt zu haben. In der Gegenüberstellung mit anderen Perspektiven stellte sich allerdings heraus, dass diese Einbindung spät passiert war und nur noch Details zur Disposition gestanden hatten. Bei dieser Gelegenheit sprach ein Vorstand über das laufende Projekt und stellte die Ergebnisse der Untersuchung dem Gesamtunternehmen vor. Es werde ein einseitiges Informationsblatt mit allen wesentlichen Themen und Untersuchungsergebnissen geben. Der Wille zur Transparenz und Offenheit sprach aus dieser Information, ein sehr korrekter Schritt.

Wir merkten an, dass Kommunikation allerdings nicht nur hineinrufen hieße, sondern auch hinhören, welche Reaktionen es darauf gibt. Auf ein Informationsblatt käme aber nichts zurück. »Sie meinen, wir müssen mit unserer Taschenlampe in die Organisation hineinleuchten?«, fragte einer der Vorstände. »Das wäre schon etwas anderes – aber immer noch sehr eng geführt. Wer hält die Taschenlampe, wer soll von wem etwas erfahren? Wer bildet sich ein Bild und auf wessen Bild kommt es schlussendlich an?«, lautete unsere Antwort. In der Managementrunde herrschte Stille. Der Gedanke, dass nicht nur das Management sondern auch die Mitarbeiter Überblick bräuchten, war offensichtlich neu.

Strategiekonferenz

Strategie war bis dato immer Sache der Unternehmensspitze gewesen, zehn bis maximal 20 Leute waren involviert. Drei Monate später beschloss der Vorstand, die Diskussion darüber weiter zu öffnen und in einer Konferenz 80 Führungskräfte an der Strategieentwicklung zu beteiligen.

Dies war insofern besonders beeindruckend, als gerade die ohne Feedback von den Mitarbeitern des Unternehmens getroffenen strategischen Entscheidungen zur Entwicklung dieser überfordernden Komplexität geführt hatten. Eineinhalb Tage lang wurden die Führungskräfte nicht nur über die strategischen Überlegungen des Managements informiert, sondern auch um Feedback gebeten und darum, ihre eigenen Überlegungen anzustellen und miteinander zu diskutieren.

Fazit

Das Wachstum von Lobmeyer hatte einen Professionalisierungsschub ausgelöst. Viele Projekte der Reorganisation und der Standardisierung waren initiiert worden, um die Synergieeffekte zu nutzen. Die damit verursachte komplexe Veränderung von Rollen und Abläufen erzeugte viel Desorientierung und ein Gefühl von Ohnmacht. Die neuen Prozesse konnten das Gefühl von Einbindung und Wertschätzung, das früher durch die Präsenz der oberen Führungskräfte gegeben war, nicht ersetzen. Das Management hatte sowohl die eigenen Irritationen als auch die der Mitarbeiter wahrgenommen und versuchte, in bester Absicht darauf zu reagieren. In der Analyse zeigte sich jedoch, dass weniger die gemeinsame Identität der Kern der Irritation war als vielmehr die Schwierigkeiten, die neuen Rollen und Abläufe mitzugestalten und die eigene Kompetenz in den neuen Strukturen einzubringen. Die Integrität und Glaubwürdigkeit des Managements, im besten Sinne für Unternehmen und Mitarbeiter zu handeln, erwies sich hierbei immer noch als wichtige Ressource. Trotz aller Verwirrung und Belastung bestand das prinzipielle Vertrauen in die Führung weiter und sorgte für einen nach wie vor beeindruckenden Einsatz – allerdings mit abnehmender Tendenz

Stichworte

- Entscheidungsstrukturen: Hierarchie, Prozesse, Rollen (Kapitel 2)
- Kommunikation: Einwegkommunikation/Dialog (Kapitel 3)
- Veränderung: (Kapitel 4)
- Richtung geben: Strategie (Kapitel 5)
- Innenwelt der Außenwelt: Eigentümer (Kapitel 7)
- Führung der Führung (Kapitel 8)

Fallbeispiel 5
Sind das noch wir?

XTrans Consulting bietet in vieler Hinsicht einen optimalen Arbeitsplatz: Sinnstiftende Projekte, sehr familiäre Atmosphäre, schicke Büros, freundliche Menschen. Das kleine Verkehrsplanungsbüro hat sich zu einem renommierten Beratungsunternehmen entwickelt, in den letzten fünf Jahren wurden zahlreiche Filialen in Nachbarländern eröffnet. Aber immer öfter wird neben der Begeisterung auch Unmut laut, laut Mitarbeiterbefragung sinkt die Zufriedenheit, es wird häufiger Kritik an der Bezahlung laut. Andererseits sind die Geschäftsführer am Rande ihrer Kapazität, diagnostizieren bei den Mitarbeitern Konsumhaltung und wünschen sich stattdessen mehr Unterstützung, proaktives Engagement und Akquisitionsleistungen.

XTrans Consulting ist ein boomendes Beratungsunternehmen für Verkehrsplanung. Man berät Kommunen und Regionen bei der Entwicklung von integrierten Verkehrskonzepten, Förderung von E-Mobilität, bei der Optimierung des öffentlichen Verkehrs. Die Firma entstand aus einer zehn Jahre zurückliegenden Fusion zweier Unternehmen mit ähnlichen Märkten, aber unterschiedlichen Angeboten. Das in der Wiener Innenstadt gelegene Büro verfügt über eine Terrasse und eine äußerst schicke Besprechungszimmerausstattung. An den Wänden hängt moderne Kunst mit sozialen Thematiken. In den letzten fünf Jahren sind ebenso viele Außenstellen in Nachbarländern gegründet worden. Das Wiener Büro platzt aus allen Nähten. Die Geschäftsleitung möchte Desksharing einführen, aber diese Idee stößt bei einigen Mitarbeitern auf Skepsis. Die Alternative, ein weiteres Büro in der Nähe anzumieten, trifft auf ebenso wenig Gegenliebe: Niemand möchte dorthin umziehen. Zudem ergibt eine schriftliche Mitarbeiterbefragung, dass die Zufriedenheit mit dem Unternehmen in einigen Punkten relevant gesunken ist.

Internationalisierung verlangt neue Kompetenzen

Wir schlagen eine qualitative Analyse vor, weil die Daten der Mitarbeiterbefragung keinen Aufschluss über die Gründe für die Verschlechterung des Betriebsklimas geben. Die drei Geschäftsführer müssen nicht lange von der Idee überzeugt werden, die internen Wirkmuster mit einer offenen Herangehensweise zu erforschen. Auch sie haben Beschwerden: Sie hören die Unzufriedenheit vor allem in Bezug auf die Bezahlung und empfinden diese Kritik als Undankbarkeit. Sie selber machen keine Gewinne, sondern reinvestieren und sind keineswegs kleinlich, wenn es darum geht, ein gutes und lebenswertes Arbeitsumfeld zu schaffen. Bei vielen Mitarbeitern nehmen sie diesbezüglich eine Konsumhaltung wahr und wünschen sich mehr Eigenverantwortung, nicht zuletzt, weil sie selber bis zum Anschlag ausgelastet sind. Darüber hinaus fordert die Internationalität, die sich sowohl am Arbeitsplatz aber auch in internationalen Kooperationen

spiegelt, neue Einstellungen und auch Kompetenzen bei den Mitarbeitern. Reise-
bereitschaft, Sprachkompetenz, Leitungskompetenz für komplexe europaweite
Projekte sind gefragt. Die Geschäftsführer wünschen sich Veränderungsbereit-
schaft. Sie lachen viel in unserem ersten Interview, es herrscht eine kollegiale,
sehr entspannte Atmosphäre. Ab und an meinen wir einen stichelnden Unterton
zu vernehmen.

Bürokratisierung gegen Unübersichtlichkeit

Und was sagen die Mitarbeiter? Die Chefs genießen Autorität und Vertrauen. Die
kollegiale Atmosphäre wird generell sehr geschätzt. Man kennt sich und hat das
Unternehmen gemeinsam entwickelt, die Stammspieler sind seit der Gründung
dabei. In den Projekten haben die jeweiligen Mitarbeiter freie Hand und tragen
große Verantwortung, die ihren Expertenstatus unterstreicht. Neue Mitarbeiter
sind von dieser Verpflichtung bisweilen sogar überfordert. Alle Mitarbeiter fühlen sich durch die außerordentlich starke Sinnkomponente an das Unternehmen
gebunden.

Trotzdem wird schon beim ersten Interview auch ihre Unzufriedenheit sichtbar. Der Druck ist gewachsen, das Gehalt nicht. Die nicht direkt von einem Geschäftsführer geleiteten Bereiche treten auf der Stelle. Für Weiterentwicklung
braucht es die Chefs, die jedoch sind überlastet sind. Die Mitarbeiter erleben sich
als selbstverantwortlich trotz steigender Bürokratisierung des Unternehmens.
Viele sind im Wirrwarr von externen und internen Projekten, internationalen
Kooperationen und neudefinierten Prozessen, durch unterschiedlichste Rollen
und Aufgaben überfordert. Der Unmut konzentriert sich bei zwei Gruppen besonders stark: bei langjährigen Mitarbeitern und bei jenen, die weniger in internationale Projekte eingebunden sind.

Anerkennung und Feedback ade

In der Analyse zeigte sich, dass der ausgesprochene Unmut nur den offensichtlichen Anteil eines größeren Unbehagens darstellte.

Vor dem Wachstumsschub hatte jeder Mitarbeiter ausreichend direkten Chef-
kontakt gehabt, um – ausgesprochen oder unausgesprochen – in die wichtigen
Entwicklungen eingebunden zu sein, sich zu Entscheidungen zu äußern und von
den Vorgesetzten Reaktionen auf sein Tun und Lassen zu bekommen. Dem war
nun nicht mehr so, neue Leute waren ins Unternehmen gekommen, die Anzahl
der Geschäftsfelder, Projekte und Kooperationen aber auch der internen Prozesse
stark gewachsen. An die Stelle einer klaren Einbindung war eine unübersicht-
liche Vielzahl von Rollen, Aufgaben und Bezügen jeder Person getreten, deren

Priorisierung ausschließlich bei Ihnen selber lag. Häufig waren sich Mitarbeiter im Unklaren, ob das, was sie taten, wichtig und richtig war, bekamen allerdings dazu keine Rückmeldung.

Kommunikation und Feedback bezogen sich, wenn überhaupt, immer nur auf ein bestimmtes Projekt, aber niemals auf das Gesamtportfolio einer Person. Dementsprechend gestaltete sich auch die Verantwortungsdynamik: Während für Projekte ein hohes Verantwortungsgefühl existierte, gab es für alles Übergreifende (Lernen, gemeinsame Perspektive, projektübergreifende Prioritäten) weder Gelegenheiten zur Kommunikation noch zur Reflexion.

Aber auch die Geschäftsführer hatten Überblick und Kontakt verloren. Als Reaktion auf dieses Defizit wurden Strukturen und Kontrollprozesse implementiert, die für Orientierung und Alignment sorgen sollten. Obwohl einzelne Prozesse und Strukturen oft als klärend und orientierend erlebt wurden, führten sie insgesamt zu einem negativen Effekt: Die Mitarbeiter erlebten ihre Aufgaben als nicht enden wollend, ihren Handlungsspielraum jedoch als minimal. Die Menge der Ziele und Vorgaben hatte auf viele den Effekt, dass sie – obwohl theoretisch in ihren Entscheidungen völlig frei – das Gefühl hatten, ihrer Intuition, der Energie, ihrem unternehmerischen oder inhaltlichen Impuls nicht folgen zu können. Das führte zu Resignation und Dienst nach Vorschrift.

Eine neue Führungsebene

Als Konsequenz wurden einigen Bereichen eigene Manager vorangestellt, die größeren Geschäftsbereiche wurden weiterhin direkt von Geschäftsführern geleitet. An der neuen Führungsebene gab es jedoch bald viel Kritik. Die neuen Bereichsmanager sollten führen, konnten es aber nicht. Sie wurden von ihren Mitarbeitern nicht akzeptiert, sie waren ja selber Experten in ihrem jeweiligen Bereich. Führung wurde von den Beteiligten mit Entscheidungsstärke assoziiert, was aber in dieser Rolle ein unerfüllbarer Anspruch war, da weder die Kultur des Unternehmens noch die Autoritätszuschreibungen zu einem solchen Verhalten passten.

Auch nach außen fehlten den Bereichsleitern das Netzwerk und der Status eines Geschäftsführers, um für ihre jeweiligen Aufgaben zu akquirieren. In der Rolle dieser Bereichsmanager war das subjektive Missverhältnis zwischen Zielverantwortung und tatsächlichem Einfluss am größten. Sie waren Führungskräfte geworden, weil sie die besten Fachkräfte gewesen waren. Führung basierte vorher auf der quasi natürlichen Autorität der Eigentümer – jetzt war Einflussnahme geliehen und man musste sich erst einmal beweisen. Die weitverbreitete Annahme, dass der beste Experte naturgemäß auch die beste Führungskraft sei, wurde auch bei XTrans geteilt. Es hatte bei der Einführung der Bereichsmanager-Ebene keinerlei Auseinandersetzung über die notwendigen Führungskompetenzen der angehenden Bereichsleiter gegeben.

Erfolgs-Delta

Das Unternehmen ist erfolgreich, die einzelnen Mitarbeiter in ihrem subjektiven Erleben weniger. Es gibt zwar eine tolerante Fehlerkultur, niemand bekommt für ein Missgeschick den Kopf abgerissen, und das wissen die Mitarbeiter sehr zu schätzen. Aber Erfolg zu haben fällt hier auch nicht leicht. Viele Ziele werden in einem komplizierten Modus definiert und bewertet. Die Mitarbeiter haben teilweise das Gefühl, dass die Latten höher gelegt werden, ohne darauf Einfluss zu haben. Sie empfinden die gesetzten Ziele als unrealistisch oder nicht durch eigenes Verhalten beeinflussbar. An den Erfüllungsgrad der Ziele sind variable Gehaltsbestandteile geknüpft, die Erfüllung der Ziele ist zum Teil eine Frage der Einschätzung der Führungskraft. Diese Einschätzungen werden – trotz ernsthaften subjektiven Bemühens der Geschäftsführer um »Objektivität« – als willkürlich erlebt. Leistungen in unterschiedlichen Unternehmensbereichen seien nicht vergleichbar, weil die Märkte ganz unterschiedlich funktionierten. Wer lauter schreit, wer sich besser wehrt, wer seine Leistungen besser darstellt, wird höher bewertet.

Das Unbehagen kristallisiert sich am Geld

Aber nicht nur die Familiarität und die Aufmerksamkeit der Chefs waren verlorengegangen, sondern auch die Sinndimension hatte gelitten. Das größere Ganze war nun sehr viel anfälliger für Schwankungen des Marktes. Nicht nur waren die Fixkosten enorm gestiegen, sondern es mussten auch die Aufbaukosten, aber auch der Wissenstransfer und die unterstützende Kapazität für die Büros in den neuen Märkten vom Mutterhaus getragen werden. Der Druck auf die Zielerfüllungen war gewachsen. Das Unternehmen, das früher stolz gewesen war, etwas Sinnvolles beizutragen, war in Bezug auf die Projekte neuerdings deutlich weniger wählerisch. Zwischen dem Zweckanspruch und den im Zuge des Wachstums entstandenen ökonomischen Herausforderungen klaffte ein immer größerer Spalt. Dies äußerte sich auch darin, dass die Ressourcen sowohl für internes Lernen als auch für allgemeine Kommunikation schwanden.

Das Gros der Beschäftigten war weiterhin überzeugt, in Bezug auf Inhalte und Sinnhaftigkeit einem einzigartigen Unternehmen anzugehören. Trotz des Wachstums und der abnehmenden Vertrautheit schwärmten alle vom Betriebsklima.

Aber die Bedingungen, unter denen die ursprünglichen Arbeitsverträge geschlossen worden waren, waren nicht mehr gegeben. Die Familiarität, der direkte Kontakt zu den Chefs (und damit Feedback und Anerkennung für Leistungen jenseits der Kennzahlenmessung), auch die Sinnhaftigkeit der Projekte – all das hatte für viele gelitten. Der Unmut entlud sich beim Thema Finanzen, weil alle anderen Veränderungen nur Gewohnheitsrechte berührten, die schwer thematisier- und einforderbar waren.

Sinn-Erosion

Am schwersten aber wog in unserer Wahrnehmung der Mangel an einer Vision für das »Stammhaus«. Die Geschäftsführer bedachten die neuen Standorte mit viel Aufmerksamkeit, doch die qualitative Weiterentwicklung des Stammstandortes litt in dieser Hinsicht deutlich. Auch wenn sich das Portfolio des Mutterhauses zusehends verzweigte und der Erfolg neue Geschäftsfelder eröffnete, gab es keine Ressourcen für deren systematische Weiterentwicklung. Oft war zentrales Know-how auf eine Person beschränkt. Aus Sicht der Mitarbeiter war sehr wenig in sinnvolle Weiterbildung investiert worden. Das ergebnisorientierte Lernen fand für viele durch Unterstützung von Kolleginnen innerhalb von Projekten oder durch das »Mitnehmen« junger Kollegen in Projekten statt – dieses sei durch hohe Zielvorgaben aber nur noch selten möglich. Jede »unnötige« Mitarbeiterstunde verschlechterte die Nutzen/Kostenrelation eines Projektes, jede kollegiale Unterstützungsleistung musste als Zeit irgendwo verbucht werden und ging damit auf Kosten des jeweiligen Budgets.

All diese für sich genommen kleineren Verschlechterungen erzeugten in ihrer Summe einen nachhaltigen Zweifel daran, ob die ursprüngliche Mission und die Wertebasis des Unternehmens (Nachhaltigkeit, gesellschaftlicher Nutzen, Familiarität und Solidarität) tatsächlich noch Grundlage des gemeinsamen Handelns waren – oder ob nicht vielmehr Wachstum, Internationalisierung und ökonomischer Erfolg als die neuen eigentlichen Ziele die Richtung vorgaben. Ermöglicht wurde dieser Zweifel auch dadurch, dass es neben der Internationalisierung für das Stammhaus weder Vision noch Perspektive gab, die dem Ganzen das Gefühl einer Ausrichtung hätte geben können.

Angesichts dieses offensichtlichen Auseinanderdriftens zwischen Ursprungsidee und Jetzt-Zustand könnte man meinen, dass das Kernunternehmen kurz vor dem Ende stehe – aber dem war ganz und gar nicht so! XTrans Consulting war erfolgreich, hatte viele Produkte entwickelt und war im Grunde immer noch stark sinnorientiert – das wichtigste Asset, um engagierte Mitarbeiter anzuziehen und zu halten. Aber die Schattenseiten der Veränderung und des Erfolgs hatten zu einer schleichenden Erosion dieser Kernressource geführt. Die Organisationsanalyse bewegte die Führung zu zahlreichen Maßnahmen. Führung und Erwartungen an Führung wurden innerhalb des Führungsteams diskutiert, für das österreichische Mutterunternehmen wurde im Dialog mit den Mitarbeitern eine Vision erarbeitet, und es wurden Vergütungs- und Zielstrukturen überarbeitet.

Fazit

XTrans Consulting ist für seine Mitarbeiter ein einzigartiger Arbeitgeber. Wenig Arbeitsplätze ermöglichen so viel Sinnstiftung und eine gute Arbeitsatmosphäre.
Wachstum und Internationalisierung erzeugen bei XTrans allerdings eine deutliche Kluft zwischen den Notwendigkeiten der Organisation und den Bedürfnissen der Mitarbeiter. Die Organisation braucht erhöhtes Engagement, Reise-, Lern- und Netzwerkbereitschaft, um in internationalen Kontexten reüssieren zu können. Die Führung versucht, Leistung durch strukturierte Ziel-, Vergütungs- und Prozessstrukturen zu fördern. Die Mitarbeiter hingegen erleben erhöhten Druck, mehr Bürokratie, weniger Verbundenheit. Wer nicht flexibel genug für die neuen Anforderungen ist, erfährt bei gleicher Leistung weniger Anerkennung als früher und hat wenig Entwicklungsperspektive. Der wachsende ökonomische Druck wirkt sich zudem negativ auf die Qualität der Projekte und die Möglichkeit aus, firmenintern zu lernen. In dieser Situation fehlen eine Entwicklungsperspektive für das Stammhaus und ein gemeinsames Bild davon, was Führung und geführt werden nunmehr bedeutet.

Stichworte
- Entscheidungsstrukturen: Prozesse, Rollen (Kapitel 2)
- Kommunikation: Feedback (Kapitel 3)
- Veränderung: Wachstum, Internationalisierung (Kapitel 4)
- Richtung geben: Vision (Kapitel 5)
- Leistungssteuerung: Vergütungsstrukturen, Führen über Ziele (Kapitel 6)
- Führung der Führung (Kapitel 8)

Fallbeispiel 6
Depressionen trotz Erfolg

Alpenland Getriebe und Motoren; AGM, ist ein höchst erfolgreiches mittelständisches Indust-rieunternehmen, das mit einigen seiner Produkte Weltmarktführer ist. Vor einigen Jahren schlitterte AGM in eine Krise und baute Arbeitsplätze ab. Danach war das Unternehmen bei weitem erfolgreicher, hatte Werke in den USA und in China übernommen bzw. aufgebaut. In letzter Zeit allerdings häufen sich Qualitätsbeschwerden und die Stimmung im Mutterstandort Pernbruck ist alles andere als rosig. Die Antwort des Managements heißt: Prozesse vereinfa-chen!

Die Zentrale der Alpenland Getriebe und Motoren AG liegt in Pernbruck, einer bayrischen Kleinstadt. Das Unternehmen ist zu 100 Prozent im Besitz einer Familie und gehört zur Elite mittelständischer Industriebetriebe. In den Fabriken der Alpenland AG werden hochspezialisierte Getriebe und andere Motorenbestandteile hergestellt, die in der 1. Liga weltweit konkurrieren können. In den letzten zehn Jahren hat die Alpenland AG Werke in den USA und in Asien zugekauft bzw. errichtet, obwohl sie sich Ende der 1990er-Jahre noch in einer schweren Krise befand. Mittlerweile macht die Alpenland AG große Gewinne, die Auftragsbücher sind voll. Der Vorstand ist unverkennbar stolz auf die Internationalisierung, die Zusammenarbeit über die Kontinente hinweg funktioniert zumindest auf Managementebene sehr gut.

Dicke Luft in der Produktion

Allerdings häufen sich in letzter Zeit Beanstandungen bezüglich der Qualität. Kunden beschweren sich vermehrt über nicht eingehaltene Termine oder schicken Lieferungen zurück. Dies führt zu anhaltenden internen Verstimmungen: Vor allem zwischen Produktion und Vertrieb ist die Luft dick, man weist sich gegenseitig die Schuld an den Problemen zu. Darüber hinaus ist die Stimmung in der Produktion generell schlecht. Die Firmenspitze vermisst beim mittleren und unteren Management Freude über die Erfolge und Loyalität gegenüber der Belegschaft. Aus Sicht des dreiköpfigen Vorstands vertritt das Management die Entscheidungen der Firmenspitze gegenüber den Mitarbeitern nicht entschlossen genug.

An diesem Punkt treten wir auf den Plan: Zunächst bittet uns der Vorstand, den von ihm eingeleiteten Reengineeringprozess begleitend zu beraten und zu moderieren. Offenbar handelt es sich dabei um ein bewährtes Mittel, auf das die Leitung auch in früheren Krisensituationen zurückgegriffen hat. In den Vorgesprächen wird jedoch sehr schnell klar, dass die Firmenspitze gar kein klares Bild darüber hat, was zu den anhaltenden Missstimmungen geführt hat. Also sollen wir im ersten Schritt helfen, die Gründe dafür näher zu bestimmen.

Die ersten Interviews führen wir mit Führungskräften aus der Produktion. Unser erster Eindruck bestätigt zunächst das vom Vorstand Gehörte. Diese Führungskräfte sind sehr skeptisch und haben wenig Hoffnung auf Änderung der Situation. Nachdem in einer langen Gesprächsrunde viele Probleme zur Sprache gekommen sind, fragen wir, was denn gut funktioniere, worauf man aufbauen könne. Wir müssen die Frage exakt dreimal wiederholen, bevor eine Antwort kommt, die nicht sofort weitere Missstände benennt. Die Rede ist von Burn-out und von Wachstum auf Kosten des Personals in der Produktion. In die neuen Werke in Übersee werde investiert, nicht aber hier vor Ort. Um die vom Vertrieb akquirierten Aufträge bearbeiten zu können, wären deutlich größere Kapazitäten vonnöten, aber das Werk sei völlig ausgelastet. Die Eigentümer bzw. die Firmenspitze lenkten das nötige Geld vor allem in den Aufbau der neuen Standorte in China und in den USA, so der Tenor der Kritik.

Vom Krisenkandidaten zum Weltmeister

Dabei sind alle in der Runde sehr stolz auf das Know-how und auf die Geschichte der Firma. Das Wissen um die Position von AGM an der Weltspitze bei einigen Produkten, erfüllt die Team- und Abteilungsleiter, die fast alle das Maschinenschlosserhandwerk von der Pieke auf gelernt haben, mit Stolz. AGM stellt nicht nur hochwertige Motorenbestandteile her, sondern produziert auch die dafür nötigen Maschinen selber, was nicht viele Unternehmen können. Aber durch die Lieferprobleme hat das positive Selbstbild gelitten, und auch der Strom der Innovationen wird dünner. »Wir sind Dreiviertel-Weltmeister«, sagt ein Mitarbeiter im Interview, »wir bringen viel auf die Reihe, aber bei den letzten 20 Prozent geht uns die Luft aus.«

Konflikte zwischen Vertrieb und Produktion gibt es woanders auch – aber warum ist die Produktion hier derartig resigniert und überfordert? Wenn es wirklich hauptsächlich um die Lieferprobleme ginge, sollte dies den Vertrieb zumindest ebenso tangieren, aber dort ist man trotz diverser Schwierigkeiten erstaunlich guten Muts.

In weiteren Interviews stellt sich heraus, dass das Vertrauen der Produktion in die Eigentümer seit der Krise Anfang des Jahrzehnts angeknackst zu sein scheint. Damals kam es zu Entlassungen, die laut Firmenleitung jedoch nur Zeitarbeiter und andere temporäre Kräfte betroffen hätten. In den Interviews mit der Produktion fällt jedoch die Bemerkung, dass auch Schlüsselkräfte entlassen worden seien. Auch früher sei man von den Vorgesetzten nicht immer gehört worden, der Führungsstil sei immer schon klassisch hierarchisch gewesen. Dem gegenüber stand jedoch das sichere Gefühl, zur Familie zu gehören.

Ungleiche Teilhabe am Erfolg

Noch belastender erscheint uns jedoch der Eindruck, der bei den Mitarbeitern und im mittleren Management der Produktion herrschte, dass sowohl die Bewältigung der Krise als auch der gegenwärtige Erfolg auf ihre Kosten gegangen sei. Die Firmenleitung hat vorsichtig investiert, aber die neue Halle, die seit Jahren gebraucht wird, ist noch immer nicht bewilligt. Die bestehenden Flächen sind restlos ausgelastet und bei jeder neuen Maschine wird aufs Neue mit viel Aufwand improvisiert. Die Produktionsbereiche sollen höchste Qualität bei innovativen Produkten bieten, aber sie bekommen die Mittel dafür nicht in die Hand. Schließlich wird der Produktion auch noch die Schuld an den Qualitätsproblemen gegeben. Diese sieht sich dadurch zusehends in einen strukturellen Doublebind manövriert: Produziert sie unter den sich verschlechternden Bedingungen einfach weiter, kann dabei nur mindere Qualität herauskommen. Lehnt sie jedoch Aufträge ab, begibt sie sich in die Rolle des Bremsers, der die hochgesteckten Ziele nicht erfüllen kann.

Die Ziele sind sehr hochgesteckt. Der Firmenleitung zufolge sei das Teil der Strategie, man würde sehr kleine, maßgeschneiderte Stückzahlen produzieren, daher müsse man die Marge steigern. Im Vertrieb werden die Ziele als ehrgeizig, aber machbar, als Ansporn gesehen. Es gebe keine Prioritätensetzung, man renne jedem Impuls hinterher, die Diversifizierung sei enorm, aber die Umsatzzahlen würden das Engagement belohnen. Im Vertrieb ist man stolz auf die eigene Leistung.

Die Mitarbeiter und das Management in der Produktion dagegen sprechen von problematischen Kennzahlen: In der Erfolgsmessung gehe ihre Leistung unter, und man könne an diesen Zielen nur scheitern. Was auch immer sie täten, wie viel Überstunden in die Arbeit flössen, es sei nie genug, man bleibe immer unter den Zielzahlen und ernte Kritik. Generell liegt der Fokus im Unternehmen auf der Kommunikation dessen, was nicht erreicht wurde. Die Qualitätsfehler verstärken dieses Muster. Vertrieb und Produktion weisen sich gegenseitig die Schuld zu, an Belegen für die jeweilige Sichtweise mangelt es nicht. Es entsteht eine Defizitspirale, unter der vor allem die Produktion leidet. Der Vertrieb kann immerhin auf die regelmäßigen Rekordabschlüsse verweisen. Die Produktion hingegen erträgt Unzufriedenheit und Misserfolg.

Machtloses Mittelmanagement

Aus der Sicht der Eigentümer ist die Investitionsstrategie hingegen ein voller Erfolg. Man ist in wirtschaftlich extrem schwierigen Zeiten gut über die Runden gekommen, hat das Eigenkapital und damit die eigene Unabhängigkeit geschützt.

Trotzdem ist es der Führungsriege hervorragend gelungen, blitzartig von Defensive auf Offensive umzustellen und den guten Wind der Konjunktur zu nützen. Die Kritik der Arbeitnehmer wird von Eigentümerseite als Undankbarkeit empfunden. Von den Angestellten wird ebenso wie von den Führungskräften Loyalität erwartet, man sei ja schließlich so etwas wie eine Familie. Und überhaupt: Es sei gar nicht so wenig investiert worden, wie uns das die Führungskräfte in der Produktion dargestellt hätten. Die Investitionszahlen der vergangenen Jahre geben der Firmenleitung tendenziell recht: In den Jahren der Krise und den darauffolgenden wurde zwar nicht exorbitant investiert, allerdings auch nicht sehr viel weniger als vorher. Woher kommt also dieser ganz andere Eindruck der mittleren Führungsebene?

Die Manager in der Produktion erleben offenbar keine Möglichkeit, auf die Prioritäten und Entscheidungen – gerade bei den Investitionsvorhaben – Einfluss zu nehmen. Sie fühlen sich gegenüber der Firmenleitung als Bittsteller. Wer hartnäckig ist, bekommt eine Zusage für eine Investition, aber wenn jemand anderes lauter schreit, dann wird die Zusage widerrufen. Alle diesbezüglichen Entscheidungen werden im Vorstand getroffen und immer wieder in nicht nachvollziehbaren Prozessen geändert – obwohl man selber am besten wüsste, was wo zu investieren wäre, um der Produktion wirklich sinnvoll unter die Arme zu greifen.

Zu unserem Erstaunen stellen wir auch fest, dass es unter der Ebene des Vorstandes keine Teams gibt, die etwas gemeinsam entscheiden würden. Die Bereichsmanager, die erst kürzlich eingeführt wurden, um den bis dato verantwortlichen Vorstand zu entlasten, sind weniger gut aufeinander zu sprechen und gehen mit ihren jeweiligen Themen und Fragen lieber einzeln zum Chef. Die nächste Ebene der Business-Unit-Leiter beklagt sich, ihre Distanz zum Chef sei größer geworden und Entscheidungen dauerten jetzt noch länger.

Im oberen Management dagegen erlebt man die zurückhaltende bis kritische Grundstimmung unter den Managern in der Produktion als mangelnde Loyalität und Durchsetzungsstärke und reagiert mit Appellen an Ihre Loyalität, mit Misstrauen und weiterem Kompetenzentzug. Noch mehr Entscheidungen werden den Managern in der Produktion entzogen und von den Vorständen getroffen.

Angst

Aufgrund der Signale aus der Holding, dass der Standort auch langfristig nicht erweitert werden soll, kursiert Angst. Eine Produktionslinie nach der anderen wird nach China verlagert. Dagegen ist eine langfristige Perspektive, eine Vision speziell für den österreichischen Standort nicht in Sicht. Die Überseestandorte werden ausgebaut, vor allem der in China, und die hiesigen Mitarbeiter sollen mit dem eigenen Know-how eine Entwicklung unterstützen, die ihnen das Wasser abgräbt? Trotz aller Beteuerungen des Managements, der Standort solle erhalten werden, es gehe nicht primär um Kostensenkung, sondern um Nähe zum Kunden, wächst das Misstrauen der Mitarbeiter in die Firmenpolitik und damit ihre Abneigung, die internationalen Kollegen zu unterstützen. Zudem hat es in der letzten Krise viele Kündigungen gegeben, auch das hat das Vertrauen nachhaltig erschüttert. Erst kürzlich bekamen die Produktionsarbeiter auf All-in-Verträge, d.h. Überstunden sind von vorneherein pauschal eingerechnet, nur die Zielerfüllung beeinflusst die Höhe des Gehaltes. Auch das wird als nicht wertschätzend erlebt: Die Extraleistung, die man bringt, werde nicht sichtbar, Einsatz werde nicht belohnt.

Klare Mission, klare strategische Prinzipien

Da stellt sich die Frage, wie eine derartige Erfolgsstory überhaupt möglich sein konnte.

Alpenland hat eine sehr klare Mission, die anschlussfähig ist. Fachlich hat man lange konsequent Stärken weiterentwickelt, die auf dem Markt konkurrenzfähig sind und von allen Mitarbeitern unterstützt werden. Sie sind stolz auf die Produkte und das eigene Können. Darum tun die Qualitätseinbußen ja auch so weh.

Die Mission wurde auch weiterentwickelt und sehr klar gehalten, das Unternehmen reagiert darin auf die Stärken der eigenen Technologie, auf die Anforderungen der Kunden und auf die gesellschaftliche Entwicklung zu mehr Nachhaltigkeit.

Auch in der Strategie hat man seine Hausaufgaben gemacht: Alpenland arbeitet eng mit Kunden zusammen, mit ihnen hat der Vertrieb innovative Kooperationsmodelle entwickelt. Und man hat eine Antwort auf die Ängste der Belegschaft: ausgelagert wird nicht aus Kostengründen, nur die Nähe zu den Märkten sei entscheidend. Für europäische Kunden wird in Österreich produziert. Die Mitarbeiter sind zwar skeptisch, aber das Management kann immerhin etwas Halt anbieten.

Prozessengineering oder Führungsreorganisation

Über alle diese Themen wird aber nicht oder nur hinter vorgehaltener Hand geredet. Wenn Kritik laut wird, dann über unverfänglichere Themen, die Arbeitslast, die Komplexität der Prozesse. Schon in den vergangenen Jahren beantwortete die Firmenleitung Kritik mit Impulsen zur Prozessverbesserung. In Zeiten der Not und der Überlastung werden die Vorschriften und Dokumentationen als zusätzliche Belastung empfunden. Sie werden eher als akademisches Programm eingeschätzt, das von den studierten Technikern in der Leitung und ihren akademischen Beratern kommt. Die gelernten Maschinenschlosser mit ihrer praktischen Erfahrung gehen das anders an: Wenn die Zeit und das Geld knapp werden, erledigt man die Aufgabe lieber auf dem schnellen pragmatischen Weg. Man fragt den erfahrenen Kollegen in der anderen Abteilung, statt den auf dem Papier vorgeschriebenen Weg zu gehen. Die Führungskräfte in der Produktion sind stolz auf diese informelle gegenseitige Unterstützung, obwohl Ziele und Vergütungssystem solche Haltung nicht unterstützen.

Als wir unsere Diagnose zurückmelden, ist die Resonanz stark. Die Querschnittsgruppe aus Mitarbeitern und Führungskräften aller Funktionen ist sehr bewegt davon, dass die verschiedenen Perspektiven so klar benannt werden, sie fühlen sich gehört und gesehen. Der Vorstand ist ebenfalls sehr betroffen. Wie weit Misstrauen, das Gefühl fehlender Wertschätzung, des Nicht-gehört-Werdens, der Ohnmacht verbreitet sind, war ihm offensichtlich nicht bewusst.

Es werden zwei Logiken erkennbar: Die Firmenleitung will gezielt Margen erhöhen, besteht auf höhere Effizienz. Die Mitarbeiter hören, wir tun zu wenig, und empfinden das angesichts ihrer Überstundenlisten als Hohn. Die einen reden über das Ergebnis, die anderen über ihren Einsatz. Die jeweiligen Ängste und Projektionen gegenüber der anderen Seite haben die bestehenden Interessensunterschiede über lange Zeit dramatisch verschärft.

Nach unserer Analyse entscheidet sich AGM, die Aufmerksamkeit nicht in erster Linie auf die Prozesse, sondern auf die Reorganisation der Führung zu legen. Die länderübergreifende Organisation der Werke – die »Gruppe« – wird organisatorisch vom Mutterhaus getrennt und mit eigenen Funktionen und Ressourcen versehen. Der österreichische Standort bekommt Bestandsgarantien und es wird konzentriert an den Entwicklungschancen für Pernbruck gearbeitet. Aufgabenbeschreibungen und Kompetenzen des mittleren Managements werden generalüberholt. Führungskräfteteams unterhalb des Vorstands werden mit Entscheidungskompetenzen versehen und konsequent in die Verantwortung geholt. Aufgrund von stärkenorientierten Interviews im Management werden die Aufgaben unter den Führungskräften neu verteilt.

Fazit

Die Alpenland Motoren und Getriebe AG hat es mit einer höchst beeindruckenden Geschäftspolitik geschafft, den guten Wind der Konjunktur zu nutzen und aus der Krise direkt in eine globale Poleposition zu segeln. Diese Kehrtwende gelang unter anderem durch eine sehr vorsichtige Kapitalpolitik der Eigentümer, die sich nicht von externen Geldgebern abhängig machte.

Bei den Mitarbeitern und dem mittleren Management in der Produktion kamen indes nur die Schattenseiten der Entwicklung an: immer höherer Druck, Kritik, Belastung – vom Erfolg hatte man hier nicht das Gefühl zu profitieren. Der Aufbau von Werken in Übersee löste massive Ängste aus, die durch die vorsichtige Investitionspolitik noch geschürt wurden.

Hinzu kam ein sehr machtloses mittleres Management, das keinerlei wesentliche Entscheidungs-befugnisse hatte, sondern bei allen Entscheidungen von der Spitze abhängig war. Dadurch hatten die Entscheidungen des Topmanagements wenig Rückhalt in der mittleren Führungsebe-ne, und deren Know-how wiederum konnte nicht optimal einfließen – was wiederum einen Zir-kelschluss von Kritik und Vertrauensentzug seitens des oberen Managements auslöste.

Stichworte
- Entscheidungsstrukturen: Entscheidungen, Hierarchie, Rollen, Prozesse (Kapitel 2)
- Kommunikation: Defizitorientierung, Feedback (Kapitel 3)
- Veränderung: Wachstum und Internationalisierung (Kapitel 4)
- Führungsinstrumente: Mission, Strategie (Kapitel 5)
- Leistungssteuerung: Outputlogik, Ziele, Vergütung (Kapitel 6)
- Die Innenwelt der Außenwelt: Berater (Kapitel 7)

Fallbeispiel 7
Helden und Hausfrauen

> Die Universal Versicherung ist durch Zukäufe vor allem in Osteuropa in den letzten Jahren enorm gewachsen. Auf dem heimischen Markt erwirtschaftet man stabile Gewinne, das Selbstbewusstsein ist hoch. Aber die Internationalisierung verlangt der Organisation und ihren Menschen auch einiges ab, viele Führungskräfte stöhnen unter der Doppelbelastung von Internationalisierung und heimischem Regelbetrieb. Im Vertrieb ist die Fluktuation von Führungskräften besonders hoch, das Nachwuchspotenzial begrenzt. Die Personalentwicklung möchte die Führungskräfte bei diesen Entwicklungen gezielt unterstützen und fragt sich wie.

Universal ist keiner der ganz großen Player der Branche, in seiner Sparte jedoch eines der führenden deutschsprachigen Versicherungsunternehmen. Da es in den vergangenen Jahren durch Zukäufe vor allem im osteuropäischen Raum enorm gewachsen ist, wurde die Umwandlung in eine Holding unausweichlich: Diese fungiert als Dachorganisation aller Häuser, von denen die Mutter dann nur eine, wenn auch die gewichtigste sein wird. Die Organisation ist stolz auf ihr rasches Wachstum, sieht sich allerdings zugleich mit bislang unbekannten Problemen konfrontiert. Die überschaubaren, stabilen Verhältnisse eines eingesessenen Versicherungsinstitutes gehören der Vergangenheit an. Die Geschäftsreviere auf dem nationalen Markt waren zwischen den großen Versicherern klar abgesteckt, man konnte sich darauf konzentrieren, diesen Bestand gut zu bewirtschaften. Nun aber sind die Erwartungen bezüglich der Rendite gestiegen – die Internationalisierung muss bezahlt und unterhalten werden. Viele Führungskräfte übernehmen Aufgaben in der internationalen Organisation, die Personaldecke in den unteren Führungsebenen ist strapaziert, man rekrutiert aus der Vertriebsorganisation, wo der Engpass besonders spürbar wird. An den aufgeheizten Finanzmärkten drohen Übernahmen, worauf das Management mit der Strategie der Aktien-Verteuerung reagiert. Aber diese Werte müssen durch sehr gute Zahlen erwirtschaftet werden, hohe Renditen sind ein Muss.

Unter diesen zugespitzten Bedingungen verändern sich auch die Anforderungen an die Führungskräfte. Die traditionell gut ausgestattete Personalentwicklung will mit einem von Grund auf erneuerten Fortbildungsprogramm für Führungskräfte auf die gestiegenen Belastungen, Ansprüche und Widersprüche reagieren. Um dieses Programm möglichst treffsicher gestalten zu können, werden wir um eine Analyse ersucht.

Ausgeprägtes Selbstbewusstsein

Nach unseren ersten Interviews in den Besprechungsräumen im Zentrum einer deutschen Großstadt sind wir beeindruckt. Kommunikation und Reflexion werden hier auf hohem Niveau gepflegt, auf Führungskräftefortbildung wird offenbar seit langem großer Wert gelegt. Ein schier unerschütterliches Selbstbewusstsein im Unternehmen scheint den spürbar gestiegenen Belastungen zu trotzen. Es existiert ein für eine Organisation dieser Größenordnung selten klares gemeinsames Bild, worauf es dem Unternehmen ankommt: Rundherum werden kleinere Versicherer von größeren geschluckt, aber die Universal will eigenständig bleiben, und das wird klar und glaubhaft kommuniziert.

Bei Fragen nach der Vision und der Richtung des Unternehmens fällt in jedem Interview bald der Name des Vorstandsvorsitzenden. Seine zahlreichen Medienauftritte und deren positive Resonanz sorgen quer durch alle Unternehmensbereiche für ein außergewöhnlich übereinstimmendes Bild, wofür das Unternehmen steht und was die wichtigsten Ziele sind.

Alle Ebenen sind stolz auf das Unternehmen: Den Mitarbeitern gilt die Universal Versicherung in punkto Unabhängigkeit und Modernität als einzigartig – nicht zuletzt mit Blick auf die großen nationalen Mitbewerber.

Renditedruck

Der Preis für die Unabhängigkeit besteht jedoch in einem ständig in die Höhe getriebenen Aktienpreis. Im bestehenden Geschäft sind hohe Zielvorgaben die Regel, 20 Prozent Renditewachstum sollen auf diese Weise erzwungen werden. Der hohe Druck erzeugt Burn-out, was zu hoher Fluktuation der Führungskräfte in den Filialen führt. Der Leitspruch der Versicherung, es gehe um den Menschen, gibt Anlass für zynische Bemerkungen.

Skepsis wird auch von einer anderen grundsätzlichen Veränderung genährt. Früher war es – mit Ausnahme des Tatbestands krimineller Handlungen – undenkbar, sich von Mitarbeitern zu trennen. Dieses Tabu hat seine Gültigkeit verloren, und das zehrt in vielen Abteilungen an der Loyalität der Mitarbeiter gegenüber dem Unternehmen.

Maximale Eigenverantwortung

Eigenverantwortung wird in der Universal Versicherung großgeschrieben. Hier wird wirklich über Ziele geführt, und es gibt freie Hand in der Umsetzung. Viele Mitarbeiter betonen, wie wenig sich ihre Führungskräfte ins Tagesgeschäft einmischen würden. Auch wenn sich die positiven Effekte nicht leugnen lassen, wird die Politik der Nichteinmischung teilweise bis an den Rand der Dysfunktionalität betrieben.

Problematisch wird dieses Vorgehen vor allem bei abteilungsübergreifenden Entscheidungsprozessen. In den Gremien, so heißt es, werde nicht gestritten. Entscheidungen würden so lange informell vorbereitet, bis ihre Absegnung als sicher gelte. Die Alternative lautet: Der Vorstandsvorsitzende entscheidet. Andere Wege der Entscheidungsfindung scheinen in der Universal Versicherung nicht zu existieren. Wenn der Vorsitzende kein Machtwort spricht, brauchen Entscheidungen unter solchen Bedingungen naturgemäß lange. Wer Einfluss nehmen will, muss Teil eines Netzwerks der subtilen, über Andeutung funktionierenden informellen Kommunikation sein. Man verständigt sich ohne Krawall. Konfrontation ist hier nicht angesagt, neue Kollegen verwenden dafür das Wort »konfliktvermeidend«.

Helden und Hausfrauen

Die Übernahmen der neuen Töchter in Osteuropa bringen die Ressourcen ans Limit. Manager werden zu Gruppenmanagern, müssen aber gleichzeitig ihre Funktionen im Mutterunternehmen oft weiterausüben. Sie berichten von mühsamen Aufbauprozessen, vor allem wenn es darum geht, die Manager der neuen Töchter ins Boot zu holen. Formal sind sie hierarchisch niedriger angesiedelt als ihr Kollegen im Ausland, die dort Vorstände oder zumindest Bereichsleiter sind. Das erschwert Prozesse, zumal formal hierarchische Zuschreibungen in diesen Ländern noch wichtiger als ihm Heimatunternehmen sind.

Trotzdem sind diese Manager vergleichsweise zufrieden. Die Internationalisierung hat einen hohen Aufmerksamkeitswert, hier wird etwas bewegt, Neues kreiert, werden große Deals abgeschlossen. Wenig Aufmerksamkeit bekommen dagegen jene »Hausfrauen des Managements«, die Routine-Führungsarbeit erledigen, die sozusagen Betten machen und staubsaugen.[5] Hier sind keine großen Erfolge zu verbuchen, es werden weder weißen Flecken von der Landkarte getilgt noch große Produktinnovation ausgebrütet, sondern nur die Erhaltung gesichert, das hohe Niveau gehalten, die Kunden bedient, die Ressourcenmängel bestmöglich ausgeglichen, der Erfolgsdruck verteilt.

---

5 Zum Vergleich von Führung mit häuslicher Reproduktionsarbeit vgl. Seliger 2008

Verschleiß von Führungskräften

Im Vertrieb dagegen ist die Unzufriedenheit um einiges höher, auch wenn der Ton in dieser sehr höflichen Kultur immer verbindlich und freundlich bleibt. Der Druck durch die Zielvorgaben ist hoch, oftmals seien diese trotz sehr hohen Engagements nicht erreichbar, was zu Frustration führe. Der hohe Einsatz werde nicht gesehen, nur die Zielerreichung oder Nichterreichung. Erreichen der Benchmarks sind gehaltswirksam. Die Daten für die Generierung der Zielzahlen werden zentral aufbereitet. Die eigentliche Messlatte für den Vertrieb sind die Ergebnisse bei den zugekauften Töchtern im Ausland. Das sind Wachstumsraten, mit denen man in einem gesättigten Markt nicht mithalten kann.

Der hohe Druck in Verbindung mit der Beanspruchung von vielen Ressourcen für die Internationalisierung führt zu einem großen Verschleiß an Führungskräften im Vertrieb. Als Reaktion werden junge Hoffnungsträger schnell in leitende Positionen gehievt. Sie sind der Belastung oft noch weniger gewachsen als ihre Vorgänger – das Karussell dreht sich weiter. Nachwuchs für Führungskräfte zu finden wird immer schwerer, vor allem Frauen wollen sich das nicht antun, selbst wenn sie bestens qualifiziert sind. Bei Teilzeitregelungen wäre die Chance höher, Frauen auf diese Posten zu locken, aber in der Personalabteilung winkt man ab: Führung in Teilzeit sei unmöglich, ist man hier überzeugt.

Wenig Aufmerksamkeit beim Kunden

Der Vertrieb hat wenig Einfluss auf die Verkaufsstrategien, denn die Produkte werden von Spezialisten kraft ihres Studiums, ihrer Expertise und ihres Marktwissens in der Zentrale entwickelt. Ihr Wissen über Kunden, so die Stimmen aus dem Vertrieb, werde aus den zentralen Einheiten nicht abgefragt, es gebe keinen systematischen Informationsfluss. Wertvolle Erfahrungen aus der Kommunikation mit den Kunden blieben dadurch unberücksichtigt. Außerdem existiere kein Verständnis für den erhöhten Beratungsbedarf und die Notwendigkeit einer kontinuierlichen persönlichen Beziehung zu älteren Kunden. Schon gar nicht gebe es eine Reflexion über die Bedeutung des wachsenden Anteils von Kunden mit Migrationshintergrund. Der Kunde, den die Produktentwicklung im Kopf hat, ist weiß, männlich, erwerbstätig. Zusätzlich enge der kurzfristige Wachstumsdruck den Spielraum der Kundenberater sehr ein: Kunden über längere Zeit zu entwickeln ist kaum mehr möglich, die Rendite wird vierteljährlich bilanziert. Alles in allem scheint man bei der Universal an der direkten Schnittstelle mit dem Kunden nicht übermäßig interessiert zu sein – die Musik spielt anderswo, nämlich in der Zentrale. Umgekehrt lässt die Aufmerksamkeit der Organisation den gefährlichen Schluss zu, dass das Interesse der Kunden für recht selbstverständlich gehalten werde.

Der Vorstand hört unseren Ausführungen sehr aufmerksam zu. Besonders beim Stichwort Kunden wird er hellhörig. In allen Tochterfirmen sollen eigens für die Kundenbeziehungen verantwortliche Vorstandsfunktionen geschaffen werden. Ansonsten werden unsere Ergebnisse an die Personalentwicklung verwiesen, die sich darum kümmern wird, diese in der Führungskräfteausbildung zu berücksichtigen. Jahre später wird die Frage, was der Mehrwert der Leistung für den Kunden ist, zum Angelpunkt einer großen Organisationsveränderung werden, aber bis dahin werden noch einige Jahre vergehen.

Fazit

Rasches Wachstum und Internationalisierung rufen in der Universal Versicherung gleichermaßen großen Stolz auf den Unternehmenserfolg als auch große Belastungen hervor. Die deutsche Stammorganisation muss die Internationalisierung bewerkstelligen und gleichzeitig die dafür nötigen Ressourcen erwirtschaften. Für diese enorme Leistung sind vereinte Kräfte nötig, doch der Vertrieb erlebt sich als Stiefkind und auch den Kunden wird von der Organisation nur wenig Aufmerksamkeit geschenkt. Der kurzfristige Ertragsdruck ist hoch, die Vertriebsorganisation leidet unter geringer Attraktivität und hoher Fluktuation der Führungskräfte. Mit ihren herkömmlichen Angeboten an Managern findet das Unternehmen keine adäquaten Antworten auf diese Herausforderung.

Trotz dieser Fragezeichen in Bezug auf eine nachhaltige Entwicklung ist die Gesamtzufriedenheit der Führungsmannschaft weiter hoch. Die professionelle, durch viel Ausbildung gepflegte Führungskultur ist eine wichtige Ressource bei der Bewältigung der Veränderungen. Im Vergleich zum Wettbewerber erleben sich Führungskräfte als sehr kooperativ und mit viel Handlungsspielräumen ausgestattet. Die Unabhängigkeit von internationalen Großkonzernen ist ein Unterscheidungsmerkmal, das die hohe Identifikation der Mitarbeiter mit dem traditionsreichen Unternehmen fördert.

Stichworte
- Entscheidungsstrukturen: Prozesse (Kapitel 2)
- Kommunikation: Konfliktaustragung (Kapitel 3)
- Veränderung: Wachstum, Internationalisierung (Kapitel 4)
- Richtung geben: Vision, Mission (Kapitel 5)
- Innenwelt der Außenwelt: Kunden, Gesellschaft, Öffentlichkeit (Kapitel 7)

Fallbeispiel 8
Neue Strukturen, alte Rollen

Der regionale Wasserversorger Aquanostra ist erst seit kurzem aus der Landesverwaltung in eine GmbH ausgegliedert worden. Der Prozess war erfolgreich, auch die anfängliche Skepsis von Öffentlichkeit und NGOs hat sich größtenteils gelegt. Man steht wirtschaftlich auf eigenen Beinen, kann aber nach wie vor beste Wasserqualität und sichere Versorgung garantieren. Aber in der Zentrale knirscht es – viele Mitarbeiter sind überlastet, die zweite Führungsebene ist unzufrieden, ohne klare Kritik zu äußern. Wo eigentlich der Schuh drückt, scheint nicht so recht klar zu sein.

Beim Hobeln ...

Die Dienstleistung von Aquanostra ist nicht irgendeine. Wasserversorgung ist eine zentrale öffentliche Infrastruktur und damit politisch aufgeladen. Wasser muss in höchster Qualität bereitgestellt werden, aber ebenso müssen wirtschaftliche, landwirtschaftliche und touristische Interessen berücksichtigt werden. Aquanostra wurde vor kurzem aus der Landesverwaltung herausgelöst und privatisiert. Die Eigentümer sind nun vorwiegend Kommunen, die gleichzeitig auch die Kunden des Wasserversorgers sind. Das Selbstverständnis vieler Mitarbeiter ist von der Identifikation mit dem Gegenstand geprägt: Bei Aquanostra schützt und pflegt man die wichtigste Ressource des Lebens, man erhält sie für die Gemeinschaft.

Die Ausgliederung der Aquanostra aus der Verwaltung und die Umwandlung in eine GmbH war daher nicht irgendein formaler Akt. Diese Umwandlung stand von Beginn an unter intensiver Beobachtung der Öffentlichkeit. Trotzdem verlief der Ausgliederungsprozess höchst erfolgreich. Man hatte sich in ein wirtschaftlich selbstverantwortliches Unternehmen verwandelt und von Grund auf neustrukturiert. Schon im Jahr der Umbildung stand man – trotz widriger Umstände wegen großflächiger Überschwemmungen – auf soliden eigenen Beinen. Trotz anfänglicher Skepsis hat die Öffentlichkeit das neue Unternehmen weitgehend akzeptiert. Unter anderem hatte Aquanostra eine prägnante Mission entwickelt, die auf der Gleichberechtigung der ökologischen und wirtschaftlichen Ziele beruhte.

... fallen Späne

Das ist eine Seite der Medaille. Die radikale Dynamik der Veränderung erzeugte innerhalb der Organisation jedoch auch Defizite und Verlierer, deren Frustration unter der Oberfläche des strahlenden Erfolgs vor sich hin brodelte. Dies zeigte sich deutlich am Zustand der Bereichsleiter in der Zentrale: Dort wurden allmählich Klagen bezüglich Überlastung und Burn-out immer lauter. Gegenüber dem Vorstand wurde die vorhandene Kritik allerdings kaum oder nur indirekt geäußert. Auch unter den Leitern der etwa 40 operativen Betriebseinheiten (Trinkwassergewinnungsanlagen, Energiegewinnung, Leitungen und Speicher) herrschte Unzufriedenheit mit als autokratisch empfundenem Verhalten der höchsten Entscheidungsebene. Das Gleichgewicht der Kompetenzen und Entscheidungen zwischen den drei Führungsebenen Vorstand – Bereichsleiter – Betriebsleiter war durch die Umwandlung gründlich durcheinandergewirbelt worden und hatte noch keine zufriedenstellende neue Form gefunden, vor allem aber noch keine Kultur der offenen, kritischen Kommunikation.

Verantwortung ohne Durchgriffsrechte

Also wurden wir eingeladen, um der Kommunikation und Zusammenarbeit innerhalb der Führungsmannschaft auf den Grund zu gehen.

Die Leiter der zentralen Funktionsbereiche waren sich einig: Die Veränderung habe für viele von ihnen zu einer permanenten Überlastungssituation geführt, einige sprachen von drohendem Burn-out. Auch viele Mitarbeiter bewegten sich dauerhaft an der Grenze ihrer Belastbarkeit. Die Ausgliederung aus der Verwaltung habe eine rasante Beschleunigung im Rhythmus der Organisation mit sich gebracht. Der neue Vorstand sei ehrgeizig und wolle unter Berücksichtigung des öffentlichen Auftrages einen modernen und effizienten Betrieb schaffen. Um diese Veränderung tatsächlich durchzusetzen, erzeuge der Vorstand hohen Druck und setze viele Veränderungsimpulse. Fast alle Prozesse und Strukturen seien neu ausgearbeitet worden.

Diese Dynamik versetzte jedoch die Bereichsleiter in ein scheinbar ausweglo-ses strukturelles Dilemma: Weil ihre Durchgriffsbefugnis gegenüber den Betrieben massiv eingeschränkt worden war, konnten sie die ständigen kurzfristigen Veränderungen der Prioritäten des Vorstands nicht adäquat umsetzen. Statt wie in der früheren Landesverwaltung Vorgesetzte der Betriebsleiter zu sein, befand man sich nun ungefähr auf gleicher Ebene. Jeder Betrieb war nun einem der drei Vorstände zugeordnet. Gab ein Bereichsleiter eine Weisung heraus, passierte es nur zu oft, dass ein Betriebsleiter sich an seinen Vorstand wandte, um anschließend, mit einer Ausnahme ausgestattet, dem Funktionsbereich die kalte Schulter zu zeigen.

Das Verhältnis innerhalb der Bereichsleiterrunde war freundschaftlich. Die gemeinsamen Gespräche verbreiteten den Eindruck eines informellen Austausches. Zwischen den Bereichen auftretende Widersprüche wurden selten direkt ausgehandelt, sondern meist in den Vorstand eskaliert. Die Bereichsleiter empfanden dessen Entscheidungen als unberechenbar und hatten das Gefühl, jederzeit overruled werden zu können. Folglich investierte man keine Mühe in Auseinandersetzungen mit anderen Bereichen, sondern ließ im Zweifelsfall den Vorstand entscheiden. Fiel diese Entscheidung anders aus als die vorige, wurde damit neue Arbeit für den Bereichsleiter generiert.

Reorganisation ohne Diskussion

Im Interview mit den Betriebsleitern brach zunächst ein Sturm der Entrüstung über die autokratischen Vorgangsweisen des Vorstandes los. Auslöser dafür war eine Reorganisation, von der die betroffenen Betriebsleiter erst durch die Medien erfahren hatten. Betriebe wurden zusammengelegt und regionale Versorgungszuständigkeiten geändert worden. Die Betriebsleiter waren in die Konzeption nicht einbezogen worden, sollten die Reform aber gegenüber den Mitarbeitern vertreten, von denen viele für die Neuorganisation auch Nachteile in Kauf nehmen mussten. Zahlreiche Betriebsleiter fühlten sich eher dem lokalen Betrieb samt seinen Mitarbeitern und lokalem Umfeld verpflichtet als dem Vorstand. Dessen Kommunikationsverhalten hatte sie in dieser Haltung noch bestätigt. Auf der anderen Seite hatte die Ausgliederung aus der Landesverwaltung gerade den Betriebsleitern einen erheblichen Zuwachs an Autonomie beschert. Zwar beschwerten sie sich über gelegentliche deutliche Eingriffe der Vorstände in ihre Entscheidungskompetenzen, doch gab es insgesamt zu viele Betriebe, die auch weit entfernt lagen, um zentral überwacht und gesteuert zu werden.

Mehr Autonomie der Betriebe

Durch die organisatorische Veränderung waren die Betriebsleiter von Verwaltern und Aufsehern zu Managern ihrer Betriebe geworden, und sie waren nicht unglücklich damit. Abgesehen von einigen organisatorischen und technologischen Grundsatzentscheidungen hatten sie nun Verantwortung und Gestaltungsspielraum bezüglich der Organisation, des Umgangs mit den Kunden und der Steuerung von Umsatz und Produktion. Aus ihren Beschreibungen war Freude und Zufriedenheit über die neue Rolle und Verantwortung herauszuhören. Positiver Stress hatte negativen Stress abgelöst, wie es ein Betriebsleiter formulierte.

Umso entrüsteter reagierten sie deshalb, wenn sie in wesentlichen Punkten nicht beteiligt, sondern vor vollendete Tatsachen gestellt wurden.

Sternförmige Kommunikation

Die Bilder der drei relevanten Gruppen in der Führungsmannschaft von einander waren also zum Teil sehr kritisch geprägt. Bislang aber hatte es kaum Impulse gegeben, dieses Thema intern zur Sprache zu bringen. Bei näherer Betrachtung gab es überhaupt kein Forum, in dem grundlegende Fragen der Zusammenarbeit hätten thematisiert werden können. Außerhalb des Vorstandes existierte kein Gremium, das über den einzelnen Betrieb oder Funktionsbereich hinaus relevante Entscheidungen hätte treffen oder auch nur fundiert hätte vorbereiten können. Wir nannten dieses weitverbreitete Muster sternförmige Kommunikation.

Im Fall von Aquanostra war es sehr stark ausgeprägt: Alle Entscheidungen, die den Veränderungsprozess betrafen oder über einen Bereich bzw. einen Betrieb hinausgingen, wurden vom Vorstand getroffen. Wer eine Entscheidung brauchte oder aber umstoßen wollte, ging zum Vorstand. Insofern erwies es sich als zwecklos, mit einem anderen Kollegen zu reden, weil beim geringsten Interessenskonflikt damit zu rechnen war, dass der Vorstand eingeschaltet würde, um in der Streitfrage zu entscheiden.

So unangenehm dass im Einzelfall für die Betriebe sein mochte, eigentlich profitierten sie von diesem Muster. Die Leidtragenden waren die Bereichsleiter, die jede Menge Aufgaben aber keine Handlungsvollmacht hatten. Von Amts wegen hätten sie – in bester Absicht – den Betrieben Prozesse und Systeme verordnen müssen, aber diese sperrten sich und wurden von den Vorständen geschützt. Genau dieses Muster ermöglichte es Aquanostra, die Herausforderung des Übergangs wirtschaftlich ausgezeichnet zu bewältigen. Entscheidend waren die Zielvorgaben (eines der wenigen Beispiele, wo Führen über Ziele wirklich hielt, was es versprach), in der Ausführung waren die Betriebe autonomer denn je – und siehe: Sie erfüllten die Aufgabe summa cum laude.

Zug in voller Fahrt

Mithilfe dieses Kommunikationsmusters war es gelungen, Quantensprünge in der internen Organisation durchzusetzen und sich in der Geschwindigkeit und der Radikalität der Veränderung nicht beirren zu lassen. Die Kosten, die das mit sich brachte, schienen dem Vorstand nicht wirklich präsent zu sein. Niemand beharrte auf einer umfassenderen Besprechung der Lage, alle hatten Gründe, den Zug in voller Fahrt nicht zu stoppen. Der Vorstand hatte ein klares Ziel vor Augen und wollte sich nicht in Detaildiskussionen verwickeln bzw. durch Bedenken und traditionelle Verwaltungsvorstellungen bremsen lassen. Die Betriebsleiter wären zwar gerne mehr an den Grundsatzentscheidungen beteiligt worden, aber gleichzeitig waren sie auf diese Weise vor dem Zugriff der Bürokratie geschützt und brauchten keine schlafenden Hunde zu wecken, um die neugewonnene Freiheit aufs Spiel zu setzen.

Warum aber schrien die Bereichsleiter nicht auf? Einerseits genossen sie in ihrem jeweiligen Aufgabenfeld auch Freiheiten, soweit keine übergreifenden Themen davon berührt wurden. Andererseits waren sie ohnehin schon als Bremser verschrien und hüteten sich deshalb vor weiteren Beschwerden. Zudem vermied man auf diese Weise Konflikte mit Kollegen, was bei dem ständigen Arbeiten am Anschlag nur willkommen war. Jede Konfrontation bedeutete eine Sorge mehr, also verhielt man sich ruhig, beklagte sich, wenn man unter sich war, aber hütete sich in Gesprächen mit dem Vorstand, die Schwierigkeiten zu benennen. Das führte allerdings zu so vielen unausgesprochenen Baustellen, dass der Vorstand sich schon über die »bleierne Schwere« bei gemeinsamen Sitzungen in diesem Kreis zu wundern begann.

Chefsache

Die beschriebene Dynamik lässt sich zu einem gehörigen Anteil auf die Entscheidungspraxis des Vorstandes zurückführen: Erstens stellte er keine Regeln auf, die Verbindlichkeit, Sicherheit und Eigenverantwortung hätten schaffen können, sondern entschied jeden Einzelfall nach Gutdünken. Zweitens machte er Entscheidungen revidierbar, was in Veränderungsprozessen von Vorteil ist, da es erlaubt, sich der Wirklichkeit flexibel anzupassen. Da diese permanenten Revisionen jedoch mit keinerlei gemeinsamer Diskussion über Prioritäten und Auswirkungen verbunden waren, entstand bei den Mitarbeitern dadurch ein Gefühl des Ausgeliefertseins. In den Betrieben war es noch möglich, sich auf die eigenen Ziele zu konzentrieren, zudem blieb eigener Spielraum erhalten. In den zentralen Funktionsbereichen aber, die in ihrer Wirksamkeit von den operativen Einheiten oder anderen Bereichen abhängig waren, führte dies zur Resignation.

Misstrauen

Der Wechsel der Organisation hin zu einem selbstständigen Wirtschaftsunternehmen brachte im Organisationsalltag – trotz der ausdrücklich postulierten gleichwertigen Zielkategorien Wasserversorgungsqualität und Wirtschaftlichkeit – auch eine Konzentration auf wirtschaftliche Kennzahlen und Prozesse mit sich. Da es wenig bis keine Mitsprache bei der Umorganisation gab, weckte dies von den Mitarbeitern bis zu den Betriebsleitern massive Zweifel an der Gleichwertigkeit der postulierten Ziele. Das Wissen, dass der Vorstandsvorsitzende aus einer ausländischen Organisation kam, die für ihren vergleichsweise ertragsorientierten Ansatz in der Wasserversorgung bekannt war, trug ein Übriges dazu bei, diesen Zweifel zu nähren.

Letztendlich führten diese sowohl aus dem Inneren als auch von außerhalb der Organisation formulierten Zweifel dazu, dass ihre Mitglieder sich in der Öffentlichkeit kritisch über Ziele und Strategien des Unternehmens äußerten. Dieser aus der Sicht des Vorstands massive Vertrauensbruch verstärkte die Tendenzen, Entscheidungen ohne Einbindung und mit minimaler Vorabinformation der Betroffenen zu treffen, was dazu führte, dass sie von wichtigen Entwicklungen und Entscheidungen wiederholt zuerst aus den Medien erfuhren.

Rollenklärung

Trotz der für den Vorstand nicht nur schmeichelhaften Ergebnisse der Studie wurde sie etwa 60 Führungskräften ohne Abstriche vorgestellt. »In den 50 Jahren unseres Bestehens haben wir noch nicht so miteinander geredet« war die Rückmeldung eines Betriebsleiters auf dieser Veranstaltung. Als Konsequenz beschloss der Vorstand in mehreren Klausuren mit Bereichs- und Betriebsleitern eine umfassende Rollenklärung aller leitenden Führungskräfte, die in mehreren Workshops in unterschiedlichen Zusammensetzungen durchgeführt wurde.

Fazit

Den Veränderungsprozess der Ausgliederung hat Aquanostra wirtschaftlich hervorragend bewältigt, nicht zuletzt aufgrund der entschiedenen und kraftvollen Vorgangsweise des Vorstandes. In der neuen Struktur hatten die Betriebe mehr Autonomie erhalten, dies war allerdings auf Kosten der Zentrale gegangen, die ihre zahlreichen Vorhaben nicht mehr wie früher per Anweisung in den Betrieben durchsetzen konnte. Besonders die Führungskräfte der zentralen Bereiche litten unter starker Überlastung, weil ihre Aufgaben und Ziele nicht angepasst worden waren.

Es zeigt sich, dass es abgesehen vom Vorstand keine entscheidungsfähigen Gremien gab, sondern verbindliche Zusagen immer nur in bilateraler Kommunikation mit der Unternehmensleitung getroffen wurden. Dieses Verhalten schützte die neue Eigenständigkeit der Betriebe vor den alten Zugriffsmechanismen der Zentrale und ermöglichte damit den raschen Übergang in die neue Struktur. Die Abwesenheit von Regeln oder Prinzipien, die für Übersicht und Berechenbarkeit hätten sorgen können, führte allerdings die wahrgenommene Willkür des Vorstandes zu Ohnmachtsgefühlen und zu Unzufriedenheit in weiten Teilen der Organisation.

Stichworte

- Organisationsdesign: Rollen, Hierarchie, Entscheidungen (Kapitel 1)
- Kommunikation: Sternförmige Kommunikation (Kapitel 3)
- Veränderung (Kapitel 4)
- Richtung geben: Mission (Kapitel 5)
- Leistung und Vergütung: Ziele (Kapitel 6)
- Innenwelt der Außenwelt: Öffentlichkeit (Kapitel 7)

Fallbeispiel 9
Ungenutztes Potenzial

Der Gründergeist dieses stolzen Juwels der IT-Branche war noch spürbar, er wehte einem förmlich entgegen. Der Begeisterung der Menschen bei Bluebox für das Erreichte konnte man sich kaum entziehen. Das Unternehmen und seine Zukunft waren bei allen sichtlich im Fokus. Und doch merkte man den Mitarbeitern an, dass Veränderungen vor der Tür standen bzw. die Organisation schon mitten drin war. Aufgrund der Wettbewerbssituation dachten die Eigentümer an Verkauf. Mit stärkerem Wettbewerb mussten sich jedoch Strukturen verändern und professioneller geführt werden. Ein schwieriges Unterfangen, zumal sich der Markt, in dem die Organisation agierte, insgesamt instabil geworden war.

Innerer Zirkel

Bluebox war in seiner Geschichte erfolgreich, dynamisch und doch abhängig von den vielen Eigentümern. Die Mitarbeiter waren zum Großteil jung und trotzdem schon lange dabei. Sie hatten das Gefühl, dieses Unternehmen mitaufgebaut zu haben, waren miteinander persönlich und informell gut im Kontakt und hatten viele Herausforderungen gemeinsam gemeistert. Es fühlte sich für uns an, als sei Bluebox schon lange am Markt und die jungen Mitarbeiter älter als sie selbst. Das Engagement der Personen, der Stolz auf das Erreichte schweißte diese Menschen zusammen. Erreicht hatten sie wahrlich viel: Das Unternehmen war Marktführer geworden, hatten neue Technologien eingeführt, viel an für die Branche untypischen Service geboten und – nicht zuletzt – eine starke Marke aufgebaut. Familie war das Wort, das uns zunächst einfiel, um die Organisation zu beschreiben, zeitweise wirkte sie auch wie ein Sportverein. Wir hörten Aussagen wie: »Wir werden den Wettbewerb schlagen, wir sind wie ein Fußballteam, alle Passwege müssen stimmen« häufiger. Aber das war nur ein Ausschnitt aus einem inneren Zirkel, der, wie sich später noch zeigte, nur einen Teil des Unternehmens abbildete.

Schon in den ersten Interviews hatten wir den Eindruck, dass hier große Unterschiede und viele kleine Veränderungen die Kultur prägten. Manche Angestellte redeten dauernd und vor allem negativ über die Situation, über die aktuellen Belastungen, die Eigentümer, die sich ständig einmischten, andere hingegen sagten gar nichts. Schon bald verfestigte sich bei uns aber auch der Eindruck, dass die Menschen extrem engagiert waren, viel von »wir« sprachen und eine große Liebe zum Unternehmen spürbar war. Aber dieses Gefühl innerhalb der Belegschaft war auch unterschiedlich stark ausgeprägt und leicht brüchig. Der innere Zirkel hingegen war stabil, man hatte das Gefühl, er dürfe von außen nicht angetastet werden.

Vergangenheit! Zukunft?

Der Gründergeist des relativ jungen Unternehmens war noch spürbar. Gleichzeitig drang Wehmut über die goldenen Anfangszeiten durch. »Kannst du dich erinnern, als wir damals dieses neue Produkt einführten, da arbeiteten wir spät in die Nacht hinein und alle waren auch noch voll motiviert dabei.« Die Mitarbeiter schwelgten gern in Erinnerungen. Wir vermuteten, dass die Menschen das Gefühl hatten, das Unternehmen habe mehr Vergangenheit als Zukunft. Auch der Verkauf stand als ein mögliches Szenario im Raum, zumindest gab es Gerüchte. Das sorgte für Trauer und Leugnung, weckte aber auch den Kampfgeist. Wir konnten diesen Stolz gut verstehen, immerhin hatte dieses Unternehmen eine ganze Branche mitgestaltet, sie technologisch und marketingtechnisch verändert. Die intensive Erfolgsgeschichte hatte aber neben viel Stolz und Wissen auch Kehrseiten. Die Befragten waren nicht gewohnt, mit schwierigeren wirtschaftlichen Umständen und mit Veränderung umzugehen. Die Kultur war auf Wachstum und Profit gerichtet, nicht auf Konsolidierung und härtere Schnitte. Das zeigte sich in einer anhaltenden Leugnung der Situation und der notwendigen Neuerung. »Wir haben alle Veränderungen gemeistert, bis dato konnte uns nichts etwas anhaben, wir schaffen auch das wieder.« In den Teeküchen waren auch andere Töne zu hören, ein innerer Kreis war informiert und angetreten, das Ruder herumzureißen, die anderen zu schützen. Dies geschah im informellen, kleinen Kreis, der Keimzelle des Erfolges der Organisation.

Kraft informeller Kommunikation

Überhaupt spielte informelle Kommunikation eine große Rolle. Man erfuhr wesentliche Informationen kaum in den offiziellen Meetings, sondern auf dem Flur oder im Büro des Chefs. »Da macht ja keiner den Mund auf, da werden nur Infos ausgetauscht, damit man keinem wehtut.« Je länger wir in dem Unternehmen zuhörten und unsere Analysen auswerteten, desto mehr hatten wir den Eindruck, das Unternehmen funktioniere in konzentrischen Kreisen. Der innere Zirkel, der gut informiert war, wurde von den nächsten Kreisen als Informationsquelle genutzt, in informellen Tür-und-Angel-Gesprächen. Dieser innere Kreis befand sich außerhalb jeglicher Hierarchie. Er war ausgewählt oder bildete sich aufgrund von persönlichen Beziehungen und Vertrauen, nicht jedoch auf Basis der Organisationsstruktur. Dies allein führte zu diffusen Identitäten (»Wer gehört dazu?«) und zu immer wiederkehrenden Rollenunklarheiten. Wie sollte man sich verhalten, um dazuzugehören? Was könnte unser Beitrag zur Strategie sein? Der die Führungskräfte waren zwar hierarchisch auf derselben Ebene angesiedelt, saßen zwar in den offiziellen Meetings, bekamen aber relativ wenig über das Ganze mit. Dieser Kreis hatte eine andere Wertigkeit und daher auch andere

Einflussmöglichkeiten. Der weitere Kreis an Mitarbeitern war damit fast völlig über die großen strategischen Linien im Unklaren und selten im Kommunikationsprozess eingebunden, sondern kam nur dann ins Spiel, wenn unvorhergesehen Probleme auftraten.

Wir beschrieben dieses Muster als »unternehmensweiter Dialog wird kaum geführt«. Die informellen und persönlichen Beziehungen und die Liebe der Mitarbeiter zu der Organisation trugen dieses Unternehmen. Höchstes Engagement des Kernteams der Firma hatte immer für ausreichend Energie gesorgt. Entscheidungsstrukturen waren relativ intransparent und selbst wenn Entscheidungen als hilfreich empfunden wurden, konnten sich die Betroffenen oft nicht erklären, wer sie mit wem und auf Basis welcher Grundlagen getroffen hatte. Doch im Grunde war der Entscheidungsträger klar, es war letztlich immer der Chef, der im informellen, sternförmigen Austausch mit anderen die Beschlüsse fasste und gleichzeitig das große Ganze umsichtig im Auge behielt. Daran zweifelte niemand, der Chef war eine Art Übervater. Wie Entscheidungen zustande kamen, blieb meist ein Mysterium. Die Mitarbeiter fühlten sich nicht eingebunden, auch wenn sie in der Vergangenheit oft das Gefühl hatten, der Chef habe richtig entschieden. Dies führte auch dazu, dass die Führungskräfte, obwohl sie sich viel mit dem Geschäftsführer austauschten, nicht das Gefühl hatten, einen wesentlichen Beitrag zu strategischen Fragen des Unternehmens zu leisten. Dies hatte auch zur Folge, dass die offizielle Geschäftsführung relativ kraftlos blieb, im Gegensatz dazu der innere Zirkel mit seinen informellen und schwer zu durchschauenden Beziehungsmustern und Machtverhältnissen die Organisation steuerte.

Blinde Flecken

Dazu kam außerdem, dass kritische Rückmeldungen, aber auch Lob und Anerkennung kaum für die Organisation genutzt wurden. Wir selbst erlebten zwar Gespräche zwischen Führungskräften des inneren Zirkels und der Geschäftsführung, in denen auch nach oben ziemlich ungeschminkt Feedback gegeben und ein durchaus heftiger Diskurs geführt wurde. Es war also ganz und gar nicht so, dass das Topmanagement dies nicht förderte, es konnte auch gut damit umgehen. Es gab aber weder Gremien noch die Kultur dafür, diese wichtigen Dialoge und kritische Themen in die Organisation zu bringen. Das Unternehmen ignorierte diese wichtige Ressource. Wir erklärten uns das dadurch, dass in der Pionierphase eingehende Kritik und strukturierte Kommunikation kaum nötig war, man ging immer weiter, löste die Probleme im Gehen und die Erfolge übertünchten die wenigen Kritikpunkte. Die fehlenden Gremien und Kommunikationsanlässe führten jedoch dazu, dass niemand wirklich wusste, wer worüber zufrieden oder unzufrieden war, was letztlich die Themen der Organisation waren, die man angehen sollte. Das Fehlen dieser Möglichkeiten, in denen Dialog und transparente Kommunikation hätte stattfinden können, wurde noch nicht einmal beklagt, wir waren also auf einen blinden Fleck gestoßen. Wie das mit blinden Flecken halt so ist, brauchten wir im weiteren Prozess sehr lange, um überhaupt klar machen zu können, was wir mit Kommunikationsstrukturen meinen, welchen Mehrwert sie leisten und wie man sie in diesem Fall anlegen könnte. Die Gewohnheit, persönlich, ad hoc und informell zu kommunizieren war so etabliert, dass sie in der Organisation als selbstverständlich galt. Da dieses Kulturphänomen nicht mehr angemessen war und verändert werden sollte, war es schwierig, gerade diese fehlenden Gelegenheiten für Gespräche aufzubauen.

Dahin gingen auch unsere ersten Interventionen. Schon bei der Rückmeldung all dieser Themen schufen wir Möglichkeiten zum Dialog, zuerst erweiterte Meetings mit der Geschäftsführung, danach u.a. Konferenzen, in denen alle Führungskräfte in Echtzeit in einem Raum Aktuelles besprachen. Dort konnten Feedback zwischen Bereichen ausgetauscht und vor allem die heiklen Zukunftsthemen wie den möglichen Verkauf offen diskutiert werden. Dies führte dazu, dass Sorgen und Ängste verringert wurden und der innere Zirkel sich erweiterte. Mehr Personen in der Organisation hatten das Gefühl, einen Beitrag leisten zu können.

Fazit

In der Vergangenheit hatten bestimmte Kommunikationsmuster dafür gesorgt, dass Bluebox ein stolzes, erfolgreiches Unternehmen geworden war. Auch wir waren tiefbeeindruckt von der Geschichte und der Art und Weise, wie hier miteinander umgegangen wurde. Diese Muster wurden jetzt, als zum ersten Mal eine Krise aufzog und ein möglicher Verkauf zur Debatte stand, dysfunktional. Mehr und mehr wurde klar, dass die Führung dafür sorgen musste, alle an Bord zu nehmen, Synergien zu nutzen und vor allem relativ schnell Veränderungskompetenz aufzubauen. Mit neuen Kommunikationsstrukturen kamen relevante Mitbewerber erstmals zu Wort oder wurden zum ersten Mal wahrgenommen.

Stichworte
- Kästchen, Flüsse, Flaschenhälse: Entscheidungen (Kapitel 2)
- Unsichtbare Bahnen: Dialog, Konfliktaustragung, Sternförmige Kommunikation, informelle Kommunikation (Kapitel 3)
- Veränderung (Kapitel 4)
- Richtung geben: Strategie, Vision (Kapitel 5)
- Innenwelt der Außenwelt: Eigentümer (Kapitel 7)
- Führung der Führung (Kapitel 8)

Teil II

1 Gewebe der Organisation – Organisations-Design: Die vielen Dimensionen der Gestaltung von Arbeit

1.1 Organisation und ihre Arbeit

Friend to Groucho Marx: »Life is difficult«
Groucho Marx to friend: »Compared to what?«

Dieses Zwiegespräch mag auf den ersten Blick absurd erscheinen – oder auch zynisch, wie es die Sprüche des »bösen« Groucho Marx oft sind. Und dennoch führt es uns zu zentralen Fragen in Bezug auf die Form der Organisation. Der Systemtheorie zufolge besteht eine ihrer Hauptaufgaben in der Reduktion von Komplexität, also die Bearbeitung dessen, was Grouchos ratloser Freund am Leben ganz allgemein als (zu) schwierig empfindet. Organisationen entstehen aus dem Bedürfnis heraus, ein Problem zu lösen oder einen vermeintlich unerfüllbaren Wunsch zu realisieren. In Grouchos schnippischer Antwort liegt bereits die Chuzpe des Unternehmers (Erfinders, Pioniers) Schumpeter'scher Prägung, der in einem Akt schöpferischer Zerstörung die Psychophysik menschlicher Trägheit aus den Angeln hebt und dem kein Problem zu groß erscheint, als dass man dafür nicht irgendeine praktisch-gegenständliche Lösung finden könnte.

Nun sind Organisationen jedoch mitnichten statische Monumente eines heldenhaften Gründungsaktes, und mit Grouchos legendärer Sprunghaftigkeit hätte der große Unternehmensvordenker Friedrich Schumpeter ohnehin seine liebe Mühe gehabt. Wenn wir von Organisation sprechen, meinen wir höchst dynamische Gebilde mit einem komplexen, von außen zunächst oft äußerst undurchschaubar anmutenden Eigenleben. In ihrer Erscheinungsform folgen sie einem Bauplan, dem das Prinzip des operativen Schließens zugrunde liegt: Denn der Fortbestand der Organisation beruht nicht auf der Wirkung eines geheimnisvollen Elixiers, sondern auf der Fähigkeit, sich über Entscheidungen von der Umwelt abzuschließen, sprich: zu unterscheiden. Jeder Auftrag, jeder Prozess und jede Reform, die im Namen der Organisation durchgeführt werden, sind ein sichtbares Zeichen dafür, dass sie (noch) gebraucht wird bzw. ihren Zweck erfüllt.

Entscheidungen, Prozesse oder gar Reformen fallen aber nicht vom Himmel, sondern entstehen in einem (mehr oder minder) nachvollziehbaren Rahmen, den wir als Organisationsdesign bezeichnen. Weit gefehlt, wenn man in puncto Entscheidungen bloß an Hierarchie oder in Sachen Prozesse/Abläufe einzig an Struktur denkt: Der Begriff des Organisationsdesigns soll das darin auftretende systematische Zusammenwirken aller Faktoren, Ebenen und Einflüsse sichtbar machen. In diesem Sinne verstehen wir die Überlegungen im folgenden Kapitel auch als Matrix für alle weiteren Reflexionen, denen ausnahmslos diese umfassende Perspektive zugrunde liegt und unseren Erfahrungen und Beobachtungen aus der Praxis eine theoretische Basis verleiht.

Eine Warnung gleich zu Beginn: Fragen des Designs als des grundlegenden Konstruktionsplans von Organisationen neigen dazu, fundamentale Widersprüche zum Vorschein zu bringen. Das liegt nicht zuletzt an den Ansprüchen, die in einer ebenso umfassenden wie vorläufigen Definition von Organisationsdesign zum Ausdruck kommen: »*a systems approach to arranging how to do the work necessary to effectively achieve a business purpose and strategy whilst delivering high quality customer and employee experience*«[6]. In dieser Gleichsetzung des Kunden- und des Mitarbeiterbefindens als Organisationsziel wird jene Verknüpfung von Innen- und Außenwelt deutlich, die uns in der Folge besonders in Fragen des Organisationsdesigns nachhaltig beschäftigen wird. Denn wenn es darum geht, Organisationen zu gestalten, kommen wir irgendwann bei der Art an, wie Kunden und Mitarbeiter miteinander in Beziehung treten. Selten landeten wir in unseren Analysen bei beiden, noch seltener bei beiden gleichzeitig und meist waren diese beiden wichtigsten Umwelten von Organisationen wenig aufeinander bezogen. Wir bezeichneten dies als Innen-Außen-Diskrepanz: Bei vielen Unternehmen werden etwa Produkte vom Marketing entwickelt und dann in den Markt gespült. Mitarbeiter, die diese verkaufen, sind bei der Entwicklung kaum beteiligt, Kunden fast nie oder erst dann, wenn Feedback ans Unternehmen fast unvermeidlich ist. Kunden kamen in den Interviews, die wir mit den Mitarbeitern eines unserer untersuchten Unternehmen führten, gar nicht vor, der Kundennutzen bei nur wenigen.

Und einem weiteren zentralen Aspekt von Naomi Stanfords genannter Definition begegneten wir in unserer Praxis als Berater in den Unternehmen äußerst selten: Sie spricht von der für das Erreichen des Organisationszwecks entscheidenden Aufgabe der Organisation der notwendigen Arbeit (»*arranging the work necessary to effectively achieve a business purpose*«). Mit Fug und Recht lässt es sich so formulieren: Die Arbeit der Organisation besteht zu einem guten Teil in der Organisation der Arbeit. In unseren Analysen stellten wir jedoch fest, dass kaum jemand mehr von Arbeit im Sinne der eigentlichen Kernaufgabe von Organisationen spricht. Möglicherweise kommt unter der Gleichsetzung von Arbeit mit allem, »was nicht Spaß macht«, die etymologische Wurzel des lateinischen Wortes *laborare* zum Vorschein, womit das Schwanken der Sklaven unter den Lasten, die sie tragen mussten, bezeichnet wurde. Die Griechen verwendeten einerseits das Wort *ponos* für Mühe und andererseits den Begriff *ergon* für Leistung. Auch das Englische kennt diese beiden zwei Seiten des Arbeitsbegriffs: *work* für das

---

6 Vortrag von Stanford, 17.09.2013

aktive Werken und *labour,* das die passive Last meint, die man damit zu tragen hat.[7] In diesem gleichsam etymologischen Doublebind zwischen zu erleidender Mühsal und aktiver (Mit-)Gestaltung pendelten viele Erfahrungen, die wir in den von uns analysierten Unternehmen beobachten konnten. Je nach Grad der Integration des Faktors Arbeit in das größere Ganze des Organisationsdesigns schlug uns in den Interviews Frust, Demotivation, aber auch Engagement und Identifikation entgegen.

1.2 Organisationskultur

Organisationskultur ist einer jener Begriffe, die wir ständig verwenden, ohne uns über die Vieldeutigkeit dieser Bezeichnung im Klaren zu sein.

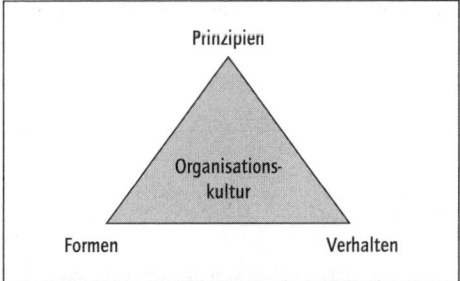

Abb. 4: Organisationskulturdreieck adaptiert nach Schein (1985, S. 9)

Wir verwenden in Anlehnung an Schein dieses Dreieck, um uns der Organisationskultur zu nähern: Eine Grundvoraussetzung, um über das Design von Organisationen nachdenken zu können. Organisationskultur ist all das, was das Verhalten in lebenden Systemen gleichsam unsichtbar leitet. Sie entwickelt sich nicht auf Knopfdruck oder mittels eines konkreten Plans, sondern entsteht evolutionär, also in der Praxis des Miteinander-Tuns und -Kommunizierens. Organisationskulturen grenzen sich voneinander ab und entwickeln sich durch das Befolgen formeller und informeller Regeln immer weiter. Abweichungen werden erst beobachtbar (nicht messbar), wenn Mitspieler die Grenzen dieses Regelwerks überschreiten.

---

7 Füllsack 2009, S. 9

Organisationskultur
Luhmann beschreibt Organisationskultur als Komplex der unentscheidbaren Entscheidungs-
prämissen.[8] Schein definiert sie sehr praktisch als »gemeinsam geteilte Werte« bzw. als »Menge
kohärenter Glaubenssätze«.[9]

Kulturen lassen sich nicht einfach »schaffen«. Wir können darauf Einfluss nehmen, sie beobachten und beschreiben lernen und damit Mechanismen entwickeln, um sie langsam und stetig weiterzuformen. Wenn wir professionelle individuelle und kollektive Verhaltensweisen bewusst verändern wollen, brauchen
wir Formen, die dieses Verhalten wahrscheinlicher machen. Diese Formen sind
mannigfaltig: Strukturen, Prozesse und »Gefäße«, die immer wiederkehrende
Verhaltensweisen schaffen, wie etwa Bonifikationen, Organigramme, Regelme-
etings, Geschäftsprozesse, Regeln, Jobbeschreibungen, informelle Kommunikationsprozesse bis hin zur räumlichen und zeitlichen Ausgestaltung von Arbeit und
ihren Orten. Formen determinieren dabei, wie das Verhalten der Menschen in
Organisationen sich gestaltet.

1.3   Werte und Prinzipien

> »In Werten dokumentiert sich das, was ein Individuum,
> eine Gruppe oder eine Gesellschaft als wünschenswert ansieht. (...)
> Sie beeinflussen damit die Auswahl unter möglichen Handlungszielen,
> Mitteln und Handlungsweisen.«[10]
>
> *Bernd Noll*

> »Ein Prinzip (lat. principium = Anfang, Ursprung),
> ist das, aus dem ein anderes seinen Ursprung hat.«[11]
>
> *Hans Eduard Hengstenberg*

Werte und Prinzipien sind das Grundlegendste, was wir in Organisation finden.
Sie helfen den Akteuren, ihre Haltungen und ihr Verhalten auf etwas auszurichten. Je mehr sie sich an (gelebten) Werten und Prinzipien orientieren können,
desto weniger braucht es Regeln, Verhaltensanweisungen, Gesetze, Ge- und Ver-

---

8   Luhmann 2000, S. 241
9   Schein 2005, S. 29
10 Noll 2002, S. 9
11 Hengstenberg 1998, S. 49

bote, Richtlinien oder Eskalationen – Bürokratie wird ersetzbar durch eigenen Handlungsraum. Prinzipien werden oft mit Partout-Standpunkten verwechselt, die Sicht- und Verhaltensweisen so weit einengen, dass kein Spielraum mehr bleibt. In nahezu allen Unternehmen, die wir beraten haben, wurde und wird immer wieder über Werte gesprochen. Selten bis nie wurden diese Werte gemeinsam verhandelt, erschaffen oder interpretiert, in allen aber spielten die Begriffe Vertrauen und Verantwortung eine große Rolle.

Vertrauen ist Zutrauen zu eigenen Erwartungen und damit elementarer Bestandteil des sozialen Lebens.[12] Es ist von der eigenen inneren Landkarte (psychische Struktur) abhängig und bildet sich im sozialen Interaktionsfeld. Vertrauen ist also auch kontextabhängig und demnach Vorbedingung und Resultat zugleich (Wir werden diesen Gedanken im Kapitel »Unsichtbare Bahnen« noch weiter ausführen). Vertrauen ist, und damit sind wir bei einem der vielleicht wichtigsten Punkte für Organisationen überhaupt, die beste und effektivste Möglichkeit, Komplexität zu reduzieren. Damit wird es – wie viele Werte und Prinzipien – zu einem wichtigen ökonomischen Faktor, einer der zentralen Bedingungen für Effektivität. In unseren Analysen sind wir oft auf überbordende Komplexität oder stockende Energie gestoßen, deren Ursache in mangelndem Vertrauen lag. Meist stellten wir fest, dass exzessive und dysfunktionale Kontrollschleifen entstanden waren: Worte wie »Hinaufeskalieren«, »Absichern« oder auch Praktiken wie Mails mit einer Unzahl an Empfängern waren an der Tagesordnung.

> Werte und Prinzipien wie Vertrauen und Verantwortung gehören zu den wichtigsten Produktivfaktoren. Sie haben größere Bedeutung als alle ökonomischen Faktoren zusammen.

> »Wenn ich was nicht mit 17 Excel-Tabellen berechnen oder sonst irgendwie belegen kann, vertraut man bei uns nicht drauf, dass aufgrund von ein paar Indizien und einem guten Bauchgefühl oder Erfahrung entschieden wird. Es sind ja oft keine großen Themen. Wenn ich mit einem Thema nicht und nicht durchkomme und es zerredet und zerredet wird, löst das ein bestimmtes Verhalten aus und dann vertrau ich gar nicht mehr darauf, dass ich vielleicht mit einer anderen Sache, mit der ich vielleicht durchgekommen wäre... zu der kommt es dann gar nicht mehr, weil ich den siebenten Anlauf nicht mehr unternehme.«

Ein zweiter Wert, den wir in Organisationen immer wieder gefunden haben, ist (Eigen-) Verantwortung. Der Begriff bezeichnet die Fähigkeit, Antworten geben zu können und im reflexiven Sinne, also auf uns selbst bezogen, bedeutet er auch ›sich rechtfertigen‹, wie er in vielen Organisationen ebenfalls häufig gebraucht wird. Verantwortung hat etwas mit Spielraum zu tun, in dem man Kompetenzen oder Befugnisse mit Leben füllen kann. In allen von uns untersuchten

---

12 Luhmann 2000, S. 1

oder beratenen Unternehmen ist Verantwortung neben Vertrauen der wichtigste Wert, den sich nahezu alle Menschen in Organisationen (wie auch im Leben) wünschen. Verantwortung zeigte sich in vielen Fällen an der Frage, wie sehr Menschen im Allgemeinen und Führungskräfte im Besonderen Entscheidungen treffen (können), wie sehr sie zum Beispiel eigene Ideen entwickeln und umsetzen können. Die Praxis in den Unternehmen ist bei diesem Thema sehr unterschiedlich, aber ein Phänomen zog sich durch fast alle von uns untersuchten Unternehmen durch: Es gab kaum Firmen, in denen sich nicht Führungskräfte mehr Eigen-Verantwortung gewünscht hätten und Topmanager dies nicht auch verbal eingefordert hätten. Allein die Konsequenzen sind vielen häufig nicht bewusst. Dass dies für »oben« bedeutet, loszulassen und zu vertrauen, und für »unten«, mehr Risiko einzugehen, mehr Unsicherheit auszuhalten und damit auch mit möglichen Konsequenzen umgehen zu müssen, ist meist nicht klar und unangenehm. Beide Themen, Vertrauen und Verantwortung, sind Wertethemen, die über Formen und tägliche Führungsarbeit in das Verhalten der Mitarbeiter übersetzt werden können. Wenn bei Zappos, einem US-Online-Schuhhändler, die Mitarbeiter, die mit Kunden interagieren, ein Reklamationsbudget erhalten, dass sie jedes Jahr für Kundenreklamationen ausgeben müssen und nicht fragen sollten, ob sie Kunden spezielles Entgegenkommen gewähren, hilft das, Spielräume auszuweiten und Verhalten in diese Richtung zu fördern.

> »Manchmal fehlt die Entscheidungsfreudigkeit, also dass man nicht einfach mal eine Entscheidung treffen kann bei relativ einfachen Dingen, wo das Risiko überschaubar ist, sondern noch mal drei Wochen drüber nachdenkt und nochmal eine Marktforschung macht und vielleicht noch drei andere Leute fragt. Ich würde mir wünschen, dass man einfach eine Entscheidung trifft und dann auch das Rückgrat hat, dazu zu stehen.«

Ein Zitat, das recht gut die Praxis zeigt, die wir in vielen Organisationen vorfinden. Vertrauen und Verantwortung sind zwei ganz zentrale Werte, aber auch Instrumente, um Komplexität in Organisationen zu verringern oder auch zu erhöhen. Vertrauen und Eigenverantwortung (verbunden mit Spielräumen) erhöht Geschwindigkeit und reduziert Komplexität. In Zeiten ständig wachsender Umweltanforderungen und schneller Veränderungen ist dies ein nicht zu unterschätzender Wettbewerbsvorteil.

1.4 Verhalten

Der Begriff des Verhaltens fasst all das zusammen, was man in Organisationen konkret beobachten und daher auch beschreiben kann. Der amerikanische Soziologe Chester Barnard entwickelte auf Basis seiner empirischen Forschungen bereits

in den 1930er-Jahren eine mehr als zeitgemäße Definition von Organisation: »...
nicht Personen, sondern Dienstleistungen, Handlungen, Handeln können als eine
Organisation konstituierend angesehen werden.«[13] Barnard richtet den Fokus weg
von der vermeintlich abgeschlossenen, konsistenten Einheit des Subjekts hin auf
die Ebene der Aktionen, der Inter- und Reaktionen. Er nimmt damit in gewisser
Weise Niklas Luhmanns systemische These, dass Unternehmen nicht aus Menschen oder Maschinen, sondern aus Kommunikation bestehen,[14] vorweg.

Trotz dieser Einsichten wird Verhalten oder Leistung in Unternehmen immer
noch oft mit Resultaten und Ergebnissen verwechselt. »*You can only manage what
you can measure*«, lautet eine verbreitete Haltung im Management – ein grobes
Missverständnis. Denn nicht das Messen ist für Führung und das Schaffen von
Organisationskultur entscheidend, sondern das »Monitoren«, also das Wahrnehmen, Beobachten und Steuern von professionellem Verhalten, also Leistung. Das
Beschreiben von Resultaten hält lediglich einen Status am Ende einer Periode fest,
der nichts über das Verhalten aussagt, das zu den Resultaten geführt hat.[15] Jemand
kann seine Arbeit hochprofessionell erledigen und trotzdem nicht die gewünschten Resultate bringen und umgekehrt. Aus Resultaten können keine Informationen
generiert werden, die die eigene Handlungsfähigkeit oder jene der Führung verbes-
sern oder erweitern. Solange das Umfeld sich nicht verändert und das Geschäft
stabil und erfolgreich läuft (d.h. die Zahlen stimmen), wird das nicht wirklich
auffallen. Sobald sich jedoch Umfelder bewegen oder größere Schwierigkeiten auftreten, kann ein solcher blinder Fleck zu massiven Problemen führen. Niemand
kann dann mehr (rasch) beschreiben, welche Arbeit (operative und Führung)
wichtig oder problematisch ist. Wir bezeichnen das als »Pseudoobjektivierung von
Führung«. In vielen unserer untersuchten Unternehmen fiel es den Führungskräften und den Menschen selber schwer, genau zu beschreiben, was die Arbeit ist,
worin sie besteht und welches Verhalten für den Erfolg der Organisation entscheidend und hilfreich ist. Oftmals wurden Eigenschaften beschrieben, Kennzahlen
oder Ergebnisse dafür verwendet – also lediglich die Resultate dessen, wofür eigentlich erst eine Wahrnehmungsfähigkeit entwickelt werden müsste.

»Ich weiß nicht, ob diese Berichte wer liest, also loben kann man ja nur das, was man kennt, jetzt
kann man aber eigentlich nur Kennzahlen loben, aha, der hat das Budget um so viel Prozent
ausgenutzt, dann wird der dafür gelobt, weil das erkennt wer, ansonsten hängt Lob damit zusammen, was man getan hat. Aber in Bezug auf Produkte weiß ich nicht, wie viele Leute von sich
sagen, ich stehe unter Beobachtung im positiven Sinne, sodass mir jemand sagen kann, dass ich
etwas gut gemacht habe. Das kann nur jemand sagen, der wirklich beobachtet hat.«

---

13 Barnard 1938, S. 83
14 Luhmann 1987, S. 192
15 Vgl. Kapitel 7

Professionelles Verhalten wird somit zur eigentlichen »Messgröße« für ein sinnvolles und zielführendes Leistungsmanagement in Unternehmen. Wenn wir uns
Führungsverhalten genauer ansehen, hat dieses noch eine zusätzliche Dimension: Führung ist selbstreferenziell, also auf sich selbst bezogen, sie muss ihre eigenen Leistungsstandards sowohl definieren als auch beobachten, bewerten und
weiterentwickeln und gleichzeitig dasselbe für das Verhalten anderer tun. Führung muss sich quasi als eine wertschätzende, wohlwollende Beobachtungsins-
tanz etablieren.[16]

In unseren Analysen (Leadership Checks) filtern wir genau diese immer wiederkehrenden, von Personen unabhängigen Verhaltensweisen heraus und benennen sie als Muster. Das kollektiv erwünschte Verhalten einer Organisation wird
demnach in Mitarbeiter- und Führungsverhalten differenziert und über Kommunikation so gekoppelt, dass es der Organisation und ihren Zielen dient. Führung
hat dabei drei Adressaten: sich selbst, die Menschen und die Organisation. Damit
aber jede Form von Verhalten im Sinne der Prinzipien und der Vision der Organisation gerichtet werden kann, braucht es wirksame Formen, von denen wir
uns einige im nächsten Kapitel genauer anschauen wollen.

1.5 Formen

Unter den Formen des Organisationsdesigns verstehen wir alle Strukturen, die im
weitesten Sinne Organisationen prägen, an denen sich Menschen orientieren und
die ihr Handeln beeinflussen. Das sind Charts und Stellen- und Prozessbeschrei-
bungen, Unternehmenswerte, Vergütungssysteme und Einkaufsrichtlinien, Zei-
terfassung, die Marke und das Reportingsystem bis hin zu den räumlichen Strukturen aus Gebäuden und Einrichtungen, über die ein Unternehmen verfügt. Diese Formen bilden ein komplexes, oft in sich widersprüchliches Gebilde von ge-
schriebenen und ungeschriebenen Regeln.

Die gängigen Bilder von Organisation und damit auch eine Vielzahl der konkreten in Organisationen beobachtbaren Formen (denen wir uns im nächsten
Kapitel zuwenden werden) sind sehr oft noch in einer klassischen Weise hierarchisch geprägt – in dem Sinne, dass der »relevante Außenverkehr tatsächlich an
der Spitze monopolisiert«[17] ist. Dass diese klassisch hierarchischen Organisationsformen heutigen Anforderungen nicht mehr angemessen sind, ist vielen
Praktikern bewusst. Wie etwa die relevante Außensicht, vor allem über die
Märkte und Kunden so organisiert werden kann, dass sie schnellstmöglich zum
Entscheidungsgut (also so nahe wie möglich dort verarbeitet und entschieden

---

16 Baecker 1994
17 Luhmann 1971, S. 98 f.

werden können, wo sie auftreten) werden kann, beschäftigt alle, die über neuere, effektivere Formen von Organisationen nachdenken.

Neben der Effektivität gibt es auch noch ein zweites starkes Argument für das intensive Nachdenken über Organisationsformen: Es ist die Frage von organisationaler Energie, oft verkürzt mit Motivation bezeichnet. Fragen von Commitment, Engagement, Proaktivität und letztlich Leistung sind die am meisten diskutierten (und beklagten) Phänomene in Unternehmen des 21. Jahrhunderts. Die gegenwärtigen empirischen Daten geben uns dazu ein eindeutiges Bild: Das Engagement bzw. die emotionale Bindung der Menschen liegt konstant und weltweit bei nur rund einem Drittel. Das bedeutet, dass rund zwei Drittel der Mitarbeiter ihr Unternehmen und ihre Führungskraft sofort verlassen würden, wenn sie die Aussicht auf eine bessere Arbeitsrealität hätten.[18] In unseren Untersuchungen zeigte sich deutlich, dass die Formen der Einbindung der Mitarbeiter, das Mitentscheiden-Könnens, die empfundene Gerechtigkeit, Leistung und Gegenleistung sowie die Interaktionsqualität zwischen Führenden und Geführten und ähnliches mehr darüber entscheiden, ob die Menschen in Organisationen sich engagieren und vor allem emotional an die Organisation gebunden sind. Diese Faktoren führen letztlich zu Energie, wie wir an vielen Stellen des Buches noch ausführen werden.

1.6 Formelle und informelle Organisation

Die formelle Organisation besteht aus den manifesten Systemen und Instrumenten, die den Menschen bewusst zur Verfügung stehen, um die täglichen Abläufe zu meistern. Auf die Frage, wie die Organisation aussieht, wird dann etwa ein Organigramm aus der Schublade gezogen, das zeigt, wie Entscheidungsprozesse ablaufen sollen, wer an wen berichtet und wer in welchem Meeting oder Projekt welche Aufgabe hat. Diese formelle Struktur sagt jedoch erstaunlich wenig über die tatsächlich wirksamen Strukturen aus. Darüber gibt uns die informelle Organisation eine deutlich profundere Auskunft. Wer sind die informellen

Abb. 5: Ungeschriebene Regeln (Quelle: www.cartoonstock.com)

---

18 Towers Perrin 2008, S. 8

Leaders, wem folgen die Menschen üblicherweise? Wer trifft hier tatsächlich die Entscheidungen, wer beeinflusst wen genau wie? Wo finden sich die wichtigen Kommunikationsknotenpunkte? Was leitet hier wirklich und welche Werte prägen das Verhalten in Organisationen? Diese Ausprägung ist es, die uns in unseren Analysen interessiert.

> Die informelle Organisation ist wesentlich wirksamer als die formelle. Je mehr beide auseinanderklaffen, desto deutlicher behindern widersprüchliche Botschaften die wirkungsvolle Steuerung der Organisation.

Im Gegensatz zur formellen Organisation, die auf geplanten Schritten und sichtbaren Entscheidungen beruht, entwickeln sich informelle Strukturen emergent und oft als Ausgleich zu Mangel an oder mangelhafter Planung. Das »Informelle« sorgt dafür, dass soziale Systeme trotzdem funktionieren, weil sie die Grundlage für alles andere liefert. Wir bezeichnen sie meist auch als Organisationskultur. Sie ist demnach das, was wirkt.

In unseren Analysen brachte das Herausfiltern und Rückmelden vor allem der informellen Phänomene und Muster am stärksten Bewegung in Organisationen. Mit dem Erkennen und Heben dieser tiefliegenden Muster erhalten Unternehmen Zugang zu ihren (noch) nicht formalisierten Schätzen und Ressourcen. Das Wirken dieser Elemente bezeichnen wir in unserem Dreieck als Kultur.

Formelle Organisation	Informelle Organisation
Entscheidungen (wie Entscheidungen getroffen werden sollen) • Regeln • Prozesse • Entscheidungsanalysen	Gewohnheiten (nach denen sich Menschen tatsächlich verhalten) • Werte und Standards • ungeschriebene Regeln • Verhaltensweisen
Motivatoren (erzwungene Leistung) • monetäre Anreize • Karrierepläne • Talentmanagement	Commitments (was Menschen inspiriert) • geteilte Mission/Vision • geteilte Werte • stolzmachende Erfahrungen
Information (formale Info-Prozesse) • KPIs und Kennzahlen • Informationsflüsse • Wissensmanagementsysteme	Haltungen (sinnstiftende Arbeit) • Identität, geteilte Glaubenssätze • Annahmen und Vorurteile • mentale Modelle
Struktur (wie Arbeit und Verantwortung geteilt wird) • Organisationsstruktur • Jobdescriptions • Geschäftsprozesse	Netzwerke (Verbindungen zwischen den Kästchen) • Beziehung und Kooperation • Teams und andere Einheiten • organisationaler Einfluss

Abb. 6: Formelle und informelle Organisation (Adaptiert nach Booz & Company, Vortrag von Stanford 2013)

»Meinem Erleben nach ist es so, dass es neben den formalen Strukturen noch ein zweites, geheimes Organigramm im Hintergrund gibt. Das ist eine Sache, wo man dann kurze Wege nutzt, um Entscheidungen und so weiter entsprechend voranzutreiben. Wir sprechen uns dann halt persönlich an, um bestmöglich eine schnelle Entscheidung zu finden.«

Eine unserer Beobachtungen ist, dass sich das Bewusstsein für die informelle Organisation erhöht – und weiter erhöhen wird müssen, um die eigentlichen Einflussgrößen für die Leistungsfähigkeit von Organisation in den Blick zu bekommen. Alle Debatten in Unternehmen zum Thema Werte und Commitment deuten darauf hin, ebenso wie die Tatsache, dass qualitative Tiefenanalysen, wie etwa wir sie anbieten, überhaupt von Organisationen nachgefragt werden. Wir haben es weiter oben schon in den Werten als These formuliert: Die sogenannten weichen, nicht messbaren, Faktoren rücken mehr in den Vordergrund und werden auch Eingang in die harten Managementinstrumente wie Zielsysteme, Mitarbeitergespräche oder Incentivestrukturen finden. Svenska Handelsbanken, eine der seit Jahren erfolgreichsten europäischen Banken, oder auch der Kranhersteller Palfinger verzichten vollkommen auf Ex-ante-Incentivierung, konzentrieren sich auf eine/oder einige ganz wenige Kernkennzahl(en) und haben sich ganz von Budgets verabschiedet.[19] Den Rest lösen sie über Dialog und qualitative, aber konsequent nachgehaltene Vereinbarungen, dem Kerngeschäft von Führung also. Dies fördert das Nutzen der informellen Organisation, Dialog, Kooperation und vor allem Eigenverantwortung.

In einem von uns beratenen Unternehmen wurden die Kennzahlen deutlich verringert, die Ziele für die Organisation qualitativer definiert und frühzeitig abgestimmt. Dies führte schon im Prozess des Vereinbarens zu der Übernahme von mehr Verantwortung, denn man kann sich weniger hinter (pseudoobjektivierten) Zahlen verstecken und muss Verhalten statt Resultate beschreiben. So steigt die Verantwortung, Verhalten zu beobachten und zu bewerten und dies auch in Gesprächen rückzumelden. Die Resultate waren zwingend. Man bemerkte schnell, dass damit die Aufmerksamkeit mehr auf Führung liegt, die Widersprüche und Konflikte in der Organisation schneller an die Oberfläche kamen und dadurch ansprechbar wurden. Für viele Beteiligte war dies ein Meilenstein.

---

19 Vgl. Wallander 2003, Pflaeging 2008

2 Kästchen, Flüsse, Flaschenhälse – Wie Entscheidungen über Entscheidungen Organisationen prägen

2.1 Entscheidungen

Aus systemtheoretischer Perspektive sind Entscheidungen nichts anderes als eine besondere Form von Kommunikation, die Komplexität reduziert, indem sie eine Auswahl unter verschiedenen Möglichkeiten trifft. Entscheidungen bilden zudem die Grundlage für weitere Kommunikation und weitere Entscheidungen. Damit entsteht aus dem unüberschaubaren Ozean der Möglichkeiten eine erkennbare Gestalt, die sich von ihrer Umwelt unterscheidet: die Organisation.

> **Organisation heißt Entscheiden ohne Ende.**
> Entscheidungen sind die Operationen, durch die Organisationen sich reproduzieren. Ohne Alternativen keine Entscheidungen, ohne Unsicherheit keine Entscheidungen, ohne Entscheidungen keine Organisation.[20]

Grundsätzlich ist Unsicherheit ein Zustand, den die meisten Menschen (nicht nur in Organisationen) zu vermeiden trachten. Grob vereinfacht existieren zwei Strategien im Umgang mit Unsicherheit: entweder verdrängen oder bearbeiten. Letzterer Zugang ist oft der Anstoß für die Gründung von Organisationen, denn sie absorbieren Unsicherheit für die Gesellschaft. Entscheidungen erfüllen dieselbe Aufgabe für die Organisation.

Entscheidungsbedarf herrscht dann, wenn prinzipiell unentscheidbare Fragen zur Klärung anstehen: Setzen wir auf Dienstleistungsqualität oder Preisführerschaft? Erschließen wir den neuen Markt Südamerika oder bleiben wir nur in den USA? Legen wir die Teams A und B zusammen, und wenn ja, wer wird sie führen?

Die Unsicherheit wird nie vollständig absorbiert, sie ist vielmehr eine der größten Ressourcen, die wir haben, um Unternehmen zu steuern: »Denn ohne Unsicherheit bliebe nichts zu entscheiden, die Organisation fände im Zustand kompletter Selbstverfestigung ihr Ende.«[21]

---

20 Simon 2007, S. 69 und Luhmann 2000, S. 200
21 Simon 2007, S. 69

2.2 Strukturen

In größeren Organisationen potenzieren sich Unsicherheiten und Abstimmungs-bedarf. Dort entstehen daher Strukturen, die es ermöglichen, nicht bei jeder Entscheidung gleichzeitig Macht- und Prozessfragen jedes Mal aufs Neue klären zu müssen (wie es oft in Gründungsphasen der Fall ist). Diese Strukturen geben vor, wer wann mit wem welche Entscheidungen treffen kann oder muss. Sie sind also Metaentscheidungen (= Entscheidungen darüber, wie Entscheidungen ge-troffen werden), die Komplexität durch ihre Festlegungen a priori reduzieren. Sie sind notwendig, um größere Organisationen überhaupt überlebensfähig und die aus ihnen resultierende Komplexität beherrschbar zu machen. Diese A-priori-Festlegungen wirken enorm prägend hinsichtlich dessen, was in einer Organisa-tion möglich ist und was nicht. In der Folge möchten wir einen Überblick über die wichtigsten Entscheidungsstrukturen in Organisationen und ihrer in der Pra-xis beobachtbaren Auswirkungen geben.

> Nicht die Struktur oder die Entscheidung an sich ist das Problem, sondern die Entkoppelung von Entscheidung und Einflussnahme durch den Rest der Organisation.

Die wichtigsten Strukturelemente für Entscheidungen sind dabei: die Aufbauor-ganisation, Prozesse, Projekte und Rollen. Beginnen möchten wir jedoch mit ei-nigen Wahrnehmungen über das strukturbildende Prinzip der Hierarchie.

2.3 Hierarchie

2.3.1 Gratwanderung zwischen Entmündigung und Überforderung

Hierarchie ist das konstituierende Strukturprinzip von Organisationen. Organisa-tionen ohne Hierarchie sind keine, da von irgendeiner Instanz, einem Gremium oder einer dafür zuständigen Stelle verbindliche Entscheidungen für das Ganze getroffen werden müssen. In der Praxis lassen sich allerdings enorme Unterschie-de bezüglich der Tiefe und Ausgestaltung der hierarchischen Strukturen beob-achten.

Wie und in welcher Form Hierarchie in Unternehmen umgesetzt wird, hat einen massiven Einfluss sowohl auf die Leistungsbereitschaft und -möglichkeit der Mit-arbeiter als auch auf die Lebensqualität aller Beteiligten. Ein Großteil aller schwer-wiegenden Blockaden und Zweifel in Bezug auf die Sinnhaftigkeit eigener oder gemeinsamer Arbeit bezogen sich auf hierarchische Phänomene: Wann und wo

Entscheidungen getroffen werden, wer zu welchen Entscheidungen beigezogen oder zumindest gehört wird, wie viel Spielraum die einzelne Person bei ihren Entscheidungen hat – diese Fragen stellten im wahrsten Sinne des Wortes entscheidende Parameter für Wirksamkeit in den von uns untersuchten Unternehmen dar.

2.3.2 Sinn und Autonomie als Achillesfersen der Hierarchie

Hierarchie hat immer etwas mehr oder weniger Entmündigendes. In Unternehmen findet man nicht jene grundlegende, verfassungsmäßig garantierte Gleichheit, die unsere modernen Demokratien konstituieren. Dafür hat die Hierarchie dort den Zweck, vor überbordender Komplexität zu schützen und eindeutig zurechenbare Verantwortlichkeiten zu erzeugen.

Die Entmündigung, die in der Ungleichheit enthalten ist, führt zu einer Distanz zwischen Entscheidern und Entscheidungsempfängern. Generell scheint zu gelten: Je weniger Spielraum Mitarbeiter erleben, desto distanzierter sind sie. Ein Zuviel an Spielraum am anderen Ende des Spektrums kann aber auch überfordernd wirken – dieser Fall ist uns allerdings wesentlich seltener begegnet.

> Der Nutzen von Hierarchie ist Komplexitätsreduktion. Der Preis von Hierarchie ist Entmündigung und Distanzierung.

Ob und wie sehr ein solch identifikationsfördernder Spielraum erlebt wird, ist nur in geringem Maße eine Frage der formalen Entscheidungsbefugnisse. Eher geht es darum, ob der Einzelne bei seiner Arbeit tatsächlich Mitgestaltungspotenziale erlebt. Diesbezüglich stößt man in der Praxis auf in sich äußerst widersprüchliche Phänomene: Stark basisdemokratisch ausgerichtete Organisationen können ein Klima erzeugen, in dem der Einzelne wenig reale Wirksamkeit und Gestaltungsspielraum für sich empfindet, während formal strikt hierarchisch organisierte Unternehmen informell durchaus ein grundlegendes Gefühl von Beteiligtsein und Autonomie ermöglichen können.

Wo dieses Gefühl einer grundsätzlichen Integration in Entscheidungsprozesse in den von uns untersuchten Unternehmen fehlte, stießen wir meist auch auf eine weitere markante Leerstelle: nämlich einen Mangel an Sinn, der ja seinerseits eine der zentralen Ressourcen für die Energie und Überzeugung darstellt, mit denen Arbeit geleistet wird. Vor allem bei wissensbasierten Tätigkeiten tut sich hier ein fundamentaler Unterschied auf: Wird die Arbeit »nur« ordentlich gemacht oder wird sie sehr gut und mit Herzblut gemacht? Eine unsere Interviewpartnerinnen zweifelte etwa nach einer Entscheidung des Vorstandes am Sinn ihrer Arbeit:

»Man plant Projekte so, dass man sie vernünftig in den Markt einführen zu können glaubt. Dann kommt der Rotstift, man kriegt alles Mögliche gestrichen. Das Projekt steht trotzdem auf dem Zettel und man soll das einführen und soll auch Volumen generieren, aber man verfügt über keinen Etat, um die Produkte beim Konsumenten bekannt zu machen oder umzusetzen. Und da frage ich mich: Ist das denn wirklich sinnvoll?«

2.3.3 Distanz zwischen Entscheidern und Umsetzern

Je größer das Unternehmen, desto »tiefer« wird häufig die Hierarchie. »Spitze« und »Basis« sind weit voneinander entfernt, grundlegende Entscheidungen werden weit weg vom Ort der eigentlichen Produktion und des Kundenkontaktes getroffen. Das manifestiert sich in langen Entscheidungswegen. In kleinen Unternehmen sind die Mitarbeiter häufig in täglichem informellen Kontakt mit den Entscheidern, die sie in größeren Strukturen nur aus der Ferne oder im formalisierten Rahmen sehen. In größeren Unternehmen bekommen der einzelne Mitarbeiter und das einzelne Team kaum direkte Aufmerksamkeit von den Personen, die die Entscheidungen treffen, und umgekehrt findet die tägliche Umsetzung dieser Entscheidungen nicht im Beisein des Chefs statt. Angestellte und Teams bekommen daher auf ihre Entscheidungen und Vorgehensweisen kein unmittelbares Feedback der Spitze. Liegt ein Beschluss nicht im Machtbereich der nächsthöheren Führungskraft, muss sie in den Entscheidungsweg eingespeist werden. Man weiß nicht, wie lange das dauert, und die betroffenen Mitarbeiter können häufig die entscheidende Diskussion nicht unmittelbar beeinflussen. Wenn doch, dann vielleicht durch eine Präsentation, bei der anschließend hinter verschlossenen Türen beraten wird und zwei Wochen später der Auftrag zur Überarbeitung kommt. Gefühle der Ohnmacht und des Ausgeliefertseins sind die Folge und führen zu Distanzierung. Auf der Ebene des Mitarbeiterverhaltens breiten sich Gleichgültigkeit und Dienst nach Vorschrift aus.

Wer trifft die Entscheidung?

Dass Entscheidungen von Führungskräften in den dafür vorhergesehenen Gremien oder allein in ihrem Chefsessel getroffen werden, ist allerdings ein weitverbreiteter Mythos, der beim genaueren Hinschauen in vielen Fällen unhaltbar ist. Hat ein Mitarbeiter eine Präsentation zu einem Thema vorbereitet und darin drei Optionen für das weitere Handeln skizziert, hat er bereits eine Vorauswahl getroffen, der die Führungskraft in ihrem anschließenden Beschluss unterworfen ist. Entscheidungen, insbesondere von höheren Führungskräften, vollziehen sich oft auf Basis von vielen kleineren und größeren Vorentscheiden. Steht der Mitarbeiter in direktem Kontakt zur Führungskraft, kann er den Prozess mitverfolgen und beeinflussen.

Selbst wenn die Lösung nicht die vom Mitarbeiter favorisierte ist, kann er dennoch nachvollziehen, welche Aspekte für den Chef maßgeblich waren und welche anderen Vorentscheidungen von dritter Seite hier hineingespielt haben.

Viele Führungskräfte entscheiden nicht mehr als andere Beteiligte. Sie sind nur das Fenster, in dem die Entscheidung sichtbar und gültig wird. Und sie sind für die Beschlüsse verantwortlich – mehr als andere zumindest –, mithin auch für den Prozess, der zu ihnen führt.

> Je »tiefer« die Hierarchie, desto stärker in der Regel die Tendenz zum organisierten Misstrauen bürokratischer Kontrollsysteme.

Je mehr Führungsebenen existieren, desto ausgelieferter ist die »Spitze« ihren Angestellten. Schon Abteilungsleiter sehen ihre Mitarbeiter für gewöhnlich nicht mehr täglich bei der Arbeit, da Team- und vielleicht noch Gruppenleiter als Führungsebenen zwischengeschaltet sind. Auf Seite des Abteilungsleiters entsteht mehr Unwissenheit nach dem Motto: »Die machen, was sie wollen, und ich weiß nichts davon.« Fragen und Themen, die in kleinen Unternehmen die Führungskraft selbst bearbeitet, müssen nun in andere Hände übergeben werden, deren Entscheidungskompetenz man oft aus der Perspektive der Hierarchie heraus in Zweifel zieht.

Der kritische Blick nach unten
Bei Befragungen stuft die Mehrzahl der Führungskräfte selbst ihre engsten Mitarbeiter als arbeitsscheu ein – nur durch materielle Anreize angetrieben und durch Kontrollen diszipliniert. Interessanterweise bewerteten die meisten Führungskräfte ihre eigene Leistungsbereitschaft aber um ein Vielfaches höher. Hingegen gehen Manager, sofern sie selbst Untergebene sind, in ihren eigenen Beziehungen zu übergeordneten Vorgesetzten vom Gleichheitsprinzip aus. Zu nicht geringen Teilen schätzen sie sich sogar hinsichtlich Kreativität, Flexibilität und Innovationsbereitschaft ihren Vorgesetzten gegenüber überlegen ein.[22]

Dieses Unbehagen ist die Geburtsstunde vieler organisationaler Strukturen, von Einkaufsrichtlinien über Budgets bis hin zum Einzug weiterer Führungsebenen. Alle diese Strukturen sehen sich dem oben beschriebenen Dilemma ausgesetzt: Ohne Festlegungen wird gemeinsames Handeln überkomplex und unmöglich, aber jede Festlegung reduziert individuellen Spielraum und Eigenverantwortlichkeit. Ein Ausweg aus dieser Zwangslage ist es, Festlegungen zumindest dem Feedback der darauf Festgelegten auszusetzen und sie nicht zur einseitigen Machtdemonstration werden zu lassen.

---

22 Sprenger 2005, S. 43

Sandwichposition

Werden weitere Führungsebenen eingezogen, so gerät das mittlere Management in die berühmte Sandwichposition: Von oben wie von unten wird es für alles verantwortlich gemacht. Beide Seiten fordern Loyalität und Unterstützung. Für die wichtigen Entscheidungen muss diese Führungsebene nach oben bitten gehen, von den Mitarbeitern ist man in den Fragen der Umsetzung abhängig, gehört aber nicht mehr dazu. Angesichts dieser Position zwischen den Stühlen entscheiden sich Führungskräfte oft überwiegend für eine Seite.

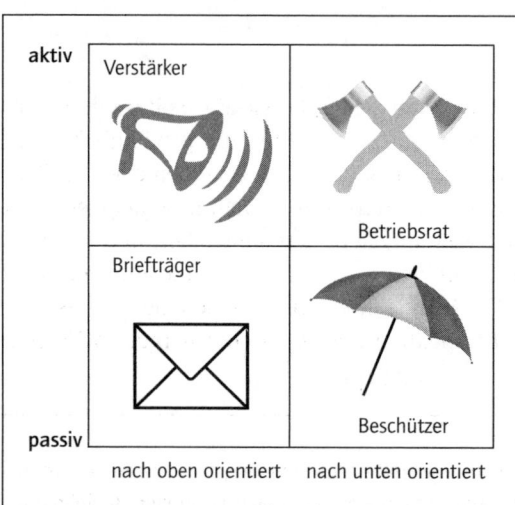

Abb. 7: Führungsverhalten in der Sandwichposition

Der Organisation ist es unserer Erfahrung nach allerdings zuträglicher, wenn Führungskräfte es schaffen, beide Perspektiven im Blick zu behalten und je nach konkreter Fragestellung und Situation die eine oder andere zu betonen. Einseitige Loyalitätsansprüche beider Seiten bringen die Inhaber dieser Position in ein Dilemma und verunmöglichen ihnen die Wirksamkeit, die sie gerade aufgrund ihrer Zwischenposition haben könnten.

Double Link

Ein Weg, die negativen Effekte der Sandwichposition zu neutralisieren, ist das Double-Link-Prinzip soziokratischer Organisationen. Ein über- und ein untergeordnetes Gremium sind durch jeweils zwei Personen miteinander verbunden, die beide in beiden Gremien sitzen. Eine dieser Personen (die Führungskraft) wird von oben nominiert, die andere (Delegierte) vom »untergeordneten« Gremium gewählt.[23] Dadurch sind beide Perspektiven bei allen Diskussionen und Ent-

23 Rüther 2010

scheidungen als Rolle vertreten und können aufgrund der speziellen Entscheidungsregeln der Soziokratie nicht übergangen werden. Auch wird die ausgewogene Berücksichtigung unterschiedlicher Perspektiven nicht von einer einzelnen Person und deren Interesse abhängig gemacht.

Der Niederländer Endenburg führte Mitte der 1970er-Jahre in seiner Firma Endenburg Elektrotechniek (damals ca. 150 Mitarbeiter) das Prinzip der Soziokratie ein, das versucht, die Nachteile klassischer Hierarchien durch Organisationsprinzipien zu ergänzen, die mehr Mitsprache und Durchlässigkeit für die Wahrnehmungen der operativen Ebene ermöglichen.[24]

2.3.4 Silos

Die Struktur wird in Zeiten des Wachstums üblicherweise nicht nur vertikal, sondern auch horizontal komplexer. Neue Einheiten werden gebildet, neue Standorte oder Produkte kommen hinzu, vielleicht sogar neue Geschäftsfelder. Versuche, diese Komplexität unter Kontrolle zu bringen, führen oft zu komplizierten Organigrammen, zu Matrixorganisationen und ausgetüftelten Prozessen, die immer wieder neugestaltet werden müssen, weil die Veränderungsdynamik in den Umwelten und Anforderungen andere Gruppierungen von Einheiten und Funktionen nahelegen. Geschäftsfelder, Sparten, Funktionsbereiche tendieren allesamt zu Silos und Fürstentümern. Die funktionale Aufteilung von Organisationen und die gegenseitige Abgrenzung der jeweiligen Bereiche sind die horizontale Seite der Hierarchie, denn Hierarchie ist zunächst einmal nichts anderes als die Koordination arbeitsteiliger, spezialisierter Prozesse.

Die gegenseitige Abschottung verstärkend wirken hohe, unkoordinierte und inflexible Zielsetzungen der einzelnen Bereiche. Wer sich an seinen partikularen Zielen abarbeitet und nur für die Erfüllung derselben belohnt wird, hat selten die Energie, Impulse von links oder rechts aufzunehmen und Prioritäten für das Ganze zu setzen oder zu unterstützen. Überhaupt verstärken eine tiefe vertikale Hierarchie und horizontale Distanzierung einander oft, denn wo Hierarchie einen hohen Statusstellenwert hat, wachen die Hierarchen oft über ihren Herrschaftsbereich. Koppelungen kommen dann nur über Eskalation in die oberen Managementebenen zustande – ebenfalls langwierige Prozesse, die mit hoher Wahrscheinlichkeit auf dem Weg durch die Instanzen versanden.

Harmonisches Führungsgremium – Blockaden in den unteren Ebenen

Silodenken ist eine der häufigsten Klagen in Unternehmen: Die Kollegen in den anderen Bereichen kochten – gewollt oder ungewollt – nur ihr eigenes Süppchen.

---

24 Waldherr 2009, S. 146 f.

Häufig sind funktionale Bereiche mit widersprüchlichen Zielen konfrontiert, die auf unteren Ebenen unvereinbar sind. Die oberen Etagen aber sind es nicht gewohnt, Widersprüche auszutragen. Wo eine relativ gleichberechtigte Diskussion und Entscheidungsfindung notwendig ist, sind die Beteiligten infolge ihrer Sozialisation in hierarchischen Organisationen ungeübt. In den Vorstandsetagen werden Entscheidungen aber häufig gemeinsam getroffen. Die Folge ist, dass Widersprüche und Konflikte in den Führungsteams häufig ausgeklammert und nach unten delegiert werden. Dort führen sie dann zu unvereinbaren Widersprüchen bei den Prioritäten der einzelnen Bereiche.

> »Dann kriegt halt der eine Bereich eine Information und der andere steht dumm da und arbeitet in seine Richtung weiter und kriegt dann erst hinterher ein Machtwort oder eine Zusage. Man hat dann eigentlich tagelang für die Katz gearbeitet. Das ist wirklich ein Kommunikationsproblem und ich weiß auch nicht, ob das eventuell eine bewusste Entscheidung ist, dass man sie gegeneinander arbeiten lässt.«

Vertikales Powerplay erstickt horizontale Vernetzung

Immer wieder haben wir Folgendes beobachtet: Unter dem Vorstand – oder in genügend großen Unternehmen: unter der Ebene der Bereichsleiter – gibt es häufig keine Teams, die abteilungsübergreifende Themen in Eigenregie bearbeiten können. Damit meinen wir nicht nur den formalen Akt des Entscheidens, sondern vor allem die qualitative vorbereitende Diskussion innerhalb des Teams als Vorlage für die Entscheidung der Hierarchen. Eine Ausnahme stellen ausgewählte Projekte mit ausreichend Rückhalt über verschiedene Hierarchiestufen dar. In den einzelnen funktionalen oder sektoralen Teams gibt es hin und wieder funktionierende Kommunikation, in dem Sinne, dass das Ganze in der Abteilung gemeinsam besprochen wird.

Das regelmäßige Overrulen, also das außer Kraft setzen von weiter unten getroffenen Entscheidungen vermittelt denen, die diese getroffen haben, dass ihre Entscheidungen die Zeit, die sie dafür verwendet haben, nicht wert sind – besser gleich eskalieren. Sie finden sich Prämissen gegenüber, die sie nicht selbst mitverantwortet haben – und deren Folgen sie deshalb nur zu gerne wieder an die Hierarchie delegieren.

> »Das Problem ist, dass darüber eine sehr dominante Chefin sitzt, die gerne die Entscheidungen selbst trifft oder nochmal nachprüft. Wir stimmen mit unseren Funktionen auf unserer Ebene etwas ab, gehen an die Arbeit, entwickeln etwas. Und dann kommt eben nochmal die Situation, und das fast jedes Mal, dass die Herren dann zurückkommen und sagen ja, aber wir haben es jetzt nochmal unserer Chefin gezeigt und die ist ganz anderer Meinung, und dann wird von vorne begonnen, und das ist total energieraubend.«

2.3.5 Das Oben-Unten-Muster

Hinter allen diesen Begebenheiten steckt ein sich selbst immer wieder bestätigendes Muster: Wir da oben entscheiden – weil ihr da unten nicht entscheidet, selbst wenn ihr nach den offiziell geltenden Regeln dürftet. Wir da unten entscheiden nicht, sondern eskalieren gleich, weil im Endeffekt ja doch immer ihr da oben entscheidet. An der Aufrechterhaltung von Hierarchie sind also die »unten« genauso beteiligt wie die »oben«.

> »Und einer der Lieblingssätze hier im Haus ist: Das lassen wir hinaufeskalieren. Das heißt, es wird Verantwortung immer an die nächsthöhere Hierarchiestufe abgegeben. Und das entbindet aber jeden aktiv mitzuarbeiten. Und dieses Hinaufeskalieren ist auch wirklich notwendig. Das gibt es oft. Und das versteh ich auch. Aber das ist eine Unkultur hier im Haus.«

Mit dieser selbstbestätigenden Schleife ist eine tief verankerte Vorstellung verbunden: Wer oben ist, weiß es besser, weil er nicht umsonst dort oben angekommen ist, sondern über Wissen und Können verfügen muss, um diese Position zu bekommen. Weil es an der Spitze einen Überblick gibt wie nirgends sonst. Bei beiden Vorstellungen handelt es sich um Mythen, die nicht immer vollkommen falsch sind, aber viel seltener richtig als angenommen.

> Oben-Unten ist die Metapher, die das Entscheiden im Gros der Organisationen am meisten prägt. Sie saugt Entscheidungen nach oben und lässt Eigenverantwortung verkümmern.

Dieses Bild wird gestützt von zwei Schutzmechanismen, einer Verführung und einer Weltanschauung:
- Das Oben-Unten-Muster schützt vor überbordender Komplexität. Personen, denen ein gänzlich offener Entscheidungsraum gegenübersteht, sind leicht überfordert.
- Dieses Muster sichert die Distanzierung der Person von der Organisation. Diese Trennung ermöglicht »das Privatleben«. So energievernichtend Hierarchie manchmal ist, so sehr birgt hohe Autonomie andererseits das Risiko, dass Menschen die Grenzen zwischen ihrem persönlichen Sein und ihrer Erwerbsarbeit nicht mehr ziehen können und Überlastung und Burn-out-Gefahr steigen.
- Das Muster wirkt, indem es dem Ego der zur »Führung« Auserwählten schmeichelt. Es verführt zur Eitelkeit, weil man schließlich Personen unter sich hat, die zu einem »aufschauen« und deren Wirksamkeit man auf die eigene Führung zurückführen kann. Die eigene Wirkung wird potenziert erlebt.
- Das Oben-Unten-Muster folgt der fragwürdigen – aber häufig selbstbestätigenden – Annahme, dass man Menschen beim Arbeiten kontrollieren und antrei-

ben muss, weil sie sonst nur auf Kosten der anderen in der Hängematte liegen würden.

2.4 Aufbauorganisation

Schauen wir uns einige grundlegende Ausprägungen von Aufbaustrukturen genauer an:

In den Köpfen von Managern und Mitarbeitern existieren diesbezüglich hierarchische Bilder, oft in Form von Kästchen oder Pyramiden. Diese Grundannahmen prägen die Praxis in Organisationen, vor allem, wenn es um die Fragen von Macht (wer hat mehr Einfluss?) oder Entscheidungen (wer darf mehr?) geht. Sie wirken stark und so selbstverständlich, dass sie nur sehr schwer verrückbar sind.

2.4.1 Funktionale Struktur

Die klassische *funktionale Struktur* (gleichsam die Mutter aller Aufbaustrukturen) ist entlang der fachlichen Disziplinen, genauer: entlang des Inputs von Arbeit organisiert.[25] Dies ist die nach wie vor am weitesten verbreitete Form, die Produktion, Marketing, Vertrieb, Einkauf und andere Teilbereiche nach ihrer Expertise zusammenfügt. Daher ist die Basis für Autorität auch die Position bzw. die funktionale Expertenschaft.

Dies bringt Vorteile, wenn die Märkte stabil sind und die Spitze die Organisation gut überblicken kann. Entscheidungskompetenzen sind sehr klar, solange sie qua Funktion getroffen werden können. Aber selbst wenn die einzelnen Bereiche ihren Job gut machen, mit aller Expertise und allem Engagement, haben sie oft kein deutliches Bild, was der Input ihrer Funktionen für das Ganze oder für den Kunden bedeutet.

Die input- und fachorientierte Logik verhindert also weitgehend, dass die Kunden und der Mehrwert der Produkte für die Märkte im Blick bleiben. Sie erschwert funktionsübergreifende Kommunikation und Kooperation, und im Fall von Kompetenz- oder ähnlichen Streitigkeiten muss die Spitze diese lösen. Diese Organisationsform tendiert dysfunktional zu werden, wenn die Märkte volatil und die Komplexität hoch sind und die Reaktionsgeschwindigkeit steigen muss.

---

25 Vgl. Stanford 2007, S. 66

> »Viel von dem Leiden oder den Problemen, die wir untereinander haben, kommen aus dem Kostenstellendenken, weil wir dann wirklich sagen, das ist mein Bereich und alle anderen angrenzenden Bereiche sind mir egal, ich habe meine Zahlen zu erfüllen. Punkt. Das erlebe ich tagtäglich mehrfach.«

Die Nachteile dieser Organisationsform zeigten sich in unseren Analysen deutlich. Silo-Phänomene waren in dieser Organisationslogik die Regel, bereichsübergreifende Kommunikation und Kooperation in fast allen Unternehmen ein »Problem«. Die Erwartung der Spitze war überall, dass die Bereichsleiter und ihre Leute besser im Sinne der Gesamtziele kooperieren sollten. Das Ganze sehen, Einzelinteressen hinter denen des Unternehmens zurückstellen oder verstärkt und proaktiv Informationen in andere Bereiche zu spielen, waren gängige Themen. Die Incentivestrukturen, Zielsysteme oder Meetings waren aber kaum darauf ausgerichtet. Die Incentivierung erfolgte meist für die Zielerreichung im Bereich, die Ziele waren, wenn überhaupt, nur rudimentär abgestimmt und die Meetings erfolgten vor allem innerhalb der Bereiche oder sehr bereichsfokussiert.[26]

Auf der anderen Seite fanden wir in vielen dieser so strukturierten Unternehmen eine starke Bindung zum eigenen Bereich und die große Bereitschaft, sich dort zu engagieren. Wir nannten diesen Effekt »Kokooning« bzw. das Wir-und-Die-Phänomen. In manchen Fällen war dies so stark spürbar, dass wir sie als »friedliche Koexistenz« bezeichneten. Diese Rückmeldung löste meist heftiges Nicken und Schmunzeln aus, aber auch große Augen, denn diese Phänomene waren vorher oft mit »Harmonie« gleichgesetzt und damit deutlich positiver bewertet worden. Das Aufrechterhalten dieser scheinbaren Harmonie war häufig der Grund für ungelöste Konflikte und Energiestau, die an den Grenzen (sie heißen ja meist nicht umsonst Schnittstellen) der abgeteilten Bereiche entstanden. Informationen und Projektinhalte drangen nicht durch, Lernerfahrungen wurden nicht geteilt und mussten in den anderen Bereichen erst wieder neu gemacht werden.

2.4.2 Divisionale Struktur

Die Logik dieser Struktur folgt dem Output. Damit ist sie näher an den Märkten und dient heterogenen Umwelten besser. Sie muss sich anderen Herausforderungen stellen, die vor allem der Zentrum- Peripherie-Differenz geschuldet sind. Die Entscheidungen der Spitze (vor allem strategische) müssen in den Divisionen umgesetzt werden. Zumeist werden sie aber nicht oder nur zu einem kleinen Teil

---

26 Vgl. Kapitel 6, »Brot und Spiele«

dort getroffen, nicht zuletzt, weil auch in dieser Organisationsform immer noch die funktionale Logik mitwirkt. Marketing ist hier meist viel stärker ausgeprägt und tendiert in der Praxis dazu, die technischen und sozialen Kompetenzen der Organisation falsch einzuschätzen. Das führt zum Beispiel dazu, dass Produkte auf den Markt gebracht werden, deren Versprechen nicht eingehalten werden können oder die so kompliziert sind, dass sie für die Endverbraucher praktisch schwer nutzbar sind. Gleichzeitig zeigt sich in diesen Strukturen immer wieder, dass Informationen aus dem Außen (von Kunden oder dem Vertrieb) nicht in die Produktion oder Vermarktung einbezogen werden und dass Produkte vermarktet werden, die von Konsumenten nicht gebraucht oder genutzt werden. All dies führt zu starker Innenfokussierung bis hin zur gefährlichen Selbstverliebtheit.

Die Basis für Autorität besteht hier aus der General-Management-Verantwortung und der Macht über Ressourcen. Marketing und Finanz sind meist übermächtige Einheiten. Die Konfliktpotenziale liegen in der übergreifenden Kooperation, weniger aus den Funktionen heraus, sondern stärker aus Regionen oder Produktdivisionen. Sowohl in der funktionalen als auch in der divisionalen Form haben es Projekte schwer, da die Entscheidungen meist mit einem stark von eigenen Interessen gefärbten Blick getroffen werden. Dies wird noch verstärkt durch Cost- oder Profitcenterstrukturen, die das Denken und Handeln für das große Ganze auch noch strukturell erschweren. Werden Führungskräfte dafür bezahlt, auf das Eigene zu schauen, ziehen sie Interessen und Ziele des großen Ganzen schwerer in die eigenen Entscheidungen mit ein. Darüber hinaus tun sich divisionale Strukturen mit bereichsübergreifender Kooperation schwer, weil das Maximieren des eigenen Nutzens im Vordergrund steht.

> Dialog mit dem Außen (Kunden, kundennahe Organisationsteile) und bereichsübergreifende Kooperation fällt zentralistischen Organisationen tendenziell schwer.

2.4.3 Matrixorganisationen

Matrixorganisationen versuchen die Vorteile der anderen beiden Strukturen miteinander zu verbinden. Ursprünglich dafür erfunden, mehr Freiräume zu schaffen, mehr Kommunikation zu »erzwingen« und stärkeres Engagement und Austausch zu fördern, hat die gleichzeitig input- und output-orientierte Logik einen überbordenden Kommunikationsbedarf, unklare Vielfach-Rollen und Doublebinds aller Art erzeugt. Die Beziehungsstruktur mit Doppelreportings (fachlich und disziplinär) führt oft zu einer Überforderung der persönlichen Fähigkeiten und der Beziehungen. Autorität entsteht über Verhandlungsstärke und Zugang zu Ressourcen. Damit liegt auch hier wie in der funktionalen Struktur der Fokus sehr stark innen, denn der Aufwand für Kommunikation, Abstimmung und Verhandlung ist enorm, während der Kunde oft aus dem Blick rückt. In Matrixorganisationen fanden wir das Phänomen des Flaschenhalses, der aus Vielfachfunktionen einzelner Personen resultierte. Unklare Führungsbeziehungen mit teilweise drei bis vier Vorgesetzten oder Auftraggebern führten oft zu Chaos.

> »Die Matrix ist mittlerweile zu einem Schimpfwort verkommen, die an allem schuld ist. Keiner muss Verantwortung übernehmen, weil jeder sich auf einen anderen ausreden kann.«

Der ursprünglich hehre Gedanke, mehr Spielraum und Eigenverantwortung zu schaffen, verkehrt sich in der Praxis oft ins Gegenteil. Trotzdem gibt es immer wieder Beispiele, dass gerade in Matrixorganisationen mehr an Leadership entsteht – ein Phänomen, das allerdings sehr auf den Schultern von Einzelpersonen lastet, und das hohe Erwartungen und Anforderungen an die Fähigkeiten der Führungskräfte stellt. Dazu gehören insbesondere Durchhaltevermögen, Kommunikationsstärke und Frustrationstoleranz. Matrixorganisationen haben dort ihre Meriten, wo viele unterschiedliche Ansprüche bedient werden müssen, die intern gut vorbereitet und durchgeführt sein sollen. Sie ist geeignet für Menschen, die stark auftreten und überzeugen können. Das ist auch ihr großer Schwachpunkt: Entgegen aller gängigen Vermutungen sind Matrixorganisationen hochpersonalisiert und abhängig von der Kraft und Energie von Individuen.

> »Ich fühle mich wie in einer Eisenkugel, die vom Magneten hin- und hergezogen wird, und ich krieg von meinem Vorgesetzten klare Instruktionen und klare Ziele. Dann kommt ein anderer, nicht unmittelbar Vorgesetzter und sagt mir ganz was anderes. Und dann frag ich meinen [Chef] wieder und der sagt dann nein.«

2.4.4 Netzwerkorganisationen

Neuere Aufbaustrukturen wie Netzwerkorganisationen beruhen auf dem Prinzip Wissen als zentraler Strukturierungslogik. Immer mehr Beispiele für netzwerkartig strukturierte Organisationen lassen uns ahnen, dass in diesen neuen Zugängen eine vielversprechende Chance für die Zukunft liegt. Die Vorteile liegen auf der Hand: schnelle Kommunikation, dezentralisierte Entscheidungen, Kooperation in immer wieder neuzusammengewürfelten Teams, viel Flexibilität für neue Aufgaben, die aus den Umwelten der Organisation kommen. Dies führt zu hoher Reaktionsgeschwindigkeit, deutlich verbesserten Anpassungen an die Märkte, leichteren Partnerschaften mit Kunden und nicht zuletzt innovativer Kraft.

Dies beweist eines der mittlerweile berühmtesten Beispiele, die US-amerikanische Organisation Gore, die zu einem hohen Grad auf Netzwerkprinzipien beruht: Wenig dauerhafte Führungspositionen, vor allem Leadership (»*who calls in a meeting and people show up is a leader*«), und im Innovationsbereich darf die Linie nicht in die Ideen der Mitarbeiter eingreifen. Wenn jemand eine Idee hat und es schafft, ausreichend und nachhaltig Leute dafür zu gewinnen, erhält er das nötige Budget dafür, ohne dass jemand das verhindern könnte. Dies bringt Energie und Commitment. Es ist wohl die Organisationsform der Zukunft, ohne dass wir heute genau wissen, welche Spielformen sie hervorbringen wird.

Ihre Nachteile liegen ebenso auf der Hand: Die Netzwerkorganisation braucht Menschen, die willig und gewohnt sind, eigenverantwortlich zu handeln und zu entscheiden. Sie eignet sich für volatile, komplexe Umfelder und innovative Produkte und Märkte. Sie braucht demnach gute Vorbereitung und Rahmenbedingungen, große Stringenz und Konsequenz in den Prinzipien und Werten sowie in ihrer Mission und Vision.

In unseren Analysen haben wir kaum Beispiele für diese Organisationsform gefunden. Sehr wohl aber sind wir bei unseren Auftraggebern auf Strukturen gestoßen, die Eigenverantwortung und Netzwerkpraxis umsetzen. In einem unserer Beispiele fanden wir eine Reklamationspraxis, die sehr flexibel und eigenverantwortlich erfolgte. Die Mitarbeiter im Callcenter konnten selbstständig entscheiden, wie sie besondere Fälle lösten, auch wenn dies mit Geld verbunden war. Noch nicht einmal der Chef musste dafür eingebunden werden. Dies führte zu schnellen, recht unbürokratischen Lösungen für Kunden, was sich in der Kundenzufriedenheit positiv niederschlug. Gleichzeitig erzählten uns die Mitarbeiter selbst, dass dies die größte Freude bei ihrer Arbeit war, wenn sie Kundenprobleme auf diese Art lösen konnten, von der positiven Reaktion der Kunden ganz zu schweigen.

Diese Beschreibungen bedeuten für uns nicht, dass Hierarchie im Sinne von formellen Entscheidungspyramiden obsolet wird. Sie wird sich weiter verändern, so wie es bereits in jüngster Zeit massiv der Fall ist. Jene Cost-Cutting- und Optimierungs-Initiativen, die derzeit in vielen Unternehmen zu beobachten sind, und die darin enden, Synergien zwischen Bereichen und Unternehmensteilen zu etablieren und ganz auf zentripetale Kräfte setzen, legen nahe, dass wir im Moment sogar ein (letztes?) Revival des »heroischen« Managements[27] samt Bündelung von Macht im Zentrum erleben.

> Organisationen verfügen über zu wenig Flexibilität und Kooperation, um der großen Komplexität und dem immer schneller werdenden Wandel gerecht zu werden.

Netzwerkartige Strukturen bieten im Gegensatz zu funktionalen Strukturen die besten Rahmenbedingungen für Innovation und rasche Veränderung. Matrixorganisationen bewegen sich jeweils dazwischen, je nach Grad ihrer tatsächlichen

---

27 Vgl. Baecker 1994

Ausformung. In vielen untersuchten Organisationen fanden wir aber auch das Phänomen der »*leadership without the line authority*« – also Führung ohne eine formale Positionsmacht, die offenbar notwendiger wird und mehr und mehr Platz greift.

> »Führung gibt es auch von unten und von der Seite. Feedback führt auch mich, also ich empfinde das so, dass einer sagt, hoppla, pass auf oder das hab ich nicht so toll empfunden, und da versuch ich darauf zu hören und mein Verhalten anzupassen.«

Duales Betriebssystem
Kotter[28] beschreibt dies in seinem Buch Accelerate, wenn er vom dualen Betriebssystem der Organisation spricht. Die klassische Hierarchie kümmert sich um das Tagesgeschäft und trifft hier die wesentlichen Entscheidungen. Damit sorgt sie für Kontinuität in stabilen Umfeldern. Das zweite Betriebssystem bildet die »Armee der Freiwilligen«, eine Art Querschnittsgruppe aus vielen Funktionen in dem Unternehmen, die die Fragen der Zukunft als dauerhaften strategischen Prozess und die wichtige Aufgabe der Veränderung der Organisation bearbeitet. Dafür ist es wichtig, Hierarchie und Oben-Unten-Denken weitgehend hintanzustellen.

2.5 Prozesse

Neben der vertikal geprägten Aufbaustruktur bilden Prozesse als horizontale Strukturen die zweite grundlegende Entscheidungsstruktur. Prozesse bezeichnen den Fluss von Aufgaben durch die Organisation bis hin zum Kunden. Das Wort geht auf das lateinische procedere (»vorwärtsgehen, vorrücken, vortreten«) zurück und beschreibt sehr gut, was wir in der Organisationspraxis damit meinen.

In unseren Untersuchungen haben wir immer wieder beobachtet, dass Prozesse oft an den technischen Möglichkeiten der Instrumente und Systeme (zum Beispiel IT-Systeme oder Abrechnungs- oder Zeitmanagementsysteme) und weniger am Bedarf der User (Kunden, Mitarbeiter) ausgerichtet werden.

> »Zur Einfachheit möchte ich noch was sagen: Den Reparaturbereich haben wir auch ein bisschen umorganisiert, da haben wir SAP als Wartungsprogramm miteingeführt, und wenn irgendwo eine Glühbirne kaputt ist, muss der Elektriker zuerst einmal einen Auftrag erhalten, diesen Auftrag dann anlegen und dann kann er erst die Birne wechseln, und solche kleinen Geschichten haben wir 50-mal am Tag.«

---

28 Kotter 2014, S. 9 ff

In funktional aufgestellten Organisationen stehen sich Aufbau- und Ablaufstrukturen immer wieder im Weg (vgl. Abb. 8). Die Abteilungsgrenzen üben negativen Einfluss auf den Fluss der Arbeit in Organisationen aus. Informationen machen vor Grenzen Halt und lassen diese zu Schnittstellen werden. In den meisten der untersuchten Unternehmen sticht die Hierarchie die Prozessebene, sprich: die vertikale Struktur den horizontalen Durchfluss von Information, Produkten und Wissen. Eine Erklärung dafür ist, dass der Kunde oder die Märkte nicht im Zentrum der Aufmerksamkeit stehen, sondern dass die Zentralisierung von Macht und Verantwortung an der Spitze (funktional) bzw. im Zentrum und der Spitze (divisional) die ganze Aufmerksamkeit auf sich zieht. Damit werden Prozesse nicht danach gestaltet, ob sie Wirksamkeit nach außen erzielen, sondern danach, ob sie nach innen durchsetzbar sind oder Einfluss bringen.

Zum anderen fehlt in vielen Unternehmen eine verlässliche Praxis Prozesse zu entwickeln und umzusetzen. »Prozesse kommen fertig auf die Welt«, diese Haltung erschwert das kontinuierliche, schrittweise (Weiter-)Entwickeln und das Lernen aus negativen wie positiven Abweichungen. Sehr häufig werden diese oft adaptierten oder neuentwickelten Prozesse abgewertet und völlig neu aufgesetzt. In einem der untersuchten Unternehmen führte dies dazu, dass das Wort »Prozess« schon nicht mehr in den Mund genommen werden durfte, denn es führte bei allen Beteiligten zu allergischen Reaktionen.

Handbücher: Bollwerke gegen Übersicht und Flexibilität

Die Prozessmanagementwelle der 1990er-Jahre (Business Process Reengineering und ähnliches) hat nur in den wenigsten Fällen zu einer Reflexion über das Wirksamwerden von Prozessen geführt. Abläufe wurden technisch beschrieben, Aufgabe wurde für Aufgabe abgearbeitet, aber kaum ein großes Bild entwickelt, wo sie hinführen oder welchen Nutzen sie für wen stiften. Dieser blinde Fleck führte zu dicken Wälzern von dokumentierten Prozessen, die niemand wirklich nutzt und die fortan in den Schubladen Staub sammeln.

> Berater (B): »Haben Sie einen Überblick über Ihre Prozesse?«
> Kunde (K): »Ja, Wir haben ja alle Prozesse in unserem Handbuch beschreiben müssen«.
> B: »Schauen Sie da manchmal nach?«
> K: »Nein, eigentlich nicht, das ist so unpraktisch.«

Dieses Zitat stammt vom Mitarbeiter eines Industrieunternehmens und zeigt, wie wenig Prozesswissen in Organisationen aktiv und explizit genutzt wird. Die Menschen vertrauen weniger auf die beschriebenen Prozesse als auf die praktischen Erfahrungen, die sie unmittelbar mit anderen Menschen gemacht haben.

Prozesse, für deren Reflexion es keine Kommunikationsstrukturen gibt, führen in der Regel zu einem wachsenden Widerspruch zwischen Regel und gelebter Realität.

An Prozessen wird deutlich sichtbar, wie sehr Organisationen außen und innen in Balance sind oder nicht. Aus systemischer Sicht handelt es sich bei Organisationen um autopoietische Systeme,[29] die sich durch Kommunikation immer wieder selbst erschaffen. Kommunikationsakt schließt an Kommunikationsakt an und dieser fortlaufende Prozess sichert das Überleben, tendiert aber dazu, auch relevante Impulse und Reize aus der Außenwelt auszublenden. In vielen Situationen erlebten wir eine Unfähigkeit der Akteure, die Verbindung zwischen dem Arbeitsschritt, für den diese jeweils verantwortlich waren, und dem großen Bild herzustellen und den Sinn für den Kunden nachvollziehen zu können. Vieles wurde so gemacht, weil man es schon lange so gemacht hatte. Organisationen beziehen sich immer wieder auf die eigenen Erfahrungen und früheren Entscheidungen, dadurch gewinnen sie Identität und reduzieren Komplexität – werden andererseits aber auch starr. Man könnte diese Selbstbezüglichkeit ganz pragmatisch als gesunde Ignoranz des Systems der Umwelt gegenüber bezeichnen. Wenn diese Ignoranz aber gar keine Reize aus der Umwelt mehr zulässt, ist die Überlebensfähigkeit des Systems gefährdet. Das bedeutet, dass sich Prozesse (wie auch andere Strukturen) nicht dauerhaft manifestieren lassen und dass etwa Prozesshandbücher, die den Eindruck endgültiger, feststehender Lösungen suggerieren, notwendige Flexibilität behindern.

Darin liegt auch die große Gefahr EDV-basierter Prozessabläufe, die sich nachträglich nur mit erheblichem Aufwand anpassen lassen.

Das Denken in Oben-unten-Kategorien erschwert den Blick auf horizontale Prozesse und damit auf den Kunden.

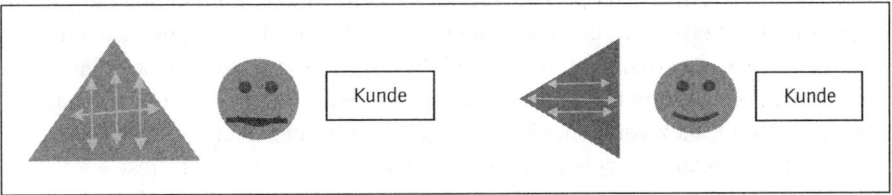

Abb. 8: Horizontale Prozesse im Sinne der Kunden

---

29 Maturana u. Varela 1984, S. 50

In dieser einfachen schematischen Darstellung wird deutlich, wie Prozesse in traditionellen Hierarchien im Widerspruch stehen. Prozesse haben die Tendenz, Menschen zu entmündigen, indem sie sie auf eine zu erfüllende Aufgabe reduzieren. Wenn es Organisationen also gelingt, die Pyramide um 90 Grad zum Kunden zu drehen und damit die Kontaktfläche zu ihm deutlich zu vergrößern, im systemischen Sinn also die Membran von beiden Seiten durchlässiger zu gestalten, dann können wesentliche Informationen in beide Richtungen schneller ausgetauscht und genutzt werden.

2.6   Projekte

2.6.1   Organisationsinterne Projekte

Organisationsinterne Projekte sind Organisationsformen auf Zeit. Sie sollen helfen, spezielle Themen aus der Linie herauszulösen, um sie besser, energetischer und vor allem funktionsübergreifend bearbeitbar zu machen. Projekte dienen dazu, Experten miteinander bzw. Experten mit Nicht-Experten oder Kunden zu verbinden, um Lösungen zu erschaffen, die in der üblichen Organisationsform nicht leistbar wären.

> Projektaufträge werden oft halbherzig oder ohne klare Vorstellungen von deren qualitativen Ergebnissen vergeben.

In vielen unserer Untersuchungen begannen Projekte oft ad hoc, weil ein Problem aufgetreten war oder schnell ein Missstand behoben werden sollte. Sie sind häufig immer wieder mit denselben Personen besetzt, die dann überlastet und nicht in der Lage sind, mit vollem Commitment an die Aufgabe heranzugehen.

Projekte sind eine Auslagerung von Entwicklungsfragen, mit denen die Linienorganisation überfordert ist, und dienen folglich der Entstörung. Gleichzeitig sind sie – wenn sie ernst genommen und die Ergebnisse umgesetzt werden sollen – eine massive Störung der Linienorganisation. Sie sind ein Teil dessen, was wir oben mit Kotter als zweites flexibles Betriebssystem bezeichnet haben.

Die Spannungsfelder von Projekten beziehen sich daher auf diese zwei Prozesse: auf die Auslagerung eines Themas aus dem operativen Betrieb und auf die Wiedereinführung der Ergebnisse. Schon die Anerkennung einer nicht in der Linie bearbeitbaren Störung in Form eines Projektes ist in vielen Unternehmen mit Hürden verbunden. Viele mehrfach veränderte Projektanträge, die dann doch in der Schublade verschwinden, zeugen von dieser Schwelle.

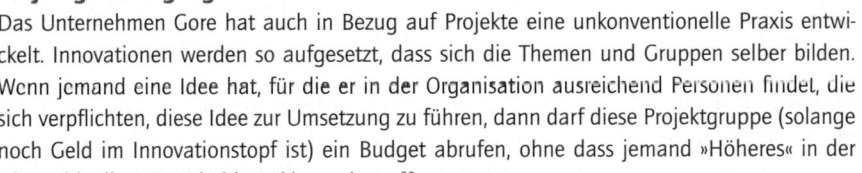

Projektgenehmigung anders

Das Unternehmen Gore hat auch in Bezug auf Projekte eine unkonventionelle Praxis entwickelt. Innovationen werden so aufgesetzt, dass sich die Themen und Gruppen selber bilden. Wenn jemand eine Idee hat, für die er in der Organisation ausreichend Personen findet, die sich verpflichten, diese Idee zur Umsetzung zu führen, dann darf diese Projektgruppe (solange noch Geld im Innovationstopf ist) ein Budget abrufen, ohne dass jemand »Höheres« in der Hierarchie diese Entscheidung kippen kann.[30]

Aber auch ein Übermaß an Projekten ist nicht immer die Lösung: Wenn jede offene Frage ausgelagert und zu einem Projekt gemacht wird, entstehen häufig massenhaft miteinander unverbundene Projekte – das Projektitis-Syndrom. Wenn sehr viele Projekte aus dem Normalbetrieb ausgelagert werden, ist dies oft ein Hinweis auf eine ungeklärte Vision, da viele Entwicklungsstränge gleichzeitig ohne Priorisierung betrieben werden. Ein Wildwuchs von Projekten kann aber auch damit zu tun haben, dass Kompetenzen im Normalbetrieb sehr eng gefasst sind und in den Rollen der Führungskräfte wenig Spielraum angelegt ist. Auch kann eine Überlastung der Linienorganisation, die schon kleine Irritationen in Projekte auslagern muss, der Grund sein.

Bei vielen parallelen Projekten ist die Wahrscheinlichkeit hoch, dass viele davon nicht mit ausreichenden Mitteln ausgestattet werden, um tatsächlich etwas bewirken zu können. Dieses Phänomen führt zu erhöhten Misserfolgsraten und Energieverlust innerhalb der Organisation. Das liegt auch daran, dass häufig kein Überblick über das Projektgeschehen existiert und jedes Projekt einen eigenen Kosmos bildet.

»Man hat das Gefühl, dass aufgrund veränderter Marktbedingungen alle ein bisschen nervös sind und gerade deshalb diese Projektvielzahl reingedrückt wird, um irgendwie das Ergebnis zu halten, gerade in den höheren Ebenen. Ich empfinde das zumindest so, dass man diese Nervosität ganz schön spürt, dass alle ziemlich unter Druck stehen und das unbewusst auch weitergeben.«

Positiv gesehen sind Projekte aber die ausdrückliche Anerkennung der Chance und des Bedarfs für die Weiterentwicklung des Unternehmens.

Ein weiterer kritischer Punkt bei Projekten ist die Wiedereinführung der Ergebnisse in den hierarchischen »Normalbetrieb«. Ihr Gelingen hängt davon ab, ob das Projekt von vornherein mit genügend Dringlichkeit und »energiegebenden« Zielen ausgestattet ist und ob eine ausreichend kräftige Führungskoalition[31] dahintersteht.

---

30 Hamel 2007, S. 84 ff
31 Vgl. Kotter 1996, S. 51 ff

Projekte stören die Linie und werden daher nicht mit ausreichend Kompetenzen ausgestattet. Die Entscheidungsverantwortung ist oft ungeklärt.

Erst wenn Entscheidungswege und -befugnisse (damit ist meist auch die hierarchische Zuordnung verbunden) klar geregelt sind und gleichzeitig ein Prozess wirksam wird, in dem diese Entscheidungen in das Betriebssystem eins (Hierarchie) übergeleitet werden, können die Ergebnisse der Projekte in der Organisation genutzt werden. Immer wenn wir in unseren Untersuchungen bei diesem Thema auf Schwierigkeiten stießen, bildete genau dieses Zusammenspiel von Rückhalt durch die Führung und Verkoppelung mit dem Normalbetrieb den entscheidenden Punkt. Meist sind der bewusste Umgang mit Störungen an diesem Übergang und die Bearbeitung von produktiven Spannungen (Konflikten) der Schlüssel zu effektiven Projektumsetzungen und weniger die inhaltliche Arbeit an den Projekten selbst. So kämpfte eines unserer Unternehmen mit der Frage, wie Ressourcen für Meilensteine von Projekten möglichst schnell freigegeben werden könnten. Diese Frage führte immer wieder zu massiven Kompetenzstreitigkeiten zwischen Linie und Einkauf und endete häufig in Eskalationen und Verzögerungen im Entwicklungs- oder Produktionsprozess.

Bei einem anderen Unternehmen wurden Projektleiter weitgehend ermächtigt, Entscheidungen zu treffen. Die Projekte waren immer in Querschnittsgruppen besetzt, bildeten daher die Linienfunktionen bereits gut ab und konnten so die Ideen und Entscheidungen viel energievoller und effektiver in das Tagesgeschäft überführen. Ein Befragter beschrieb dies folgendermaßen:

»Projektleiter sind bei uns ermächtigt. Wir können doch nicht so tun, als wären wir gescheiter als die, die sich monatelang damit beschäftigen.«

2.7 Professionelle Rollen

Die in der Managementpraxis gleichzeitig mächtigste und am stärksten unterschätzte Entscheidungsstruktur sind Rollen. In großen Organisationen sind tagtäglich zu Tausenden Fragen Tausende Entscheidungen zu treffen. Wenn alle diese Entscheidungen in mehr oder weniger formellen Kommunikations- und Entscheidungsprozessen verhandelt werden müssten, wären Organisationen als Gattung sozialer Systeme schon längst ausgestorben. Das Phänomen, das sie vor diesem Schicksal bewahrt, ist die Rolle.

Rollen sind Bündel von Verhaltenserwartungen, die an den Rollenträger in einer bestimmten Funktion herangetragen werden. Sie sorgen dafür, dass Beziehungen gelingen können und wechselseitiges Verhalten abgestimmt und im Sinne der Organisation wirksam werden kann, ohne dass jede Situation aufs Neue ausgehandelt werden muss. In meiner Rolle treffe ich all die kleinen Entscheidungen für meinen Aufgabenbereich, es wird mir zugetraut und zugemutet, auch ohne Absprachen bzw. nur mit denen, die ich für nötig erachte, diese Entscheidungen selbstständig zu treffen. Rollen reduzieren Komplexität.

Permanente Aufmerksamkeit für Rollen

Veränderungen aller Art bringen immer auch veränderte oder gänzlich neue Rollen innerhalb der Organisation mit sich. Viele dieser Änderungen vollziehen sich mehr oder weniger intuitiv, allerdings entstehen an bestimmten Stellen genau dann große Reibungsverluste und Blockaden, wenn neue Strukturen und Anforderungen auf alte Rollenbilder treffen. Unternehmen, die sich in ihren Entscheidungen schnell auf veränderte Situationen einstellen konnten, zeichneten sich durch folgende Qualitäten aus:

a) Die Definition von Rollenerwartungen wurde nicht dem Zufall überlassen, sondern das Verhandeln und Definieren von Rollen war wiederum eine aktiv betriebene Rolle – nämlich die von Führungskräften, die ein permanentes Monitoring bezüglich ihrer eigenen als auch der Rollen ihrer Umgebung praktizierten.

b) Wenn sich Veränderungen für das System ergaben – Marktentwicklungen oder Teamzusammenlegungen, Personalveränderungen oder technologiegetriebene Änderungen –, wurden die sich daraus ergebenden Konsequenzen für Rollen aktiv thematisiert.

c) Rollen wurden reflektiert und angepasst: Wenn irgendwo Irritationen aufgrund unterschiedlicher Rollenbilder stattfanden, wurden diese ebenfalls aktiv thematisiert, nicht als »Schuld«, sondern als Klärung unterschiedlicher Bilder über Rollen und Aufgaben.

> Rollen sind extrem unterschätzte Phänomene in Organisationen. Kontinuierliche Aufmerksamkeit für Rollen erhöht den Energielevel in Unternehmen und vermindert Reibungsverluste erheblich.

Informelle Rollen

Rollen können wir formell (Vater, Lehrer, Coach, Chefin, Mitarbeiter, Projektleiter ...) oder informell (Kommunikationsdrehscheibe, Mistkübel, informeller Entscheider, guter Geist ...) einnehmen. Die informellen sind meist die spannenden, weil sie (wie schon anhand der informellen Organisation gezeigt) einen Großteil der eigentlich wirksamen Arbeit übernehmen. Gerade diese Arbeit wirkt neben der formellen, offiziellen Hierarchie meist ausgleichend und systemstabilisierend. Wenn eine formelle Führungskraft kaum Entscheidungen trifft, diese aber einem Mitarbeiter überlässt und beide damit zufrieden sind, weil sie entweder eine Vereinbarung darüber getroffen haben oder stillschweigend, unbewusst einverstanden sind, ist das für alle Beteiligten nicht nur kein Problem, sondern hochfunktional. Solche Muster bestehen oftmals über einen langen Zeitraum und werden erst sichtbar, wenn sich Personen oder Rahmenbedingungen verändern. Dann aber können sie große Konflikte und Blockaden hervorrufen. Erfolgreiche Führung zeigte sich in diesen Situationen dadurch, dass der Bedarf nach veränderten Rollen wertschätzend und gegebenenfalls mit Verständnis für die Irritation, aber auch hartnäckig eingefordert wurde.

Doublebinds

Rollen bilden häufig eine Quelle für Unklarheiten, Missverständnisse und Doublebinds (einander widersprechende Botschaften, Erwartungen oder Gebote, die den Adressaten in eine Zwickmühle bringen, weil die Botschaften nicht gleichzeitig erfüllt werden können[32]).

> Unklare Rollen geben zwar mehr Spielraum für den einzelnen, führen aber zu Desorientierung und Defokussierung der Organisation. Ungeklärte Rollen führen zu Doublebinds, Missverständnissen und Reibungsverlusten.

In Organisationen, wo Irritationen über enttäuschte Erwartungen nicht angesprochen wurden, schwelten unterschiedliche Rollenerwartungen und zerstörten sowohl Lust als auch Effizienz und Effektivität der Arbeit. In einem Unternehmen wurde die Teamleiterin von den Experten ihres Teams häufig umgangen – diese wandten sich zur Diskussion von offenen Fragen und für Entscheidungen immer an die Bereichsleiterin eine Ebene höher. Diese Bereichsleiterin, die sich von der Teamleitung eine Entlastung erhofft hatte, traf diese Entscheidungen, anstatt sie an die Teamleiterin zurückzuverweisen. Diese befand sich in der Zwickmühle: Ihre offizielle Rolle stand im Widerspruch zu dem tatsächlichen Verhalten ihrer Mitarbeiter. Entscheidungen wurden zwar getroffen, aber die durch den Doublebind verunsicherte Teamleiterin nahm in der Folge gar keine Führungsverantwortung mehr wahr, was die Zusammenarbeit und die Effektivität des Teams einschränkte.

Ein anderes weit verbreitetes und bereits erwähntes Muster ist das von Team-, Bereichs-, Abteilungs- oder Gruppenleitern, die eigenständige Entscheidungen treffen sollen – aber wehe, sie treffen die falsche! Dann wird sie augenblicklich wieder zurückgenommen. Die tatsächliche Rollenerwartung der übergeordneten Führungsperson lautet: Lass alles über meinen Schreibtisch laufen, auch wenn der offizielle Appell das Gegenteil zu behaupten scheint.

---

32 Vgl. Bateson 1981, S. 276 f

Auch das unaufhörliche Hin- und Herwälzen von Entscheidungen ist häufig ein Zeichen schwach geklärter Rollen: Es herrscht Unklarheit darüber, wer Entscheidungen treffen kann und soll.

Beispielhafte Interventionsrichtungen
Was wir (nach gründlicher Bildung von Hypothesen) tun, wenn ...
... Hierarchie Sinn und Eigeninitiative erstickt:
* Führung mit Führung beschäftigen, Führungsrollen klären und monitoren
* Entscheidungskompetenzen nach unten/außen verlagern und Dienstleistungscharakter von Führung stärken
* Notwendigkeit permanenter Rollenklärung in der Organisation etablieren
* Organisationsdesignprozesse
* Großgruppenformate nutzen, um Überblick und Vernetzung zu schaffen

... Entscheidungen zu lange brauchen oder gar nicht getroffen werden:
* Wie oben, und
* Fehlerkultur reflektieren
* Prinzip dynamischer Steuerung etablieren

... funktionale Bereiche nicht genügend kooperieren:
* Horizontale Prozesslogiken bereichsübergreifend etablieren
* Entscheidungsspielraum soweit wie möglich in die operativen Ebenen verlagern
* Horizontale statt vertikale Aufgabendefinitionen andenken (»Peer-to-Peer-Contracts«)

... die Aufbaustruktur nicht mehr passend scheint:
* Das Kulturdreieck »Prinzipien – Formen – Verhalten« als Hintergrundfolie nutzen und konsequent »befüllen«. Das bedeutet die Prinzipien in jedem Schritt anwenden: Wie sehr nutzt uns dies für unsere Prinzipien und das gewünschte Verhalten in unserer Organisation?
* Alternative, zu Organisationsprinzipien passende Entscheidungsstrukturen überlegen, in Pilotprojekten testen
* Vertikale Workshops, in denen die Mission und damit die Kernaufgabe jedes Bereiches nach klaren Prinzipien geklärt wird: Was ist unser unverzichtbarer qualitativer Beitrag zum Ganzen?

... Prozesse nicht umgesetzt werden oder starkes Bereichsdenken herrscht:
* Gemeinsam die Wertschöpfungskette vom Kunden rückwärts beschreiben: Was ist die qualitative Leistung am Ende eines jeden Schritts? Welche Kompetenzen und Talente brauchen wir jeweils dafür? – Daran ausgerichtet die Aufbaustruktur planen und gegebenenfalls verändern
* Horizontale Workshops, um die einzelnen Funktionen und Bereiche, Erwartungen und Rollen miteinander zu verhandeln

... Projekte stecken bleiben oder Entscheidungen nur schwer getroffen werden:
* Rückhalt und Energie der Führung für dieses Projekt klären, kraftvolle Führungskoalition dafür aufbauen
* Auftragsklärung mit qualitativen Zielbildern: den Endzustand genau beschreiben, Entscheidungsspielräume klären, vertrauen
* Projektgruppen in Form von Mikrokosmen besetzen (Vertreter aller Hierarchiestufen, aller Funktionen, evtl. Kunden ...) und die wichtigen Interessen bereits im Laufe der Projektarbeit bearbeiten

... Rollen unklar sind:
* Rollen- statt Stellenbeschreibungen. Stellenbeschreibungen legen Aufgabenfelder ein für alle Mal fest, funktionaler ist es, Rollenbeschreibungen zu klären und diese regelmäßig an die Realität und die aktuellen Notwendigkeiten von Organisation und Person anzupassen.
* Nicht nur die zu erfüllenden Aufgaben und Funktionen, sondern auch das erwartete Verhalten beschreiben: Das Wie ist wichtiger als das Was, zumal sich Ziele weniger verändern als die Verhaltenserwartungen.
* Rollen regelmäßig und auch funktionsübergreifend verhandeln
* Permanente Aufmerksamkeit auf Rollenklärung durch Teams oder Führungskräfte etablieren. Irritationen zeitnah ansprechen
* Rollenlandkarten als Überblick über die Rollen und Erwartungen des eigenen Umfelds entwickeln

3 Unsichtbare Bahnen kollektiven Handelns – Kommunikationsstrukturen gestalten die Wirklichkeit der Organisation

Das größte Problem in der Kommunikation ist die Illusion, sie hätte stattgefunden.

(vermutlich George Bernard Shaw)

Organisationen bestehen aus Kommunikation. Mitarbeiter kommen und gehen, Infrastrukturen verändern sich, eines aber bleibt: Der Fortbestand der Organisationen beruht darauf, dass in ihrem Namen mündliche und schriftliche »Zeichen ausgetauscht« werden.

Die Formen der Kommunikation, die in einem Unternehmen zur Anwendung kommen, sind prägend für alles, was das Unternehmen ist, braucht und bewirkt: Ziele, Ressourcen, Erfolg, Beständigkeit, Veränderungsfähigkeit usw. Diese Formen unterscheiden sich in vielerlei Hinsicht: in sozialen (wer mit wem?), zeitlichen (wie oft und wie lange?), medialen (mündlich oder schriftlich, in Newslettern oder über Internetplattformen, per Videobotschaft oder im Mitarbeitergespräch) und inhaltlichen (worüber wird kommuniziert?) Aspekten. Wesentliche Unterschiede lassen sich auch hinsichtlich der Rollenverteilung feststellen (wer spricht und wer hört zu, wer gibt die Themen vor etc.).

Die herrschenden Kommunikationsmuster haben einen überragenden Einfluss auf das Denken und Handeln innerhalb des Systems. Wie die Schienen im Cartoon aus Abbildung 9, die nur zu einer sehr begrenzten Anzahl von Lösungsmöglichkeiten führen, begrenzen oder ermöglichen Kommunikationsstrukturen die Inhalte unseres Handelns, Redens und Denkens. Sie sind auf eine Art und Weise wirksam, die den Beteiligten oft nicht bewusst ist – wie eine Brille, deren Existenz der Träger aufgrund ihrer Selbstverständlichkeit oft vergisst, die aber trotzdem nicht aufhört, zu wirken.

In den folgenden Überlegungen wollen wir uns daher auf die Suche nach jenen Kommunikationsmustern begeben, denen wir in unseren Analysen am häufigsten begegnet sind. Sie tragen unserer Erfahrung nach stark dazu bei, ob und wie einzelne Organisationen gerade unter den Bedingungen von Veränderung, Wachstum, Druck und Krise in ihrem Fortbestand reüssieren.

3.1 Einwegkommunikation

Einwegkommunikation bedeutet, dass die Kommunikation von oben nach unten durch Informationen und Anweisungen geprägt ist. Der kommunikative Rücklauf von unten nach oben wiederum hat die Form des Berichts. Dieses Muster

Abb. 9: »Wenn keine Weiche kommt sind wir verloren« (Quelle: Alfred Taubenberger)

beruht auf der Grundlage einer unangefochtenen Autorität der Führungskraft qua Position. Diese Form der Autorität rührt aus bürokratischen und industriellen Arbeitsformen her, in denen alle Entscheidungen tatsächlich zentral getroffen wurden und Arbeiter bloß mechanische Ausführende vorgegebener Abläufe waren. Im Bereich der industriellen Massenproduktion mit ihren nach dem fordistischen Modell funktionierenden Fabriken war und ist die Kommunikation nach dem simplen Sender-Empfänger-Modell strukturiert. Je stärker sich jedoch eindeutige Hierarchien auflösen, desto stärker verändern sich auch die alten Muster der straffen Befehls- und Informationsketten.

Kommunikation, systemisch-konstruktivistisch gesehen
Menschen und Organisationen sind sogenannte nicht-triviale Systeme. Der Empfänger eines Signals übernimmt diese nicht, so wie es gemeint ist, sondern versieht es mit den Erfahrungen seiner »inneren Landkarte«, seinen Interessen, Befürchtungen usw. Die Wahrscheinlichkeit, beim Empfänger eine für den Sender stimmige Interpretation zu bewirken, steigt exponenziell, wenn der Sender über gute Hypothesen bezüglich der »inneren Landkarte« des Empfängers verfügt und sein Signal dementsprechend wählt. Ein tieferes Verständnis der Landkarte des Gegenübers erreicht man nur durch das Beobachten und Interpretieren des Empfänger-Verhaltens, seiner Antworten und Handlungen. Ob eine Information richtig interpretiert wurde, kann also nicht vorhergesagt werden. Relative Sicherheit kann nur das Feedback in Form von Beobachtung der sichtbaren Auswirkungen beim Empfänger geben (s. Abb. 10).

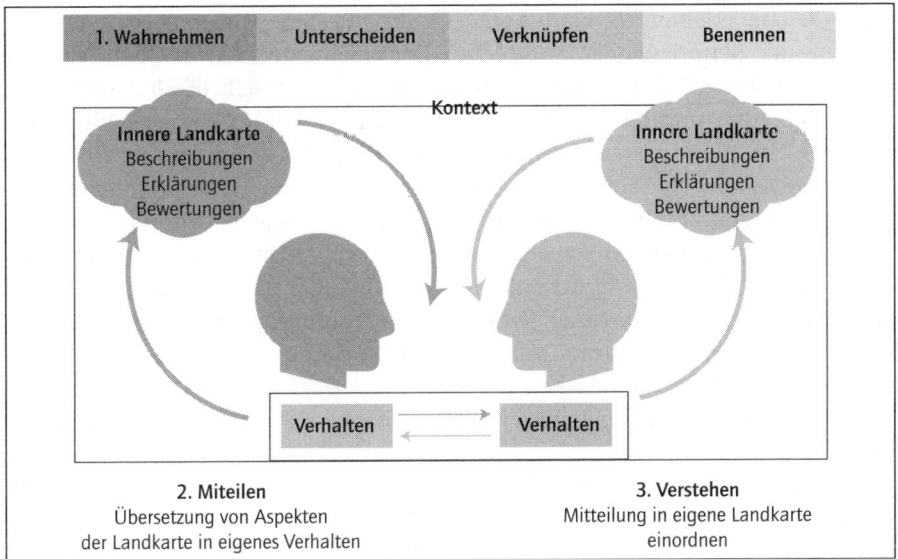

Abb. 10: Kommunikationsmodell

3.1.1 Information

> Führungskräfte wissen überraschend oft nicht, was ihre Entscheidungen im Unternehmen aus-
> lösen.

Erstaunlicherweise herrscht in der Praxis bei vielen Führungskräften unausgesprochen immer noch ein mechanistisches Verständnis von Kommunikation vor.
Folglich ist ihnen oft ganz und gar unklar, was ihre »Informationen« und »Mittei-
lungen« auslösen, da sie Feedback nur von Vertrauten oder gleichgestellten Kollegen, nicht aber von Mitarbeitern bekommen. Deren Aufgabe scheint aus Sicht
vieler Vorgesetzter immer noch darin zu bestehen, Anweisungen zu befolgen.
Auch der Name »Unternehmenskommunikation« bezeichnet ja meistens eine Art
interne PR-Abteilung.

> »Wir haben intern so eine Zeitschrift. Ich habe einen Teamleiter gebeten, den ich von früher
> kenne, vielleicht sehen Sie sich das einfach mal an, und da hat er Folgendes gesagt: »Meine
> Arbeiter schauen das nicht mehr an, weil da nur noch lachende Menschen drinnen sind. Ihr malt
> uns da ja ein Bild des Unternehmens wie zu DDR-Zeiten, also ein Potemkin'sches Dorf, das mit
> der Realität nichts zu tun hat.«

Immer wieder erlebten wir Führungskräfte, die aus allen Wolken fielen, wenn die Haltung der Betroffenen zu komplexen Entscheidungen nachträglich sichtbar wurde. Der Hang zur Einwegkommunikation verstärkt sich unserer Erfahrung nach, wenn die Führung unter Druck steht, wenn wesentliche Entscheidungsvariablen nicht offen kommuniziert werden können oder wenn die Angst besteht, dass Interessensgegensätze in komplexen Situationen zur Handlungsunfähigkeit führen. Führungskräfte vermeiden Dialog, wenn sie Angst haben, dass ihre Prämissen, Beweggründe und Vorgangsweisen infrage gestellt werden könnten, oder wenn sie eine Kakophonie der Interessen befürchten, die Entscheidungen und Handlungen erschweren würde. Oft müssen Kompromisse geschützt werden, die auch im Führungsteam nur mühsam zu erzielen waren und darum in einer Weise kommuniziert werden, dass nichts mehr hinterfragt werden kann.

Auch unter Zeitdruck häufen sich Kommunikations-Einbahnen – mit fragwürdigen Folgen in komplexen Situationen.[33] Komplexe Verhältnisse lassen sich immer weniger aus einer einzigen Perspektive erfassen. Dies hat zum Beispiel auch das größte Kreuzfahrtunternehmen der Welt erkannt, deren Schiff Costa Concordia 2011 vor der italienischen Insel Giglio auf Grund ging. Seit 2013 dürfen Kapitäne in schwierigen Einfahrtssituationen nicht mehr alleine über Geschwindigkeit und Kurs entscheiden, sondern müssen die Ansichten von Lotsen, Navigatoren und Operationsmanagern mitberücksichtigen.[34]

Platzhalter »mangelnde Information«

Wenn sich trotz herzhafter Führungsbemühungen aus dem einen oder anderen Grund Misserfolge oder Missstimmungen ergeben, heißt es oft: Das haben wir nicht richtig kommuniziert. Häufig weist diese Begründung für Misserfolge auf die Vorstellung hin, dass alle Informationen nur oben zusammenlaufen. Aufrechte Führungskräfte müssten diese Informationen nur gut sammeln und auswerten, um auf dieser Basis weise Entscheidungen zu treffen und diese anschließend den Mitarbeitern möglichst effektiv mitzuteilen. Diese Haltung ignoriert aber, dass durch die Konzentration auf das große Bild oft so viel Detailwissen verloren geht, dass die vermeintlich klugen Entscheidungen der Führung aus der Sicht der Mitarbeiter – ob berechtigt oder nicht – nur als suboptimale Lösungen erscheinen. Dementsprechend fehlt es der Umsetzung oft an innerer Überzeugung des Mitarbeiters, die es aber gerade an komplexen Arbeitsplätzen und in Veränderungssituationen braucht.

Klagen über zu wenig Information stehen häufig für ein schwerer artikulierbares Unbehagen.

---

33 Vgl. Weick u. Sutcliffe 2003
34 Vgl. DER STANDARD, 18.11.2013

Entsprechend dazu ist auf Angestelltenseite die Klage überaus verbreitet: »Wir werden nicht genug informiert.« Angesichts der gleichzeitigen Überforderung durch die Flut an Informationen wirkt dieses Lamento paradox, hat aber immer konkrete Hintergründe. Das Gefühl der mangelnden Information besteht auch dann noch, wenn Führungskräfte subjektiv der Überzeugung sind, alle relevanten Informationen aktiv und umfassend mitzuteilen. Der Begriff »mangelnde Information« fungiert als unbewusster Platzhalter für andere Hindernisse, die verantwortlichem, initiativem Handeln entgegenstehen.

Oft drückt diese Beschwerde das Fehlen des Gesamtbildes und fehlendes Vertrauen aus, das die einzelnen Mitarbeiter brauchen, um ihre Arbeit gut einordnen, ihr Sinn geben und zumindest in einem bescheidenen Bereich autonom agieren zu können. In vielen Unternehmen steht der Mangel an Information damit auch für eine Abhängigkeit von den Führungskräften. Er ist Ausdruck passiven Abwartens, Ausgeliefertseins, statt Verfügung darüber zu haben, welche Information ich bekomme, worauf ich zugreifen kann und welche Konsequenzen ich daraus für die Erfüllung meiner Aufgaben ziehe.

»Mangelnde Information« kann aber auch für Abwehr von Verantwortung stehen. In diesem Fall legitimiert der illusorische Anspruch auf vollständige Information jedes Nichthandeln. Dies kann viele Hintergründe haben. »Ich identifiziere mich nicht mit dem Unternehmenssinn, also mache ich meinen Dienst nach Vorschrift. Lasst mich bitte mit weitergehenden Ansprüchen in Ruhe«, könnte eine Übersetzung lauten.

Ein anderer typischer Hintergrund für die Verwendung der Argumentation ist: Der Erfolg, ob in Form von Geld oder Anerkennung, geht gefühlt am Mitarbeiter vorbei, ist ungerecht verteilt. Wofür soll er sich engagieren, wenn ihm der Erfolg nicht zugerechnet wird? Diese Auseinandersetzung erscheint jedoch vielen Mitarbeitern aussichtslos, also beklagen sie einen Mangel an Informationen.

Zu guter Letzt ist das Bemühen mangelhafter Information als Erklärung für Unzufriedenheit mit Ergebnissen – wie im obigen Beispiel – ein Indikator für ein mechanistisches Input-Output-Bild von Führung: Fütterten die Führungskräfte ihre Mitarbeiter nur mit den richtigen Informationen, würden diese das richtige Verhalten liefern. Dieses Bild schließt Feedback und gemeinsame Reflexion, Mitsprache der Mitarbeiter, Dialog und Vereinbarungen aus.

Natürlich kann mangelnde Information auch tatsächlich mangelnde Information bedeuten. Aber das ist unserer Erfahrung nach eher die Ausnahme.

Dort, wo wir diese Beschreibung als zutreffend empfanden, erlebten wir mehrfach, dass durch verschiedene Kanäle widersprüchliche Informationen zu den Mitarbeitern gelangten und so Unsicherheit und Desorientierung bewirkten. Wenn aus der einen Quelle beunruhigende Gerüchte über neue Kostensenkungsprogramme heraussickern, die offizielle Unternehmenskommunikation aber mit scheinbar unbeeindruckten allgemein-optimistischen »Wir sind super«-Parolen aufwartet, nehmen Mitarbeiter dies als Desinformation wahr und haben das Gefühl, manipuliert zu werden. Eine beliebte Spielart besteht auch darin, dass Information nicht von vorneherein transparent mit denen geteilt wurde, die sie benötigten, sondern nur auf Anfrage häppchenweise zugeteilt wurde (Vgl. Fallbeispiel Alpenland). In derartigen Praktiken drückt sich das Machtpotenzial von Information aus. Die Tendenzen, Information als Machtmittel zu verwenden, werden stärker, wenn interne Konkurrenz zunimmt und partikulare Ziele wichtiger als der Erfolg des ganzen Unternehmens werden.

3.1.2 Reporting

Reporting ist One-Way-Kommunikation von unten nach oben. Insbesondere öffentliche oder öffentlichkeitsnahe Organisationen stehen in der Pflicht, alle Entscheidungen nachvollziehbar und überprüfbar zu machen und zu begründen. Komplizierte technische Prozesse müssen klar dokumentiert werden, um die Unabhängigkeit von einzelnen Personen zu gewährleisten. Aber auch in anderen als technischen Unternehmen und Unternehmensbereichen ist das Berichtswesen eine feststehende Größe. Manager müssen ihr Handeln gegenüber Share- und oft auch Stakeholdern legitimieren können. Ausgefeilte Qualitätsmanagementsysteme fügen zusätzlich ordentliche Berichtsvolumina hinzu. In manchen Unternehmen sind vor allem untere und mittlere Führungskräfte einen erheblichen Teil ihrer Arbeitszeit mit dem Verfassen von Berichten befasst. Die Rolle, die sie dabei zugewiesen bekommen, ist so ungefähr das genaue Gegenteil der gerne geforderten unternehmerischen Einstellung: Der Mitarbeiter verfasst schriftliche Berichte über die Lage, auf deren Basis andere – meist ohne den Informanten, den Wissensträger – Entscheidungen treffen.

Wenn umfangreiches Reporting der Nachvollziehbarkeit durch die Öffentlichkeit oder Auftraggeber dient, ist dies oft eine ungeliebte, aber akzeptierte Pflicht. In den Organisationen, in denen Reports auch bei weniger hohen Anforderungen von außen ein übliches Kommunikationsverfahren zwischen den Führungsebenen darstellen, darf man getrost davon ausgehen, dass Eigeninitiative nicht zu den herausragenden Kulturmerkmalen zählt. Reporting ist in diesem Sinne ein offensichtlicher Ausdruck einer fordistischen Trennung von Wissen und Entscheidungskompetenz, durch die letztere in der Spitze der Hierarchie und in den Stabsstellen gebündelt wird. Es ist also eine Kommunikation, die klassischer Industrieproduktion angemessen ist.

3.2 Dialog

Im dialogischen Kommunikationsmuster hingegen entsteht zwischen den Hierarchieebenen ein wechselseitiger Fluss. Dialog ist somit das Gegenstück zur Einweg-Kommunikation namens »Information«. Die Reaktionen und Stellungnahmen der Mitarbeiter werden gehört und bei der weiteren Vorgehensweise berücksichtigt. Dialog bedeutet, dass sich die Reaktion des Zuhörenden aufgrund des Gehörten ändern kann. Nur durch Dialog kann gemeinsamer Sinn entstehen: durch Vereinbarungen und Prinzipien, bei denen alle Beteiligten das Gefühl haben, mit ihrer Sichtweise vertreten zu sein.

Sich beraten lassen, andere Sichtweisen berücksichtigen, vielleicht sogar Fehler zugeben und Vorgehensweisen revidieren ist aus Sicht vieler Führungskräfte allerdings schwierig. Man könnte die eigene Autorität und das Image aufs Spiel setzen, und diese Sorge ist nicht unbegründet. In den komplexen Umwelten unserer Organisationen braucht es Kontinuität und verlässliche Größen, an denen sich das Unternehmen festhalten kann, und Führungskräfte sind für diesen Halt verantwortlich. Aber welche Entscheidungen sollten ohne Diskussion durchgesetzt werden, und wo darf oder soll Führung lern- und dialogbereit sein? Führungskräfte und Organisationen, die ein klares Bild davon hatten, was Führung jenseits fachlicher Expertise bedeutet, taten sich in dieser Frage eindeutig leichter. Wenn Führungsaufgaben klar von fachlichen Aufgaben unterschieden werden konnten, war es für viele Führungskräfte einfacher, bei inhaltlichen Entscheidungen in den Dialog zu gehen, ohne in ihrer Autorität und Identität ins Schwimmen zu geraten.

> Ein klares Bild der eigenen Führungsrolle und -aufgaben ist Voraussetzung, um als Führungskraft unterscheiden zu können, wann Lernen, Zuhören und Nachgeben nötig sind und wann Entscheidungen nicht aus der Hand gegeben werden sollten.

3.2.1 Konsultieren

Konsultation bedeutet das Einholen von Meinungen und Sichtweisen, insbesondere im Vorfeld einer zu treffenden Entscheidung – ohne dass der Konsultierte einen Anspruch daraus ableiten kann, die Entscheidung zu beeinflussen.

> »Und ich hab das erste Mal auch festgestellt, dass man Leute fragen muss, ob ihnen das überhaupt gefällt, was sie jahrelang gemacht haben. Und dann kommt man drauf, dass ihnen das eigentlich gar nicht gefallen hat, und dass sie lieber was anderes machen wollten. Jetzt sage ich: Okay, dann sag, was du willst, und wir werden schauen, wie man das hinkriegt. Das heißt nicht, dass ich die Leute kreuz und quer versetze. Aber je nach Affinität versuche ich es zumindest.«

In unserer Praxis erleben wir häufig eine merkwürdige Diskrepanz zwischen der
Furcht von Führungskräften, durch Beratschlagung mit ihren Mitarbeitern in ihren Entscheidungen zu stark gebunden zu werden, und der Bereitschaft von
Mitarbeitern, Entscheidungen auch gegen ihre Sichtweise zu akzeptieren, wenn
sie das Gefühl haben, vorher gehört worden zu sein.

> **Quellen von Missverständnissen in der Kommunikation**
> Gedacht ist noch nicht gesagt.
> Gesagt ist noch nicht gehört.
> Gehört ist noch nicht verstanden.
> Verstanden ist noch nicht einverstanden.
> Einverstanden ist noch nicht getan.
> Getan ist noch nicht wiederholt getan.[35]

Riskant ist allerdings das Einholen von Meinungen und Sichtweisen, ohne zu
klären, wer in welcher Rolle agiert, und wie und von wem schlussendlich Entscheidungen getroffen werden. Besonders selten sind Konsultationsprozesse, die
systematisch die Meinungen der ganzen Organisation zu den »großen« Themen
der Organisation einholen. Dort, wo etwa Strategie oder auch Visionsentwürfe
im Dialog reflektiert wurden, ist die Identifikation mit diesen Inhalten und damit
der Effekt auf das konkrete Handeln deutlich höher.[36]

> Verstehen wird von Führungskräften häufig mit Einverstandensein verwechselt.

Das liegt auch daran, dass multilaterale Dialogprozesse sehr hohe Ansprüche an
Kommunikationsverhalten und Rollenklarheit der Akteure stellen. Wenn Pro-
zessschritte, der Modus der Einbeziehung und der Entscheidungsfindung nicht
klar sind, können Dialoge Erwartungen wecken, die leicht zu Enttäuschung und
Frustration führen, wenn sie nicht erfüllt werden.

Konsultation kann unterschiedliche Grade an Wichtigkeit haben. Sie kann die
Sichtweisen der Konsultierten zu Oberflächenphänomenen (Welche Farbe sollen
die neuen Bürosessel haben?), aber auch zu mehr oder weniger grundlegenden
Fragestellungen (Welche Kriterien sollen in unserem neuen Vergütungssystem
berücksichtigt werden?) einholen. In einigen von uns beobachteten Fällen waren
Mitarbeiter tatsächlich intensiv in die Auseinandersetzung über grundlegende
Konzepte und Entwürfe beteiligt, um das Unternehmen zu verändern (selbst
ohne unser Zutun!). Eine Mitarbeiterin bei Gabele schwärmte von einer Situation ein paar Jahre zuvor, in der das Management in einer Krisensituation ge-

---

35 Frei nach: Konrad Lorenz (1903-1989), österreichischer Verhaltensforscher
36 Vgl. Kapitel 5

meinsam mit den Mitarbeitern einen Strategiewechsel konzipierte. Ein zweites, sehr positiv besetztes Geschehen war eine im Dialog entwickelte Restrukturierung, in denen ein großes Werk in Geschäftsbereiche aufgeteilt worden war, deren neuen Leitern viel Mitsprache und Autonomie zugestanden worden war. In beiden Fällen handelte es sich um große, positiv nachhallende Kommunikationsereignisse. Durch die Einbindung in die Gestaltung essenzieller Organisationfragen identifizierten sich diese Mitarbeiter stark mit dem Ganzen und trugen die jeweiligen Entscheidungen und Veränderungen mit großer Überzeugung mit.

3.2.2 Überblick und Transparenz schaffen

Konsultationen zu den großen Richtungen der Organisation setzen immer voraus, dass die Mitarbeiter einen Überblick bekommen und Kommunikation Transparenz schafft. So sind die obigen Beispiele von Dialog nur möglich, weil die Mitarbeiter in Kenntnis des ganzen Bildes gesetzt wurden. Wiederholt erlebten wir, dass die Aufgabe von Geheimniskrämerei, das Zur-Verfügung-Stellen aller grundlegenden Informationen über die Lage des Unternehmens oder etwa auch der ungefilterten Untersuchungsergebnisse des Leadership-Checks eine Verbindung der Mitarbeiter zum Unternehmen erzeugten, eine Bereitschaft, für das Ganze mitzudenken und Verantwortung zu übernehmen, die es vorher so nicht gegeben hatte.

Bei VeryVision erlebten wir in Folge unserer Analyse einen Kulturwandel. Waren bisher die Gewinne und Umsatzerwartungen und die Einschätzungen zur wirtschaftlichen Lage ein streng gehütetes Geheimnis des Topmanagements gewesen, wurden sie nun bei einer Konferenz mit allen mittleren Führungskräften offen dargestellt und die Konsequenzen diskutiert. Dies führte unmittelbar zu einer deutlich höheren Bereitschaft der Führungsriege, schwierige Entscheidungen mitzutragen.

> Überblick und Transparenz, die eigenverantwortliches Handeln in komplexen Systemen ermöglichen, entstehen nur in der Auseinandersetzung im Dialog.

Zunächst einmal scheinen Überblick und Transparenz nur eine Frage von Information zu sein. Unserer Erfahrung nach kommt bei Information über wesentliche Unternehmensfragen ohne Dialog nur ein relativ kleiner Teil des vom Sender beabsichtigten Gehaltes beim Empfänger an bzw. führt zu den erwünschten Handlungen und Einstellungen. Transparenz und Überblick entstehen vielmehr zumeist erst in dem Moment, wo sie a) im Dialog verarbeitet werden können und b) in der eigenen Rolle ein Spielraum erlebt wird, auf den bezogen diese Information einen Unterschied macht.

> Berater (B): »Wenn es in Ihrem Unternehmen heißt, ‚wir verdienen (als Unternehmen) zu wenig'
> oder ›es kommt genug‹ – ist Ihnen klar, wie das Unternehmen insgesamt wirtschaftlich dasteht?«
> Kunde (K)1: »Also, das erfahren wir jeden Montag.«
> K2: »Ja.«
> K3: »Finde ich auch gut.«
> B: »Wie steht das Unternehmen da?«
> K2: »Ich bin jetzt elf Jahre da, egal was passiert, es hat immer gepasst.«
> K3: »Unterm Jahr wird immer gejammert, weil es sich nicht ausgeht, und im Dezember –
> hu hu, es ist sich doch ausgegangen, oh Wunder (lacht). Das ist jedes Jahr dasselbe.«
> K2: »Während der Krise haben wir ein Quartal verloren, fast ein halbes Jahr, und zum Jahresende
> war es wieder paletti.«
> K4: »Es hat gereicht.«
> K2: »Es reicht einfach aus.«

In diesem Dialog wird sichtbar, dass bei den hinzugezogenen Führungskräften trotz regelmäßiger Kommunikation des großen Bildes und der wirtschaftlichen Entwicklung, nicht das Gefühl entsteht, dass dieser Überblick aussagekräftig ist oder den Mitarbeitern relevante Informationen für ihr Handeln gibt. Die reine Information reicht offensichtlich nicht aus, dass die Angesprochenen daraus Konsequenzen für ihr Handeln ableiten. Solange sie nicht Mit-verantwortung tragen, d.h. Einfluss auf das Ganze nehmen können, wird diese Information zu einem ritualhaften Appell. Schlussendlich präsentiert jemand anderes die Lösungen, die – ebenso wenig nachvollziehbar wie die Probleme – kommen und gehen. Das Gefühl, dass der Überblick nur Kulisse ist und in gewisser Weise der Manipulation dient, ist für solche Situationen charakteristisch.

3.2.3 Zuviel des Redens

Wenn Dialog keine Konsequenzen hat, wird er zum energieraubenden Selbstzweck – und damit häufig generell nicht akzeptiert.

Wenn aber Dialog und Reflexion so wichtige Ingredienzen gelingender Organisationsarbeit sind, wie kommt es dann, dass sie häufig als anstrengend und wenig zielführend erlebt werden? (»Dieses ewige Herumgerede, endlose Meetings, wir drehen uns im Kreis …«) Können aus Dialogen keine Konsequenzen gezogen werden, wird der hohe Kommunikationsaufwand als vergebens und verschwenderisch erlebt und Meetings und Besprechungen in Bausch und Bogen als unwirksam verurteilt.

Wenn in einer Organisation dieses Phänomen regelmäßig auftritt, sind unserer Erfahrung nach eines oder mehrere der folgenden Muster aktiv:

1. *Die Teilnehmer am Dialog können aus Mangel an Kompetenz keine Konsequenzen ziehen*
   Wenn Entscheidungen sehr zentralisiert sind und Mitarbeiter wenig Gestaltungsspielraum erleben, aber auch die Führungskraft aus dem Dialog keine unmittelbar sichtbaren Konsequenzen zieht, dann erleben die Mitarbeiter diese Kommunikation tendenziell als überflüssig.

2. *Zu viele Partikularinteressen, zu wenig Klarheit über Entscheidungskriterien*
   Organisationen, in denen sich die Mitarbeiter uns gegenüber darüber beschwerten, dass bei ihnen dieselben Themen immer und wieder besprochen würden, hatten häufig das Problem, dass bei einer Entscheidung sehr viele unterschiedliche Befindlichkeiten unter einen Hut zu bringen waren und es für diese Herausforderung kein angemessenes Prozedere gab. In stark gewachsenen Organisationen war oft noch die Erwartung in Kraft, dass alle bei allem einbezogen würden, obwohl die Komplexität für dieses Vorgehen schon viel zu hoch war. Der Unterschied zwischen den wichtigen Entscheidungskriterien, hinter denen möglichst alle stehen sollten, und Einzelbefindlichkeiten wurde in diesem Fall nicht klar markiert.

3. *Verschleierte Interessen und Einflüsse*
   Wenn einige Entscheidungskriterien und Einflüsse nicht offen benannt oder nicht infrage gestellt werden dürfen, dreht sich die Diskussion leicht im Kreis, weil die nach offiziellen Spielregeln beste Lösung nicht umgesetzt, aber auch nicht verworfen werden darf, weil sie ja »rational« die beste wäre. In politischen Organisationen ist dieses Muster öfters anzutreffen.

4. *Nicht geklärte Rollen und mangelndes Vertrauen*
   Fast generell können wir Organisationen, in denen viel, aber wirkungslos geredet wird, attestieren, dass es einen Mangel an Vertrauen gibt. Wenn zu viel im Detail besprochen und fixiert und noch mal besprochen und dann genehmigt werden muss, heißt das, dass den Umsetzenden nicht zugetraut wird, im Detail vernünftige, angemessene Lösungen zu finden. Es ist dies auch ein Hinweis darauf, dass Rollen und Entscheidungskompetenzen nicht geklärt sind.[37]

Mitarbeiter (M)1: »Kommunikationsstrukturen sind bei uns teilweise völlig schräg. Wenn man manchmal aufzeichnen würde, wer zu bestimmten Themen mit wem redet und irgendwas zu sagen hat, würde man sehen, wie viel Zeit und Energie da schon bei kleinen Themen drauf geht.«
M2: »Wem man berichtet, wer mitredet und wen man ins Boot holen muss (...) Und entscheiden darf man sowieso nicht, nur informieren.«

---

37 Vgl. Kapitel 2, Abschnitt »Rollen«

5. *Hohe Risikoaversität*

Die Suche nach perfekten Lösungen ist bei sehr großen und nicht reversiblen Entscheidungen gerechtfertigt. Wenn aber jede Entscheidung perfekt sein muss und nicht ausprobiert und verworfen werden kann, werden viele Möglichkeiten und Lernerfahrungen blockiert. Außerdem wird eine derartige Risikoaversität in vielen Fällen den sich schnell verändernden (Umwelt-)Bedingungen nicht gerecht.

6. *Unklarer Mitspracheprozess*

Last, but not least taucht dieses Phänomen auch dann auf, wenn der oben beschriebene Mechanismus der Konsultation nicht verstanden wurde. Wenn jedes Einholen von Resonanz bedeutet, dass alle noch so kleinen Einwände zu voller Zufriedenheit berücksichtigt werden müssen, vermeiden viele Führungskräfte verständlicherweise diesen Dialog. Denn die, die es schon tun, geraten wahrscheinlich in endlos sich wiederholende Diskussionsschleifen.

Dieses Erleben hat verheerende Auswirkungen auf die Effizienz der Organisation, weil sie auch den notwendigen und produktiven Dialog der Lächerlichkeit preisgibt. Solche Erfahrungen wecken oft den Ruf nach autoritärem Durchgreifen.

3.2.4 Reflexion

Reflexion ist die Betrachtung von Gegenwärtigem oder Vergangenem von einem anderen Standpunkt als dem des alltäglichen Tuns. Gemeinsame Reflexion schafft in Organisationen eine neue gemeinschaftliche Beobachtungsperspektive, durch den sich die Beteiligten zumindest über den Unterschied des jeweiligen Standpunkts verständigen können. Dies geschieht beispielsweise in Learning-Sessions am Ende von Projekten, in Teamklausuren, die sich der Zusammenarbeit widmen oder durch regelmäßiges Feedback.

> Fehlende Reflexion äußert sich in dem Unbehagen, in unproduktiven Rollen und Mustern festzusitzen.

Gute Reflexion schafft es, den fokussierten Blick auf die Stärken mit denen auf die Schmerzen zu vereinbaren. Denn am Beginn wichtiger Lernprozesse steht oft Leidensdruck. Ohne ihn passiert zumeist nichts qualitativ Neues. Nur führt Leidensdruck allein ohne einen positiven Wunsch nirgendwohin bzw. zu unkoordinierten Aktionismus.

Fehlende Reflexion äußert sich in dem Unbehagen, sich in den immer wieder gleichen unproduktiven oder energieraubenden Kommunikationsabläufen wiederzufinden, ohne dass sich etwas ändert. (»Und ewig grüßt das Murmeltier.«) In vielen Organisationen begegnete uns das Muster, dass Projektbesprechungen stattfanden, aber nie der Schritt zurück gemacht wurde, um nicht nur die Inhalte, sondern die Art der Kommunikation und die gemeinsame Herangehensweisen an die Inhalte zu betrachten: Was machen wir hier eigentlich? Dient das unseren Zielen? Sind unsere Ziele und unsere Mittel die richtigen?

Ohne Reflexion sank das Gefühl der Mitarbeiter, Einfluss auf die Situation zu haben (vgl. Abb. 16). Oft ging dieser Zwang mit einer sehr hohen Outputorientierung einher. Wenn Kommunikationsstrukturen und Budgets ausschließlich dem Erreichen der kurzfristigen operativen Ergebnisse gewidmet waren, Lernen und Reflexion aus Zeit- und/oder Geldgründen keinen Platz hatten, bewirkte dies einen Stau von Unbehagen, der mangels Reflexion nicht abgebaut und in konstruktive Entwicklungsenergie umgewandelt werden kann.

Demgegenüber besteht in vielen Organisationen die Scheu, sich der Zusammenarbeit zu widmen, aus einer ebenfalls verbreiteten Befürchtung heraus, dass sich doch nichts ändern werde. Wenn Reflexionen keine Änderungen im Verhalten bewirken, werden sie als Selbstzweck und überflüssige Fleißaufgabe empfunden. Gerade in Unternehmen, die häufig externe Prozessbegleitung in Anspruch nehmen, macht sich eine gewisse Reflexionsmüdigkeit bemerkbar. Der Blick zurück wird nur dann wertgeschätzt, wenn er entweder zu sichtbaren Änderungen und Entscheidungen führt oder aber spürbar hilft, für den eigenen Verantwortungsbereich umsetzbare Lösungen und Herangehensweisen zu finden.

3.3 Feedback

Feedback bedeutet, eine Rückmeldung darüber zu bekommen, was unser Verhalten in unserem Umfeld auslöst. Bewusst adressiertes Feedback gibt den Mitarbeitern die Gewissheit, dass sie gesehen werden und ihr Tun an-erkannt wird.[38] Für die Organisation ist Feedback das effektivste Lernmedium. Allerdings wird es erstaunlich wenig und unscharf praktiziert.

> Explizites Feedback ist das wichtigste Lerninstrumentarium einer Organisation.

---

38 Über diesen Effekt und die Zusammenhänge zwischen Feedback, Leistungssteuerung und Vergütung generell mehr in Kapitel 6

3.3.1 Gehört ist noch nicht verstanden

Indirekt erhalten wir durch das Verhalten und die Reaktionen unserer Umwelt ständig Feedback. Dieses – ob von Kunden oder Kollegen – ist allerdings zumeist eine Beschreibung erster Ordnung. Es ist schwer lesbar und kann blinde Flecken nicht erhellen. Solange wir keine explizite verbale Auskunft bekommen, was an unserem Verhalten die jeweilige Reaktion ausgelöst hat, gibt uns Feedback auch kein klares Bild, warum Kollegen oder Kunden auf uns so reagieren, wie sie es tun. Wenn der Kollege mir gegenüber oft mürrisch ist, kann ich das als seine persönliche Eigenart abtun. Wenn er zu anderen nicht mürrisch ist, könnte in mir die Vermutung entstehen, dass seine distanzierte Haltung etwas mit mir zu tun hat. Aber die Chance, zu überprüfen, was es mit mir und meinem Beitrag zu unserer gemeinsamen Aufgabe zu tun hat und was mit ihm, entsteht nur durch explizites, absichtliches Feedback. Auch gute Verkaufszahlen sind nur ein positives Indiz, aber sie erklären noch nicht, was an meiner/unserer Leistung die Kunden überzeugt hat.

Ein klares und differenziertes Bild der eigenen Performance ergibt sich nur aufgrund von Erklärungen, die auf konkreten Wahrnehmungen basieren. Solch explizites und professionelles Feedback kann Verhalten ändern und ist daher im engeren Sinne ein systemisches Steuerungsinstrument – immer mitgedacht, dass wir den Lernprozess nicht kontrollieren können. Aber wir können ihm zumindest eine Chance geben.

3.3.2 Lernen oder Belohnen und Bestrafen

Feedback ermöglicht also das Lernen sowohl der Individuen als auch der Organisation. Wo der Einzelne eine differenzierte Rückmeldung über die Auswirkungen seines Verhaltens bekommt, macht es einen Unterschied, was und wie er es tut. Dieses Ernstnehmen führt einerseits zu einem Gefühl der individuellen Bedeutung, andererseits ermöglicht es zu lernen und sich weiterzuentwickeln.

> Optimales Feedback dient dem Lernen, nicht dem Belohnen und Bestrafen.

Die optimale »Steuerungswirkung« für Verhalten entsteht allerdings nur, wenn Feedback nicht nur beschreibend und erklärend ist, sondern auch eindeutig dem Lernen und nicht dem Belohnen oder Bestrafen dient. Dazu gehört erstens, dass es explizit Stärken, Potenziale und wertvolle Beiträge des Feedback-Empfängers in den Mittelpunkt stellt und nicht nur seine Fehler und Defizite benennt.

Entscheidend für den positiven Effekt von Feedback ist zweitens, wenn Kritik nicht primär dazu dient, Schuldige zu identifizieren und zu maßregeln, sondern

bei allen Beteiligten das Verstehen fördert, wie ihr gemeinsames Verhalten die unerwünschten Effekte erzeugt hat.

Ohne Feedback geht es nicht

Karl Weick, Doyen der amerikanischen Organisationswissenschaft, und Kathleen Sutcliffe haben Abläufe in Hochsicherheitsorganisationen untersucht und sind unter anderem zu folgendem Schluss gekommen:

»Keine Sicherheit ohne menschliche Achtsamkeit und Kommunikation.

Trotz ihres Erfolges bei der Vermeidung kostspieliger Fehler kennt niemand auf einem Flugzeugträger die Abläufe bis ins letzte Detail oder mit absoluter Sicherheit. Doch dasselbe gilt für alle Hochsicherheitsorganisationen. Das gilt ohne Zweifel für alle Organisationen, denen Sie oder wir je angehört haben. Mit anderen Worten: Es ist unmöglich, irgendeine Organisation allein durch automatische Kontrollsysteme zu leiten, die auf Regeln, Plänen, Routinen, stabilen Kategorien und festen Leistungskriterien gründen. Niemand verfügt über genügend Wissen, um ein automatisches System so zu gestalten, dass es mit einer dynamischen Umwelt fertig wird. Vielmehr müssen Planer, die dynamische Systeme zusammenhalten wollen, eine Form von Organisation auf die Beine stellen, die ein achtsames Arbeiten fördert. Die Menschen müssen es als leicht, natürlich und lohnend empfinden, eine innere Einstellung einzunehmen, bei der sie es als ihre berufliche Verantwortung betrachten, sich auf einen laufenden Lernprozess einzulassen ebenso wie auf die ständige Aktualisierung und Überarbeitung auftauchender Erwartungen. Flugzeugträger werden mindestens ebenso sehr durch aufgeklärte aktualisierte Erwartungen gesteuert wie durch Computerberechnungen und analytische Ziele.«[39]

Das bedeutet in der Praxis, dass Fehlentwicklungen von vorneherein als Zusammenwirkung aller Beteiligten aufgefasst werden. Durch Feedback lernen die Beteiligten das Zusammenspiel der unterschiedlichen Beiträge verstehen und ihren eigenen möglichst gut einzuschätzen.

»Dieses reflexartige Suchen nach einem Verantwortlichen finden Sie bei uns selten. Zuerst wird eher nach Lösungen gesucht und dann versucht man eine lesson learned daraus zu machen. Aus meiner Sicht hat sich immer noch rauskristallisiert, dass nicht einer allein schuld war. Es waren vielleicht einige Ereignisse, die etwas bewirkt haben, wo man halt dabei war. Natürlich hat man das Seine mitzutragen, aber meistens kann man dann abschließen.«

Feedback, das sowohl die Erfolge und Beiträge wertschätzt als auch Lernen und Auseinandersetzung ermöglicht, ist unserer Erfahrung nach eine der schwierigsten (Führungs-)Aufgaben überhaupt. Selbst eigens dafür geschaffene Instrumente wie Mitarbeitergespräche nutzen das eigentliche Potenzial der Situation nicht.

---

39 Weick u. Sutcliffe 2003, S. 63

Besonders wenn Mitarbeitergespräche auf quantitative Festlegungen und Über-
prüfungen reduziert und/oder als Belohnungs- oder Bestrafungsritual erfahren
werden, ist der mögliche Lerneffekt stark eingeschränkt.[40]

3.3.3 Wer wem Feedback gibt

Institutionalisiertes, qualitatives Feedback zwischen Führungskraft und Mitarbeiter kommt häufiger vor als explizites Feedback unter Kollegen. Institutionalisiertes Peer-Feedback fanden wir nur in den wenigsten Fällen vor, mit Ausnahme
von gelegentlich anzutreffendem 360°-Feedback im mittleren und oberen Management. Dabei zeigt Feedback unter Kollegen Wirkungen, die ausschließliche
Rückmeldung durch die Führungskraft kaum erreichen kann. Diese kann wesentlich leichter als Einzelmeinung abgetan werden als die Einschätzung mehrerer Kollegen. Einer Führungskraft kann der Zerrspiegel ihrer hierarchischen Position unterstellt werden, etwa dass sie nur Firmenleitungsinteresse vertrete, sie zu
weit weg von der konkreten Aufgabe sei usw. Mit entsprechenden Rationalisie-
rungen kann man natürlich auch Feedback von Kollegen als ungültig zurückweisen, aber es ist viel schwieriger. In der Fachliteratur finden sich Hinweise[41], dass
auch die Zuteilung von etwaigen variablen Gehaltsbestandteilen durch die Einschätzung von Peers als weitaus weniger willkürlich erfahren wird, als wenn eine einzige Führungskraft darüber entscheidet.

Feedback von Mitarbeitern an Führungskräfte ist seltener, aber dort wo es
vorkommt, sehr bereichernd für beide Seiten, die sich dadurch ernstgenommen
fühlen und in eine verantwortungsvolle Position gebracht werden. Häufiger anzutreffen ist jedoch der Eindruck von Mitarbeitern, dass ihre Führungskräfte an
Feedback nicht interessiert seien.

»Vor Jahren war mein Hauptkunde ja B., und da haben die Leute schon vor über zehn Jahren
damals gesagt: Ich schaffe bei B. und halte meinen Mund. Und der nächste Spruch war dann
von denen, die nicht den Mund gehalten haben, hätte ich meinen Mund gehalten, hätte mich
der B. gehalten. Man darf dort halt einfach nichts sagen, nichts kritisieren, dann geht's dir eh
gut, dann schwimmst du durch und verdienst auch ordentlich. In leicht abgeschwächter Form
erlebe ich das schon auch bei uns, dass es ganz gesund ist, nicht zu viel an Kritik zu üben, selbst
wenn es konstruktiv ist.«

Die aktive Steuerung von Feedback nimmt einer potenziellen Kränkung von
vornherein die Spitze, während das systematische Vermeiden von Kritik und
Feedback negative Einstellungen chronisch werden lässt. Brechen die angestau-

---

40 Vgl. Kapitel 6
41 Vgl. Hamel 2007, S. 92

ten Unzufriedenheiten unkontrolliert aus, sind sie mit hoher Wahrscheinlichkeit um einiges verletzender und zerstörender, als wenn sie aktiv erfragt worden wären.

> Die Feedbackpraxis in Unternehmen zeigt, dass Lernen immer noch weitgehend als individuelles und nicht als organisationales Phänomen verstanden wird.

Ganz selten erleben wir institutionalisiertes, strukturiertes Feedback von Organisationseinheit zu Organisationseinheit, außer auf dem Umweg über die Führungskräfte. Wir interpretieren dies als Anzeichen dafür, dass a) Führung und Kommunikation im Allgemeinen sehr personenspezifisch gedacht werden und es b) wenig Wissen über Instrumente gibt, wie verschiedene Einheiten sich gegenseitig Feedback geben können. Dabei treffen die wesentlichen Rückmeldungen oft nicht einzelne Personen, sondern die Performance einer ganzen Abteilung. Zwar ist hierfür die Führungskraft technisch der geeignete Adressat, die Kommunikation findet jedoch als stille Post statt. Auf diese Art entsteht kein Bewusstsein im Team oder in der Abteilung über gemeinsame Leistungsdefizite oder -chancen.

3.3.4 Feedback ist gefährlich

Warum erweist sich regelmäßiges Feedback als derart ungeliebte Praxis? Ein wichtiger Grund mag darin liegen, dass es mit vielen Fallen und Ängsten behaftet ist. Der Feedback-Gebende macht sich angreifbar, im Dialog begibt man sich auf unsicheres Gelände. Wer Zweifel und Kritik äußert, muss auf Kränkungen gefasst sein. Er legt sein eigenes Bewertungsschema und damit häufig seine empfindlichen Punkte offen und setzt sich dafür seinerseits der Kritik aus. Es gibt viele Strategien, diesen anstrengenden Situationen auszuweichen, sei es, dass Feedback überhaupt vermieden wird, sei es, dass es die Form einer generalisierenden Beurteilung hat, die wenig Chancen zum Lernen eröffnet.

> Feedback ist für viele Führungskräfte eine ungewohnte und/oder ungeliebte Praxis.

Unter Kollegen ist Feedback eine ebenso heikle Prozedur. Denn Feedbackgeben ist in unseren Organisationen in der Regel Aufgabe einer (formellen oder informellen) Führungskraft, und wer ohne Auftrag Feedback gibt, gerät in den Verdacht, sich höherstellen oder kollegiale Solidarität unterlaufen zu wollen, was leicht in Status- und Machtkämpfen endet.

3.3.5 Wenn Feedback vermieden wird

Immer wieder sahen wir uns Organisationen gegenüber, die Kränkungen und Irritation generell zu vermeiden suchten: Solch übermäßiges Harmoniestreben ging öfters mit horizontaler Entkoppelung einher. In den Organisationen, in denen galt: »Du tust, was du tust, und ich tue, was ich tue, und wir reden uns nicht drein«, war es besonders schwierig, horizontale Koppelungen und Kooperationen aufzubauen.

> Feedback zu unterlassen, entzieht der Organisation wie den Personen lebenswichtige Lernchancen.

Die Politik der Nichteinmischung ermöglichte hohe Autonomie im jeweiligen Kompetenzbereich – eines der allerstärksten positiven Muster, wo es vorhanden war –, erzeugte aber andererseits unkoordiniertes Vorgehen und Doppelgleisigkeiten. Da diese Nichteinmischung für Führungsverhalten (das ohnehin schwer zu thematisieren ist) doppelt gilt, waren in diesen Unternehmen verhaltensschwierige Führungskräfte besonders schwer zu bremsen. In einem Interview hörte sich das so an:

> »Unser Bereichsleiter ist eine sehr gute, sehr ruhige und sehr kompetente Führungskraft. Unser Abteilungsleiter ist fachlich natürlich auch sehr gut, aber was das Führungsverhalten anbelangt, sind da sicher einige Schwächen. Nur hat der Bereichsleiter anscheinend keine Möglichkeit, irgendeine Veränderung zu bewirken. Und das ist eigentlich schade, weil es sicherlich so ist, dass einige Mitarbeiter nicht mit dem Führungsstil des Abteilungsleiters zufrieden sind.«

3.3.6 Anonymes Feedback

Eine andere Variante, die direkte Begegnung zu vermeiden, die uns häufiger begegnete, war anonymes Feedback, etwa in Form von Mitarbeiterbefragungen oder Aufwärtsfeedback.

Anonymes Feedback kann meist wesentlich schlechter verarbeitet werden als eine direkte Konfrontation, weil das eigentliche Lernen im Dialog entsteht. Nicht die Kritik selbst bewirkt schon den Lernprozess, sondern das Verstehen der Wahrnehmungen und Schlussfolgerungen des Kritisierenden. Das ist schriftlich kaum möglich. Schriftliche Bewertungen von Mitarbeitern und Kollegen können Hinweise auf auseinanderklaffende Selbst- und Fremdbilder geben, aber das Verstehen, das Voraussetzung für Veränderung ist, bedarf zumindest einer mündlichen Erläuterung. Da die Schriftlichkeit aber häufig Anonymität verspricht – um so angeblich offenere Kommunikation zu generieren –, ist der essenzielle Verständnisschritt, der dann folgen müsste, oft unmöglich. Zudem entstehen durch anonymes Feedback Kränkungen, Anfeindungen und Paranoia, die durch die soziale Kontrolle im direkten Kontakt miteinander von vorneherein verhindert werden.

»Es hat ja so etwas wie Aufwärtsfeedback gegeben, wo Mitarbeiter Führungskräfte anonym beurteilen (...) Wir hatten das in einer Filiale und da gab es drei Mitarbeiter, die extrem negativ beurteilt haben, aus persönlichen Enttäuschungen heraus. Wir hatten dann an einem Samstag ein Meeting in einem Seminarhotel, und dieser Samstag war für die Führungskräfte ausschließlich dazu da, die drei zu finden, die kritisch die Meinung geäußert haben. Da haben wir zu unserer Führungskraft gesagt: Das kann es doch bitte nicht sein, einen Samstag einzuberufen, nur um drei zu finden. Aber das war das Ziel.«

3.4 Sternförmige Kommunikation

Ein häufig anzutreffendes Muster in Organisationen haben wir sternförmige Kommunikation genannt. Die Führungskraft kommuniziert mit allen ihren Mitarbeitern oder anderen Betroffenen einzeln und getrennt. Das heißt, dass die Beteiligten und Betroffenen einer komplexeren Fragestellung selten oder nie gleichzeitig am Tisch sitzen und gemeinsam Sichtweisen über das Gesamtproblem austauschen, sondern dass die Führungskraft die Fäden in der Hand behält. Es findet zwar ein Dialog statt, aber immer unter Ausschluss von dritten Betroffenen oder Beteiligten. Divide et impera steht für diese Kommunikationsstruktur Pate, auch wenn die Führungskraft in bester Absicht handelt.

»... dass man oft über den Vorstand eine Entscheidung bekommt, von der man vorher gar nichts wusste. Da ist zum Beispiel bei einem Betriebsbesuch irgendetwas ausgemacht worden und das wird dann so schnell wie möglich ohne Vorwarnung umgesetzt, und das Problem ist dann oft, dass da auch Zusagen dabei sind, die vom Rechtlichen oder auch von den Auswirkungen her sehr problematisch sind. Da denkt der Vorstand XY oft nicht dran, dass eine Einzelfallregelung Auswirkungen auf andere gleich gelagerte Fälle hat.«

Sternförmige Kommunikation ist eine Struktur, die die Kontrolle auf einen einzelnen Mittelpunkt konzentriert. Alle anderen werden regelmäßig vor vollendete Tatsachen gestellt, die in ihrer Abwesenheit besprochen und entschieden wurden. Die Betroffenen haben nur mittelbar über die Führungskraft Einfluss, Argumente und Kriterien werden ihnen aus einer Perspektive vermittelt.

> Sternförmige Kommunikation bringt Kontrolle für das Zentrum und Abhängigkeit der Peripherie.

Sternförmige Kommunikation erzeugt Mitarbeiter, die nur jeweils in ihrem eigenen Bereich Dienst nach Vorschrift leisten können, weil sie wenig Einfluss auf das Gesamtverfahren und die Schnittstellen haben. Diese Form der Kommunikation bringt viel Kontrolle mit sich, birgt aber ein hohes Frustrationspotenzial bei den Beteiligten und hohe Anforderungen an die Führungskraft, die als Flaschenhals ständig mit einem Strom von Aufgaben und Anfragen konfrontiert ist.

3.5   Kommunikationsmuster in Konflikten

Genau genommen sind viele der in diesem Kapitel beschriebenen Muster Mittel, um Meinungs- und Interessensunterschieden zu bewältigen. Im folgenden Abschnitt werden jene Kommunikationsmuster dargestellt, die zum Tragen kommen, wenn die Beteiligten schon im Bewusstsein unvereinbarer oder zumindest schwer vereinbarer Interessen agieren.

Was ist ein Konflikt?[42]

Wir schlagen vor, von Konflikten zu sprechen, wenn einer oder mehrere Beteiligte
- eine Unvereinbarkeit von Interessen sehen,
- diese negativ bewerten
- und eine Entscheidungsnotwendigkeit zugunsten einer der beiden Haltungen annehmen.

3.5.1 Harmonisieren vs. Suchen der Konfrontation

Unternehmenskulturen variieren ebenso wie Landeskulturen erheblich in der Weise, wie direkt oder indirekt Konflikte bearbeitet werden. Unternehmen und Organisationen, die sehr auf Harmonie bedacht sind, zeigen oft ein hohes Maß an Respekt vor der Person, was den Energieverlust aufgrund von eskalierten Konflikten erheblich reduziert. Andererseits erzeugen solche Unternehmenskulturen[43] Doppelgleisigkeiten und mangelnde Koordination, weil das Prinzip der Nichteinmischung gilt. Außerdem brauchen solche Unternehmen für Entscheidungsprozesse oft viel Abstimmung im Vorfeld. Häufig werden Entscheidungen mit allen mögli-

---

42 Modell entwickelt und mündlich weitergegeben von Ruth Seliger
43 Vgl. 3.3.5 Wenn Feedback vermieden wird

chen Interessensträgern informell vorbesprochen, bevor sie getroffen werden können. Dies führt leicht dazu, dass wesentliche Kriterien des Beschlusses nicht diskutiert werden können, oder nur unter denen, die Zugang zu den Entscheidungsträgern haben. Die offiziellen Meetings dienen dann nur noch der Verkündung dessen, was im Vorfeld ausgehandelt wurde.

In anderen harmoniebedürftigen Kulturen steigt das Ausmaß der Besprechungszeit mit der Komplexität so sehr an, dass Unzufriedenheit entsteht, weil immer nur herumgeredet wird, ohne dass es zu Lösungen oder Entscheidungen käme. Oder heikle Themen kommen überhaupt nie auf den Tisch, schwelen tabuisiert unter der Oberfläche und blockieren dort notwendige und sinnvolle Weiterentwicklungen zugunsten oberflächlicher Harmonie.

Konfliktbereitere Kulturen ersparen sich die Doppelstruktur des Vorverhandelns, laufen aber Gefahr, Machtkämpfe und Pattsituationen auszulösen, die weder zum Vorteil der Organisation noch der Einzelnen sind. Aus dem Angriff und der Kritik entstehen Konflikte und Kränkungen, die sich oft unabhängig vom ursprünglichen Inhalt des Konfliktes lange fortsetzen und alle möglichen anderen Themen infizieren.

3.5.2 Lösungsorientierung vs. Schuldigensuche

> »Ein Vorstand hat einen Fehler zugegeben, nämlich dass man gegenüber der Politik an Boden verloren hat und diese jetzt sozusagen einen Fuß in der Tür hat. Er hat bei unserer Diskussion am Donnerstag den Fehler zugegeben und sofort war unter den Werksleitern Ruhe.«

Relativ konstruktiv schienen Umgangsweisen, in denen Irritationen zeitnah angesprochen wurden, aber auf eine Weise, die es möglich machte, sowohl die gemeinsame Konstruktion des Konfliktes als auch die unterschiedlichen Interessenslagen ohne (endgültige) Wertung anzusprechen. Dazu ist es in der Regel notwendig, dass der Fokus statt auf der Schuldigensuche auf dem Anlass für gemeinsames Lernen liegt. Dieser Prozess ist zumeist eine anspruchsvolle kommunikative Gratwanderung, denn in harmoniebedürftigen Kulturen wird allzu schnell mit dem »Das wird uns eine Lehre sein«-Schwamm drübergewischt, ohne wirklich konkrete Erkenntnisse aus der Situation herauszuziehen. Konfliktorientierte Kulturen hinterlassen dagegen oft ein Gefühl von Strafe und Ressentiment, das seinerseits die notwendige Lernbereitschaft über die systemischen Zusammenhänge blockiert.

Lernen in komplexen Organisationen entsteht, wenn wir (vermuteten) Fehlern und Misserfolgen nachgehen. Statt individueller Schuld wird das Zusammenwirken der verschiedenen Einzelbeiträge zur Situation betrachtet.

Schulung in Feedback, Kommunikation, gewaltfreier Kommunikation[44] und ähnlichen Instrumenten ermöglichen diesen lösungsorientierten Umgang miteinander. Problematisch an solchen Rezepten erweist sich aber immer wieder, dass Appelle und das Befolgen der äußeren Form alleine noch nicht den erwünschten konstruktiven Effekt zeigen, sondern ihrerseits wiederholt als raffiniertes Kampfmittel eingesetzt werden, um weniger kommunikationsgewandten Beteiligten die Schneid abzukaufen und potenziell erkenntnisreiche Irritationen gar nicht erst zuzulassen, entsprechen sie nicht der ‚korrekten' Form (etwa der »gewaltfreien Kommunikation«). Wo diese Kommunikationsformen aber auf der Basis einer klaren Haltung angewendet werden, die weniger die richtige Form betonen als vielmehr tatsächlich Respekt, Neugier und Wertschätzung im Umgang mit unterschiedlichen Bedürfnissen und Interessen vermitteln, haben sie ausgesprochen blockadelösende und lernfördernde Effekte.

3.5.3 Eskalation

Eskalation als Kommunikationsmuster gehört zu den Erscheinungsformen ausgeprägter Hierarchien. »Das müssen wir eskalieren« ist ein Satz, der dann gebraucht wird, wenn gleichberechtigte Akteure zu keiner für beide akzeptablen Lösung kommen. Wenn viel eskaliert wird, bedeutet dies im Positiven, dass die zur Debatte stehenden Fragen erstens ernst genommen und nicht unter den Tisch gekehrt werden und dass zweitens offizielle Regeln in Kraft sind, die es ermöglichen, transparent und nachvollziehbar mit Meinungsverschiedenheiten umzugehen. Drittens bezieht Eskalation das Wissen einer Gesamtperspektive mit ein und sichert, dass Entscheidungen genug Rückhalt haben.

> »Einer der Lieblingssätze hier im Haus ist: Das lassen wir hinaufeskalieren. Das heißt, es wird Verantwortung immer an die nächsthöhere Hierarchiestufe abgegeben. Und das entbindet aber jeden davon, aktiv mitzuarbeiten (...) Und dieses Hinaufeskalieren ist auch wirklich notwendig. Das gibt es oft. Und das versteh' ich auch. Aber das ist eine Unkultur hier im Haus.«

		Akzeptanz für das Anliegen des Anderen	
		niedrig	hoch
Energie für eigenes Anliegen	hoch	Kampf	Verhandlung
	niedrig	Vermeidung, Verdrängung	Anpassung, Unterwerfung

Abb. 11: Strategien im Umgang mit Konflikten

---

44 Vgl. Rosenberg 2003

Abhängig davon, ob jemand das eigene Anliegen mit Energie vertritt und wie viel Akzeptanz dem Anliegen des Gegenüber entgegengebracht wird, ergeben sich unterschiedliche Strategien für den Umgang mit Konflikten. Eskalation ist in diesem Schema der Kategorie Kampf zuzuordnen – aber immerhin wird das eigene Anliegen mit Energie vertreten. Verhandlung bedarf dagegen eines Spielraumes und einer Perspektive, für das Ganze zu denken – die Entscheidung für Eskalation resultiert also seltener aus der persönlichen Neigung des Mitarbeiters, als aus den Spielräumen und Vorgaben, mit denen die Rolle eines Mitarbeiters ausgestattet ist.

Routinemäßige Eskalation bringt allerdings auch bedeutende Nachteile mit sich: Erstens bedeutet sie, dass sich die Führungskraft oder -gremium mit sehr vielen operativen Fragen auseinandersetzen muss. Die Kapazität dieses Gremiums wird zu einer kritischen Größe, einem Nadelöhr, das viele zeitliche Verzögerungen bedingt, aber auch Entscheidungen notwendig macht, die nur auf einem kleinen Teil des verfügbaren Wissens gründen. Eskalation ist ein Zeichen dafür, dass Mitarbeiter wenig für das Ganze denken (dürfen), weil sie – durch Zielsetzung oder geringe Außenkommunikation – einzig auf die isolierte Erfüllung ihrer Aufgabe, aber nicht auf den Erfolg des Ganzen gerichtet sind. Eskalation kann auch darauf hindeuten, dass Mitarbeiter keine Verantwortung übernehmen wollen, sei es, weil es in diesem Unternehmen riskant ist oder weil es sich für sie nicht lohnt: Der subjektive Gegenwert für ihre Leistung (Geld, Sinn und/oder Freude) ist zu gering, als dass sie die Mühe von Verantwortung und Entscheidung auf sich nehmen würden.

3.6   Defizitäre Kommunikation

Manager und Berater sind, wie es der Theoretiker Baecker formulierte, geradezu aus dem Defizit geboren:[45] Ein Manager muss dafür sorgen, dass die Organisation noch ausstehende Sollzustände erreicht und dann Wege finden, eben diese Kluft zu überbrücken. Berater leben generell von der Feststellung und vermeintlichen Behebung von Defiziten. Das ging an uns nicht spurlos vorüber, wie uns im Verlauf unserer Analyseprozesse immer wieder schmerzhaft bewusst wurde. Obwohl wir uns die Ressourcen- und Lösungsorientierung selbst auf die Fahnen geschrieben hatten, stießen wir in unseren Analysen zunächst hauptsächlich auf Defizite. Lag das an uns oder am Beobachtungsobjekt? Oder an der Beziehung zwischen uns und dem Objekt?[46] Jedes Mal mussten wir uns an einem bestimm-

---

45 Vgl. Baecker 2003, S. 257 f
46 »Wenn der Kot an Deiner Nase klebt, ist es kein Wunder, wenn alles nach Sch... riecht«, lautet ein buddhistisches Sprichwort

ten Punkt fast mit Gewalt vor Augen führen, dass jedes Verhalten Sinn ergibt, jedes Muster sich aus in irgendeiner Hinsicht positiven Impulsen zusammensetzt. Wenn wir diese Haltung unseren Erkenntnissen gegenüber konsequent einnahmen, begannen wir schnell, die verborgenen Schätze der Situation zu erkennen.

Das bedeutet nicht, alles bewusst durch die rosarote Brille zu sehen. Denn es gibt noch eine zweite Art Schatz: sich den Schmerzen zu stellen, sich einzugestehen, wo man sich und anderen nicht gerecht geworden ist, seine Möglichkeiten nicht ausgeschöpft hat, nicht dem inneren Kompass gefolgt ist.

Die unterschiedlichsten wissenschaftlichen Disziplinen belegen, dass Menschen wesentlich besser wachsen, lernen und produzieren, wenn sie sich mehr auf die Entwicklung ihrer Stärken konzentrieren als auf das Ausmerzen von Fehlern. Basierend auf unserem immer noch defizitorientierten Erziehungs- und Bildungssystem ist jedoch die Arbeit in Organisationen oft mehr daran interessiert, mittelmäßige Standards anzugleichen als Potenziale zu Spitzenleistungen zu entwickeln.

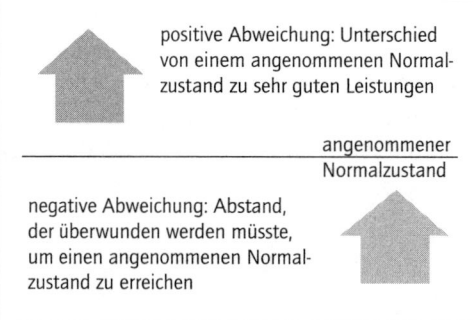

positive Abweichung: Unterschied von einem angenommenen Normalzustand zu sehr guten Leistungen

angenommener Normalzustand

negative Abweichung: Abstand, der überwunden werden müsste, um einen angenommenen Normalzustand zu erreichen

Abb. 12: Positive Abweichung

Positive Abweichung
Cameron hat den Begriff der Positiven Abweichung (positive deviance) geprägt: Ein Konzept, das den Fokus der Organisationsentwicklung nicht darauf legt, Defizite auszumerzen, um einen angenommenen »Normalstandard« zu erreichen, sondern auf die Entwicklung jener vorhandenen Stärken und Ressourcen, die das Potenzial haben, sich zu hohem und sehr hohem Niveau zu entwickeln.[47]

Defizitorientierung drückt sich in Sprache und Fokus des Gesagten aus, aber auch im Handeln, also als Defizitorientierung 1. Ordnung.[48] Das Legen zu hoher

---

47 Cameron 2008, S. 3 ff
48 Vgl. Einführung: Theoriekasten »Beschreibung 1. und 2. Ordnung«

Latten, Pädagogisierung, Mikromanagement und interne Konkurrenz sind besonders gängige Muster, die defizitäres Erleben bewirken.

3.6.1 Das Legen (zu) hoher Messlatten

Der erste Mechanismus der Defizitproduktion ist das Legen zu hoher Messlatten. Nicht oder nur unter Substanzverlust zu erreichende Zielvorgaben sind mit der Idee verknüpft, Mitarbeiter seien grundsätzlich faul und gäben nicht das, was sie könnten, wenn man es nicht mit hohen Zielformulierungen herauspressen würde. Das formuliert natürlich niemand so, aber in den Konnotationen wird die Annahme deutlich. Wenn das Ziel dann tatsächlich nicht erreicht wird, fühlen sich Führungskräfte, die diese Grundannahme vertreten, auch noch in dieser Sichtweise bestätigt.[49]

> Die Basis defizitärer Kommunikation ist ein Menschenbild, das grundsätzlich von Misstrauen geprägt ist.

Es gab durchaus Organisationen, häufiger noch Abteilungen und Situationen, in denen Ziele als in diesem Sinne positiv und herausfordernd wirkten. Aber viel öfter sahen wir Variationen folgenden Musters: zu hohe Ziele – Mitarbeiter strengen sich an – erreichen Ziele nicht – werden durch nicht Erreichen des Zieles abgewertet – die positive Leistung wird nicht anerkannt. Das Legen zu hoher Messlatten korreliert direkt mit Frustration und Überbelastung.

> »Die Ziele werden immer hinaufgeschraubt, so hoch, dass du weißt: Das kannst du sowieso nicht mehr erreichen. Es ist schon richtig, dass man sich Ziele steckt, die ein bisschen höher sind. Aber wenn ich auf einen Berg steige, möchte ich irgendwann mal oben ankommen, und wenn ich genau weiß, das schaffe ich nie, dann werde ich es aufgeben.«

Wie können Sie als Führungskraft eine herausfordernde von einer für Ihre Mitarbeiter zu hohen Messlatte unterscheiden?
Beobachten Sie Ihre Mitarbeiter. Schauen Sie ihre Gesichter an, wenn Ziele und Zielerreichung Thema sind. Hören Sie zu, was sie über die Ziele sagen, welche Färbung ihre Aussagen haben, ob zynische Untertöne mitschwingen. Wagen Sie die Hypothese, der Unterton habe nicht nur mit der Person des Sprechenden zu tun, sondern mit einer Spannung, die sich im Gesagten manifestiert.

---

49 Vgl. Kapitel 6

Herausfordernde Ziele geben schwungvolle Energie, zu hohe erzeugen entweder hektische, gepresste Energie oder ein ständiges Raunzen. Im besten Fall werden Herausforderungen gemeinsam mit den Mitarbeitern entwickelt, nicht einfach aufgestülpt.

3.6.2 Erziehung der »Untergebenen«

Das Hinunterziehen von Mitarbeitern und Teams bis hin zu ganzen Abteilungen in den Defizitsumpf kennt aber auch die Spielart der Pädagogisierung. Die Annahme, dass Mitarbeiter oder Führungskräfte als Personen nicht kompetent genug seien, und man müsse sie belehren und erziehen, ist ein häufiger Auslöser für Widerstand oder Distanzierung. So beschwerten sich die Abteilungsleiter in einem von uns untersuchten Unternehmen über die regelmäßigen Vorträge des Vorstandes zu Loyalität und Elan im Veränderungsprozess, indem sie mehr oder weniger als Bremser hingestellt wurden. Ihrer Ansicht nach wollten sie die Veränderung in keiner Weise untergraben, sondern standen, was das große Ganze betraf, ohne Abstriche dahinter. Aber dadurch, dass ihre Bedenken abqualifiziert und in etwas, das sie noch zu lernen hätten, umgemünzt wurden, fühlten sie sich in zweifacher Weise nicht ernst genommen: inhaltlich mit ihren Bedenken, aber auch als verantwortungsvolle und kompetente Führungskräfte, die versuchten, zum Wohle der Organisation und der Mitarbeiter zu handeln und zu denken. Auch Qualifikationsprogramme werden gerade bei Führungskräften oft als Abwertung der aktuellen Kompetenz wahrgenommen.

3.6.3 Mikromanagement

Die vielleicht stärkste und verbreitetste Form der Abwertung von Ressourcen im eigenen Unternehmen ist die permanente Kontrolle, das Einholenmüssen von Genehmigungen bei Vorgesetzten oder Stabsstellen auch bei nur kleinen Initiativen, etwa die genannten kleinen Ausgaben über 10 Euro, für die der Abteilungsleiter die Zustimmung des Controllings brauchte, weil dieser Posten nicht im Budget vorgesehen gewesen war. In gewisser Weise stellt dieses Muster das Gegenstück zum Legen zu hoher Messlatten dar, da es auf einer systematischen Abwertung der Mitarbeiter und ihrer Fähigkeiten beruht.

Eine weitere Spielart, die eigene Belegschaft an die kurze Leine zu legen, ist das Einführen minutiöser Handbücher für alle möglichen und unmöglichen Handgriffe und Prozesse. Für viele Prozesse ist das Handbuch ein ausgezeichnetes Dokumentationsmedium, und bei vielen technischen Abläufen zur Qualitätssicherung unabkömmlich. Das Prinzip Handbuch hat sich aber auch auf viele Bereiche ausgedehnt, in denen detailreiche Vorschreibungen Eigeninitiative,

Freude und Lernen verleiden. Auch das regelmäßige Beschäftigen von Beratern, um etwa Prozesse auf Vordermann zu bringen, kann negative Effekte mit sich bringen. Dabei wird das in der Organisation vorhandene Expertenwissen abgewertet. Das bedeutet nicht, dass man externes Wissen nicht nutzen sollte. Die Frage ist nur, in welcher Beziehung diese externen Träger von Know-how zu den Mitarbeitern stehen und ob die Mitarbeiter eine Rolle bekommen, die sie stärkt, ihr Wissen und Können wertschätzt und sie in die Verantwortung nimmt.

3.7 Ressourcenstärkende Kommunikation

Defizitäre Kommunikation haben wir in den von uns beratenen Unternehmen oft angetroffen. Allerdings fanden wir auch Beispiele von Kommunikationsverhalten und -strukturen mit offensichtlich ressourcenstärkenden Auswirkungen vor, von denen wir hier berichten wollen.

> Der Fokus auf Stärken – von Mitarbeitern wie auch der Organisation – entfaltet gegenüber einer Konzentration auf Defizite ein Vielfaches an Momentum in die gewünschte Richtung.

3.7.1 Verantwortung übertragen

Vertrauen ist eine der am stärksten Loyalität und Verantwortung erzeugenden Kräfte, gerade weil es mit Risiko behaftet ist. So gut wie immer, wenn wir Führungskräfte über ihre wichtigsten Lernerfahrungen befragen, haben sie mit Vertrauen, das ihnen geschenkt, und Verantwortung, die ihnen übertragen wurde, zu tun.

> »Ich habe mit Führungskräfte über mir gehabt, die sich überhaupt nicht gekümmert haben, was ich mache. Ich habe das als sehr, sehr positiv empfunden, das heißt, ich habe größtmöglichen Freiraum als letztoperative Führungskraft gehabt, die die Mitarbeiter, die dann draußen sind, auch führt. Ich finde das extrem positiv. Dass ich selbst nur wenig geführt worden bin, hat meine Eigenmotivation extrem gestärkt.«

Das gilt aber nicht nur für Führungskräfte: Wenn ein Mitarbeiter Verantwortung für einen Arbeitsbereich oder eine komplexe Aufgabe bekommt, wird Vertrauen in seine Kompetenz signalisiert. Kompetenzen werden immer erst in dem Moment voll entwickelt, in dem Verantwortung übernommen werden muss, d.h. wenn derjenige selbstständig Entscheidungen fällt. Dies geht zumeist mit einer für die Personen bemerkenswerten Vertrauensbekundung in ihre Führungskompetenz einher, die auf Kontrolle verzichtet und eine überraschend anspruchsvolle Agenda in die Hand des Mitarbeiters legt.

Kompetenz manifestiert sich erst in dem Augenblick, in dem sie zugemutet wird und ausgespielt werden darf. Vorher ist sie nur als kaum sichtbares Potenzial vorhanden.[50]

> Wirksame Stärkenfokussierung zeigt sich zuvorderst daran, dass Mitarbeiter Verantwortung bekommen und übernehmen und dass Führungskräfte diese Verantwortungen übertragen.

Für Führung ist dies ein paradoxer Befund. Viele Menschen geben ihr Bestes an Leistung, wenn sie tatsächlich eigen- oder hauptverantwortlich sind und selbstständig Entscheidungen treffen müssen und die Dinge auf ihre Art angehen können. Sie lernen am besten, wenn sie ihre Fehler selber machen können, das allerdings in einem Umfeld, das zur Reflexion und zum Lernen anregt. Andererseits ist die Führungskraft letztverantwortlich und auf die gute Erfüllung der Aufgaben angewiesen und kann nicht in jedem Fall einfach blind vertrauen.

Führung ist so gesehen eine Kommunikation, die zu einem großen Teil aus Abwesenheit von Kommunikation besteht: die Kunst, so kommunizieren, dass Abwesenheit als vertrauensvolle, aber auch anspruchsvolle Aufmerksamkeit ausgelegt wird und nicht als Interesselosigkeit.[51] Diese Abwesenheit hat wiederum sehr anspruchsvolle Kommunikation als Voraussetzung: nämlich Verantwortung so zu übertragen, dass Aufgabe und Handlungsspielraum klar sind und Vertrauen sich in Rückendeckung und Aufmerksamkeit äußert, ohne dass das Gefühl von übermäßiger Kontrolle entsteht.

3.7.2 Rückendeckung geben

Ein weiteres Muster mit eindeutig ressourcenstärkender Wirkung ist Rückendeckung. Mitarbeiter, die die Erfahrung gemacht hatten, dass bei Irritationen und Fehlern die Verantwortung nicht bei ihnen als Einzelperson hängen blieb, sondern die Führungskraft oder das Team diese Verantwortung gemeinsam trugen, zeigten große Loyalität und Bereitschaft, weiterhin Verantwortung zu übernehmen.

---

50 Vgl. Whyte (1996): Die Street Corner Society: Die Sozialstruktur eines Italienerviertels. In diesem Klassiker unter den soziologischen Studien arbeitet der Autor den Zusammenhang von Rolle und Kompetenz bei jungen Männern in New York sehr prägnant heraus. Vgl. auch Kapitel 2, Abschnitt Rollen
51 Vgl. Baecker 2009, S. 11 ff

3.7.3 Positive Sprache

Positive Kommunikation drückt sich in der Wortwahl aus, in der Fokussierung auf positiv zu Erreichendes statt auf Negatives, das es zu eliminieren gilt. Diese Merkmale sind leicht zu identifizieren und doch schwer zu verändern. So wirksam positive Sprache ist: Wenn sie nicht tatsächlich die Haltung der Führung widerspiegelt, birgt sie die Gefahr der nervenden Sprachschablonen und der Sprachpolizei. Dann kehrt sich Positives in Negatives und der Versuch, richtig zu führen, weckt den Verdacht, zu manipulieren und das Gegenüber für dumm zu halten. Häufig wirkt es als Feigenblatt, um denen »unten« das richtige Verhalten zu entlocken und die Unzufriedenheit mit der Leistung der Mitarbeiter mit Schönsprech zu versüßen.

3.8 Informelle Kommunikation

Hierarchische und formalisierte Kommunikation hat gute Gründe, aber viele Nachteile: Sie bremst, entmutigt, sie verwässert und nimmt Handlungsspielräume.

Informelle Kommunikation schafft diesbezüglich Abhilfe. Sie etabliert produktive Nischen jenseits geregelter Abläufe. In einem untersuchten Unternehmen hieß das: Die zentrale Währung ist Kaffee. Man fragte nicht den, den man laut Organigramm oder Entscheidungsregeln fragen müsste, sondern den, der einem vermutlich am schnellsten die beste Antwort geben konnte.

3.8.1 Hier regiert der Hausverstand

Informelle Kommunikation ist für viele Herausforderungen in komplexen Organisationen eine gute Lösungsstrategie. Was sonst Monate dauern würde – wenn es überhaupt passiert – kann auf diesem Weg relativ schnell erledigt werden. Informelle Kommunikation »*gets things done*«.

> »Es gab immer wieder mal Vorstöße, mehr Vernetzung in der Zentrale zu schaffen. Das ist von den Vorständen aber klar weggewischt worden: ‚Nein, die Bereichsleiter kriegen am Montag die Information und geben sie weiter an die jeweiligen Mitarbeiter in ihren Bereichen und wieder hoch, dafür haben wir eine Struktur und das reicht.' Nur so funktioniert das halt nicht. Es läuft nur deswegen, weil jeder seine Kanäle hat und mal fragt oder auch nicht.«

Für viele Organisationen, in denen die formalen Strukturen überbürokratisch geworden oder aus anderen Gründen blockiert sind, ist informelle Kommunikation lebensrettend. Die Produktion ist überlastet, die Kapazitäten zu niedrig, der Stab entwirft komplizierte Qualitätshandbücher. Ein Abteilungsleiter, der eine schnelle Entscheidung braucht, zieht die Konsequenz:»Einfach den Ferdl anrufen, der hat das früher gemacht, der räumt uns eine Stelle in der Halle frei, wo wir die Ersatzmaschine aufstellen können.«

Informelle Kommunikation hat eine sehr effiziente Seite: Abseits der offiziellen Kanäle lässt sich leichter besprechen, worauf es im Moment und in der konkreten Situation ankommt. Hier regiert der Hausverstand. Die, die sich verantwortlich fühlen und etwas umsetzen wollen, können mit informeller Kommunikation Blockaden überwinden. Diese Art der Kommunikation befreit von lästigem Beiwerk, man kann sich aufs Eigentliche konzentrieren – was immer das aus der jeweiligen Perspektive auch sein mag.

3.8.2 Netzwerk der Eingeweihten

Informelle Kommunikation hat allerdings auch mehrere Nachteile. Weil sie auf Vertrautheit und Vertrauen basiert, bevorzugt sie die alten Hasen. Sie schließt neue Mitarbeiter tendenziell aus bzw. macht ihnen das Leben schwer, weil sie nicht annähernd die Möglichkeit haben, Dinge so zu beeinflussen wie jene Alteingesessenen, die bereits Teil der informellen Netzwerke sind.

> »Wenn man lang genug dabei ist, weiß man, was läuft. Das ist natürlich hilfreich, dass man sozusagen eine Zweitarchitektur hat, über Beeinflussungsmechanismen und dergleichen.«

Geheimniskrämerei ist die Folge, denn ist man Teilhaber informeller Entscheidungsprozeduren, muss man unterscheiden, an wen man in sein Wissen weitergibt und in die Hintergründe, Nebenvereinbarungen und Zukunftsszenarien einweiht. Die solcherart selektierte Information erzeugt Lücken in den Argumentationen. Die durch informelle Kommunikation gesetzten Prioritäten sind nicht diskutierbar, ihre Entscheidungen und Prämissen werden keinem (öffentlichen) Feedback ausgesetzt.

Von informeller Kommunikation genährte Spekulationen begünstigen Taktiererei und behindern Denken für das Ganze.

Die Nichteingeweihten spüren auf die eine oder andere Art, dass ihnen Information vorenthalten wird. Kommunikation wird im negativen Sinne des Wortes »politisch«, also von Taktik, unausgesprochenen Interessen und Bündnissen durchsetzt. Selbst der unbegründete Verdacht, solche geheimen Bündnisse existierten, kann eine solche negative Politisierung von Kommunikation zur Folge haben. Auf diese Weise wird bei den vermeintlich Ausgeschlossenen die Bereitschaft verringert, sich zu engagieren und im Sinne des Ganzen mitzudenken. Offiziellen Gremien und Kommunikationsforen haftet dann leicht der Geruch von Alibiveranstaltungen an, die von niemandem so richtig ernst genommen werden. Diese unausgesprochene permanente Abwertung erzeugt einen Teufelskreis, der zur Folge hat, dass man sich just und ausschließlich auf informelle Kanäle verlässt.

> Informelle Kommunikation erhält viele Organisationen am Leben, aber stabilisiert dadurch häufig unproduktive Muster.

3.8.3 Schnelle und praktische Lösungen

Techniker können ein Lied von den Folgen schneller Lösungen singen: Jeder Bypass, jede schnelle Reparatur eines technischen Systems macht es schwieriger, grundlegende Fehler zu beheben. In sozialen Systemen fanden wir ein analoges Muster: Funktionierende Alternativen zu offiziellen Regeln hebeln diese aus, um sie zugleich wieder zu bestätigen, denn kontraproduktive Regeln werden kaum infrage gestellt, solange die Möglichkeit besteht, sie zu umgehen. Informelle Kommunikation erhält auf diese Art die wirkungslose – weil entweder inadäquate oder zu ungewohnte – Regel in Kraft. Sie erzeugt damit ein schlechtes Gewissen, enttäuscht Erwartungen und wird im Konfliktfall zur unangenehmen Waffe. Die Beteiligten unterliegen einem Doublebind, denn im Ernstfall kann man es nicht richtig gemacht haben. Fordert man stur die offiziellen Regeln ein, gilt man als Pedant und Bremser, geht etwas schief, hat man sein Fett weg, weil man sich nicht an die Regeln gehalten hat.

> Dominante informelle Kommunikation macht organisationales Lernen unmöglich.

Daher fördert informelle Kommunikation mehr die bewahrenden als die verändernden Tendenzen und trägt wenig zu bewusstem Lernen bei. Oben haben wir behauptet: Informelle Kommunikation macht es dem Kommunizierenden leicht, sich auf das Wichtigste zu konzentrieren. Was aber ist das Wichtigste? Allzu oft verhindert die informelle Kommunikation, dass eine neuentwickelte Struktur sich sinnvoll entfalten kann. Der jeweils nächstliegende operative Schritt wird zwar beschleunigt, die Organisation nimmt sich jedoch gleichzeitig die Chance, erfolgreiche Metakommunikation (Kommunikation darüber, wie hier kommuniziert wird und welche Regeln gelten sollen) zu betreiben. Damit werden mäßig produktive Prozesse und Strukturen auf Dauer etabliert und das Lernpotenzial nicht ausgeschöpft.

3.8.4 Gerüchteküche

Informelle Kommunikation produziert zwangsweise Lücken. Es liegt in ihrem Wesen, dass nicht alle alles wissen dürfen, weil vieles jenseits der offiziellen Regeln passiert. Da der Mensch fantasiebegabt ist, ergänzt er die fehlenden Informationen durch eigene Vorstellungen zu einem für ihn sinnvollen Ganzen. Projektionen und Gerüchte speisen sich oft aus dem, was Menschen befürchten oder was sie oder andere in der Vergangenheit erlebt haben. In unsicheren Zeiten, wenn Veränderungen vor der Tür stehen, können Informationslücken schnell durch Geschichten aufgefüllt werden, die die Mitarbeiter beschäftigen, lähmen, sie aufregen und weitere Fantasien entstehen lassen. In Organisationen beginnen dann die Informationen in alle Richtungen auseinanderzulaufen. Kommunikation wird nicht als verbindend und klärend, sondern als verwirrend und trennend erlebt. In einem von uns untersuchten Unternehmen wurde das Managementteam als mystisch oder diffus bezeichnet, viele Mitarbeiter konnten sich nicht erklären, was dort passiert, wofür dieses Gremium steht. Da es kaum (und vor allem keine einheitliche) Kommunikation aus diesem Team gab, wurden Gerüchte und Vermutungen angestellt, welche Entscheidungen getroffen wurden oder welche Veränderungen anstehen.

Informelle Kommunikation lässt sich nicht abschaffen – das wäre auch nicht wünschenswert. Aber wenn die offiziellen Regeln und Wege, aus welchem Grund auch immer, gar nicht funktionieren und bei wesentlichen Entscheidungen unklar ist, wer da wie mitmischt, wenn die Kluft zwischen offiziellen Regeln und der Realität sehr groß ist, zahlt die Organisation einen hohen Preis, insbesondere was ihre Lern- und Veränderungsfähigkeit betrifft.

3.9 Schriftliche Kommunikation

Der Alltag unserer Arbeit ist zunehmend von schriftlicher Kommunikation geprägt, in erster Linie von E-Mails. Sie hat einige Eigenschaften, die unsere Beziehungen und Produktivität maßgeblich beeinflussen. Und sie verfügt über einige entscheidende Vorteile: Sie ist überprüfbar, man kann sich im Nachhinein darauf beziehen und sie kann auch an Nichtanwesende übermittelt werden. Schriftliche Kommunikation erzeugt ein Gedächtnis der Organisation, das es ermöglicht, Kommunikationen und Entscheidungen bei Bedarf zu reproduzieren. In diesem Sinne ist sie ein essenzielles Mittel der offiziellen kollektiven Kommunikation. In Unternehmen, in denen Fehler- und Schuldigensuche vorherrscht, erzeugt aber genau diese Eigenschaft auch Skepsis gegenüber schriftlicher Kommunikation.

»Ich kommuniziere mit den Werken sehr viel per Telefon und ganz wenig per E-Mail, weil mir persönlich auch schon gesagt wurde: ›Ich hab Angst, wenn ich dir das dann schriftlich gebe, dass du mich da darauf festlegst‹. Und das ist meines Erachtens auch eine Angst, die die haben, dass sie irgendeine Entscheidung getroffen haben, die dann schriftlich fixiert ist. Und die könnte man ja eventuell gegen sie verwenden, also das ist auf jeden Fall was Negatives.«

E-Mails und verwandte Formen schriftlicher Alltagskommunikation verschärfen Konflikte und erschweren verständnisfördernden Dialog.

Ein Nachteil bei schriftlicher Kommunikation ist ihre Umständlichkeit. Viele Nebeninformationen, die dem Empfänger eine richtige Einordnung der Botschaft erleichtern würden, fehlen. Es fehlt die Möglichkeit der Nachfrage, es mangelt an den kleinen Ergänzungen, die wir brauchen, aber auch die nonverbalen Signale, die uns ermöglichen, die Bedeutung der Aussage zu verstehen. Nur in der direkten Begegnung lässt sich der Ernst der Lage für den Sender einschätzen, ganz zu schweigen von der richtigen Einordnung scherzhafter und ironischer Bemerkungen. All das führt dazu, dass schriftliche Kommunikation sehr viel mehr Irritationen und Unverständnis hervorrufen kann, bis zu schwerwiegenden Konflikten, die in erster Linie auf Missverständnissen beruhen.

»Wenn man die Sprache und die Kulturunterschiede hernimmt, und das dann noch überlagert mit wenig Zeit und dem Kommunikationsmedium E-Mail, dann wissen wir, dass sehr viele Missverständnisse entstehen und dass aus den Missverständnissen heraus oft großer Unmut auf der zwischenmenschlichen Ebene passiert. Stellen Sie sich vor, beide Seiten haben Druck und tun sich schon mit der gemeinsamen Sprache schwer. Es gibt, was die Kommunikation betrifft, natürlich große Unterschiede in der Kultur und dann kommt noch dazu, dass man ja nicht miteinander spricht, sondern E-Mails abschickt, und das ist natürlich der Killer.«

Auch das Fehlen direkten Feedbacks und der unmittelbaren Abstimmung macht Abläufe komplizierter, obwohl es im ersten Moment als Erleichterung erscheint. Dies verringert die Wahrscheinlichkeit, dass die Beteiligten gut informiert und schnelle, qualitative Lösungen gefunden werden. Systeme, die nur auf schriftliche, prozessual minutiös geregelte Prozesse setzen, sind fehleranfälliger als solche, in denen die Beteiligten auch regelmäßige oder anlassbezogene ergänzende mündliche Kommunikation pflegen. Ob die Informationen im Sinne des Absenders verstanden wurden, hängt wiederum nur an mündlicher Kommunikation und an Menschen, die sich über ihren eigenen Prozessschritt hinaus verantwortlich fühlen. Automatisierte, anonyme Systeme und dazugehörige Aufgabenbeschreibungen bewirken oft eher das Gegenteil.

»Früher hat es eine Besprechung über die Inbetriebnahme gegeben, alle schlechten und guten Punkte sind zusammengefasst worden und dann hat es ein gemeinsames Besprechungsprotokoll gegeben und jeder hat seine Arbeitspakete mitgenommen. Jetzt gibt es über das Ganze einen Claim. Da schreibt der Inbetriebnahmetechniker in fünf Zeilen zusammen, was er in vier Berichten zusammenfassen sollte, und dann geht des weiter und viele Informationen gehen verloren, und wenn der MW-Techniker dann gerade nicht da ist, den man für den nächsten Auftrag braucht, dann hat man ein Problem, Also, wie gesagt, die Rückmeldung ist schon auch etwas, das ganz wichtig ist.«

In unseren Beobachtungen in Unternehmen stellten wir immer wieder fest, dass der Grad der Verbundenheit der Kommunikationsteilnehmer rapide abnahm, wenn über längere Zeit nur schriftlich kommuniziert wurde. Telefon und Videokonferenzen sind hier eine sinnvolle, wenn auch nicht ganz vollwertige Abhilfe, da auch mit diesen Medien die Komplexität der möglichen Informationen – man kann selten etwa die körpersprachlichen Reaktionen mehrerer Zuhörer auf einmal erfassen – gegenüber der Face-to-face-Kommunikation reduziert ist.

3.10 Kommunikation im Ausnahmezustand

Ein auffällig positives Muster entsteht in der Situation von Notfällen: Mehrfach erlebten wir Selbstbeschreibungen von Organisationen, in denen der Alltag als mühselig und enervierend beschrieben wurde, verbunden mit dem Zusatz:»Aber im Feuerwehrmodus sind wir super. Da halten wir zusammen, da setzt sich jeder ein.«

Was passiert in Notsituationen? Der Sinn des Handelns ist klar: In wirklichen Notfällen geht es auch um einen »sinnvolleren« Sinn, etwa die Gemeinschaft oder die Lebensqualität von Menschen. Hierarchien werden tendenziell außer Kraft gesetzt, es zählt tatsächlich für die Lösung des Problems brauchbares Wissen. Das emanzipatorische Versprechen der Moderne – im Alltag der Organisation eher selten erfüllt – setzt sich mit dem Notfall durch: Als Personen sind alle gleich, Gewicht leitet sich einzig und allein aus dem Beitrag für die betreffende Lösung ab. Es gibt schnelle Erfolgserlebnisse für gemeinsame Arbeit, die Kooperation und alle an ihr Beteiligten werden sofort belohnt, dagegen gibt es weniger Konkurrenz – Erfolg ist eindeutig und gilt tendenziell für alle Beteiligten gleichermaßen.[52]

---

52 Vgl. Sennett 2012, 154 f

Beispielhafte Interventionsrichtungen
Was wir (nach gründlicher Bildung von Hypothesen) tun bei …
… übermäßiger Einwegkommunikation:

* Feedbackmechanismen etablieren, im Kleinen und im Großen. Im Großen regen wir in Bezug auf wichtige Themen der Organisation Arbeit mit interaktiven Großgruppen, Resonanz- und Querschnittsgruppen an.
* Auf jeder Hierarchieebene (Führungs-)Teams etablieren, die wichtige Fragestellungen und Entscheidungen/Impulse von oben oder aus anderen Unternehmensteilen gemeinsam reflektieren und im Rahmen ihres Auftrages Entscheidungen treffen oder Feedback geben

… unbefriedigenden Dialogen, Meetings, Besprechungen:

* Erstens mit den Betroffenen reflektieren und Hypothesen bilden, denn die möglichen Gründe dafür sind vielfältig. Mögliche Interventionen könnten sein:
* Klare Konsultations- und Entscheidungsprozeduren einführen, wie etwa das soziokratische Konsent-Modell
* Individuelle Rollen mit mehr Entscheidungsbefugnissen ausstatten, mit regelmäßigem Feedback dazu im Team
* Fehler- und Vertrauenskultur reflektieren: Was trauen wir einander zu, was müsste passieren, damit wir jemand in einer Frage alleine entscheiden lassen? Wie viele Fehler können und wollen wir uns gestatten, um daraus zu lernen?
* 70/30-Regel einführen: Entscheidungen dann verbindlich treffen, wenn die Beteiligten zu 70 Prozent damit zufrieden sind – also keine Berücksichtigung aller Bedürfnisse bis zur Perfektion anstreben, aber doch relativ hohe Akzeptanz im Team sicherstellen
* Die wesentlichen Kriterien für die Entscheidung klären – Musts im Vorfeld von weniger wichtigen Interessen oder individuellen Befindlichkeiten klären.
* Verdeckte Einflüsse und Interessen reflektieren, so weit wie möglich offenlegen und in die Verhandlung einbringen

… bei sternförmiger und übermäßiger informeller Kommunikation:

* Dialogische Regelkommunikation etablieren, das heißt routinemäßige Besprechungen, Meetings, Klausuren in Dialogform einführen, damit Beteiligte zu großen und kleinen Themen rückmelden und Stellung nehmen können
* Regelkommunikation auch abseits von sehr operativen Jours fixes einführen, in denen die großen Linien, Zufriedenheit mit Arbeit und Ergebnissen, Rollen regelmäßig überprüft werden
* Teams in die Verantwortung bringen

… hoher Konfliktbereitschaft:

* Kommunikation reflektieren – Kommunikationsprinzipien einführen (Feedbackmethoden, gewaltfreie Kommunikation, Harvardmodell …)
* Aber Einsatz und Beteiligung auch in unperfekter Form wertschätzen
* Rollen und Aufträge der Beteiligten auf Widersprüche bzw. Hidden Agendas und implizite Interessen von einflussreichen Dritten überprüfen

...häufiger Eskalation:
* Verantwortungen nach unten übertragen – Querkommunikation anregen, Konfliktparteien Lösungsvorschlag entwickeln lassen – im Führungsteam Rahmen setzen
* Delegation von Detailentscheidungen nach oben konsequent zurückweisen
* Konsequent Lösungen und Lösungsvorschläge von Mitarbeitern einfordern
* Handlungsspielräume und Grenzen gemeinsam reflektieren und klar definieren

... stark defizitärer Kommunikation:
* Konsequenten Changeprozess in Richtung Stärkenorientierung durchführen (Achtung: Kulturveränderung!)
* Entscheidungsspielräume und Vertrauen in Mitarbeiter und Kollegen überprüfen
* Bei Kontrollbedarf ressourcenorientierte Teamfeedbacksysteme überlegen

... Problemen mit der E-Mail-Kommunikation:
* Regelmäßige Face-to-Face-Kommunikation
* Bewusstsein für Effekte von schriftlicher Kommunikation etablieren und hilfreiche Prinzipien für den Umgang vereinbaren
* Bei akuten eskalierenden schriftlichen Kommunikationen sofort aus dem Automatismus aussteigen und zu mündlicher Kommunikation übergehen

4 Change Fiction – Was Organisationen mit Veränderungen machen und umgekehrt

>»Wir haben kaum die Wahl. Wenn wir nicht in ein anderes gemeinsames Haus ziehen,
>werden wir die anderen Kulturen, die wir nicht mehr beherrschen können,
>nicht darin unterbringen. Und es wird uns nie gelingen, die Umwelt,
>die wir nicht mehr meistern können, darin aufzunehmen.
>Weder die Natur noch die Anderen werden modern werden.
>An uns ist es, die Art und Weise zu verändern, wie wir verändern.«
>
>*Bruno Latour*[53]

4.1 Kein Tag wie der andere

Alle lebenden Systeme sind in ständiger Veränderung begriffen. Um überleben zu können, passen sie sich ihren Umwelten an. Veränderung ist demnach die Regel, nicht die Ausnahme. Ohne Übertreibung kann man feststellen, dass in der Geschichte der Menschheit noch nie so viel Wandel in so kurzer Zeit stattgefunden hat wie im letzten Jahrzehnt. Unternehmen aller Branchen sind dazu gezwungen, sich laufend und immer wieder radikal zu verändern. Die volatilen Märkte, die ökonomische und technologische Entwicklung und nicht zuletzt die gesellschaftlichen Umwälzungen fordern viel, manchmal geradezu Unmögliches. Von allen Seiten wächst der Druck auf die Organisationen. Deswegen sind Begriffe wie Change und Change Management in vielen Organisationen zu Unwörtern verkommen. Viele Unternehmen sind müde, haben kaum freie Kapazitäten und können ihre Ressourcen nicht ausreichend nutzen. Man hat den Eindruck, manche Organisationen stünden knapp vor dem Burn-out.

Andere Unternehmen wiederum scheinen in ihren guten Zeiten voller Energie zu strotzen. Sie nehmen Herausforderungen, wie sie kommen, und antizipieren den Wettbewerb scheinbar mühelos. Wie kommt es, dass bestimmte Unternehmen den viel beschworenen *»wind of change«* für permanente Höhenflüge nutzen, während er sich für eine Vielzahl an Mitbewerbern als allzu rauer Gegenwind darstellt?

Unsere Beobachtungen zur Wirksamkeit von Führung unter den Bedingungen des permanenten Wandels möchten wir mit einem kurzen Rückblick auf die Entwicklung des Themas Veränderung innerhalb der Organisationstheorie einleiten:

---

53 Ruffin, 2009, S. 40

Was ist Veränderung?

Der Ursprung des Veränderungsmanagements geht auf die ersten Gehversuche der Organisationsentwicklung in den USA der 1930er-Jahre zurück. Die Wissenschaftler Roethlisberger und Mayo führten im Rahmen von Forschungsaufträgen Experimente in den Werken der Western Electric durch. Sie entdeckten, dass die Leistungsfähigkeit der Mitarbeiter weniger von technischen Gegebenheiten als vielmehr von der Aufmerksamkeit für die Mitarbeiter beeinflusst wurde.[54] So interviewten Führungskräfte im Rahmen der sogenannten Hawthorne-Experimente ihre Mitarbeiter und lernten in ihrem Führungsverhalten auf deren Gefühle und Bedürfnisse einzugehen. Gleichzeitig hatten durch diese Interviews auch die Arbeiter zum ersten Mal das Gefühl, gehört zu werden: Es war eine frühe Form von Austausch und Beteiligung in Organisationen. Außerdem wurde in diesen bahnbrechenden Experimenten klar, dass Bedingungen wie Licht, Ergonomie und ähnliche Fragen einen zusätzlichen positiven Motivationsschub für die Menschen bringen. Zusammengefasst wurden diese Experimente im Hawthorne-Effekt: der Leistungssteigerung durch das bewusste Intensivieren und Nutzen von sozialen Beziehungen. Erstmals wurde die technische Organisation als »systems of sentiments« beschrieben. Organisationsentwicklung war geboren, die Grundlagen für Veränderungsmanagement gelegt.[55]

Aufbauend auf diesen Erkenntnissen hat der amerikanische Organisationssoziologe Lewin in den 1940er-Jahren weiter gehende Untersuchungen zum Thema Führung und Veränderung durchgeführt. Die Pioniertheorie von Lewin (1947, 1958) beschreibt drei typische Phasen, die Organisationen bei großen Veränderungen durchlaufen:

1. *unfreezing* – Auftauen
2. *moving* – Bewegen
3. *freezing* – Einfrieren

Lewin zufolge muss die Organisation zuerst aufgerüttelt werden: Alte Muster müssen aufgebrochen und überkommene Abläufe abgeschafft werden. Daran anschließend kann das System in einen neuen Zustand überführt sowie neue Arbeitsweisen und Abläufe definiert und eingeübt werden, um sie dann wieder so zu stabilisieren, dass sie sich in der Organisation fest verankern (*freezing*). Angesichts der heutigen Geschwindigkeit der Märkte bietet dieses Modell keine angemessene Antwort mehr. Und dennoch ist es in vielen Köpfen von Managern immer noch präsent. Vor allem die Vorstellung des Einfrierens und Stabilisierens eines einmal erreichten Ist-Zustandes scheint vielen Führungskräften immer noch verlockend. Dabei entpuppt sich die Idee, dass Organisationen Zeit haben, quasi in Zeitlupe neue Verhaltens- und Geschäftsweisen einzuüben, zusehends als Fiktion.

---

54 Roethlisberger u. Dickson 1939
55 Ebd.

»Ich habe das Gefühl, wir treiben in zu rascher Folge zu viele Säue durch zu viele Dörfer. Wenn ich mich auf das eine Schwein setze, kaum habe ich darauf Platz genommen, kommt mir der Vorstand auf einem anderen Schwein schon wieder entgegen. Ich hab langsam ein Problem damit, weil ich die Schweine nicht so oft wechseln kann, auf denen ich sitze.«

Eine Veränderung jagt die andere, sie folgen nicht aufeinander, sondern passieren gleichzeitig in unterschiedlichen Geschwindigkeiten und zeitversetzt zwischen oben und unten. Sie sorgen für Emotionen aller Art und bewegen die Unternehmen massiv und dauernd. In nahezu allen unserer untersuchten Organisationen war tiefgreifender Wandel ein Thema. Fast überall konnten wir beobachten, dass Menschen entweder mittendrin »steckten« oder mit den Auswirkungen vergangener oder der Ankündigung bevorstehender Changeprozesse kämpften. Selten hörten wir, dass sich die Menschen auf Veränderung freuten, manchmal sahen sie darin Chancen. Immer waren diese Veränderungsthemen mit großem Respekt, häufig auch mit Ängsten verbunden.

4.2 Das Ziel ist nicht der Weg

Wie begegnen die Unternehmen diesen Anforderungen? In den letzten Jahrzehnten kamen auf Basis der oben beschriebenen tayloristisch-mechanistischen Logik die Ansätze des Changemanagements gerade recht: Das Management überlegt – oft mithilfe von Beratern –, was sich verändern muss, definiert eine möglichst attraktive Vision (oft handelt es dabei aber nur um Ziele), plant Maßnahmen, mit denen der angestrebte Zustand erreicht werden soll: am besten ohne Umwege vom Ist zum Soll. Die Belegschaft wird informiert, überzeugt und setzt dann die Veränderung um. Dabei wird erwartet, dass die Menschen, allen voran die Führungskräfte, die Dinge mit aller Überzeugung vertreten, die an der Spitze entwickelt wurden. Solcherart »verordneter« Wandel führt sein Scheitern allerdings im Kern mit sich: Denn Menschen sehen sich nicht als bloße Erfüllungsgehilfen oder Ausführungsorgane, sondern kreieren Sinn und die daraus resultierende Überzeugung in ihrem Inneren. Sie unterstützen Visionen und Ziele, zu dessen Entstehen sie beigetragen haben.

> Vielfach werden Veränderungen linear gedacht, Zieldefinition und Maßnahmenpläne mit der Umsetzung verwechselt.

In der Praxis sehen wir, dass Changemanager oft von dysfunktionalen Annahmen ausgehen. Sie sehen den Wandel als linear planbar und steuerbar und unterstellen, dass die Zukunft vorhersehbar ist, dass Wandel gut und schnell gelingt, wenn man nur die richtigen Knöpfe und Hebel drückt. Diese Annahmen sind für lebendige Systeme aus systemtheoretischer Sicht nicht haltbar und stoßen in der Praxis auf ihre Grenzen.

4.3   Anlässe von Veränderungen

In unseren Beispielen fanden wir unterschiedliche Anlässe für Veränderungen: der Drang zu ökonomischem Wachstum, meist mit Internationalisierung verbunden, das Zusammengehen von Unternehmen, meist in der Form von Übernahmen oder auch die Notwendigkeit einer Verschlankung und Restrukturierung, meist verbunden mit Personalabbau. Schleichend entkoppeln sich jedoch die Anlässe für Veränderung teilweise von den primär ökonomischen Notwendigkeiten. Die Stärkung von Führung, das Schaffen von nachhaltiger Energie im Unternehmen oder auch der positivere, motivationsfördernde Umgang mit den Menschen, u.a. um die Arbeitgebermarke zu stärken, sind neuere, meist ziemlich anspruchsvolle Vorhaben. Gerade bei nach außen hin erfolgreichen Unternehmen sind sie jedoch schwierig in der Organisation umzusetzen, weil (ökonomischer) Erfolg generell wohl der größte Feind von Veränderungen ist.

4.3.1 Wachstum

Für viele Unternehmen ist Wachstum das Credo schlechthin, das eigentliche Erfolgsmaß, sehr häufig auch als Hauptziel formuliert. Alle börsennotierten Unternehmen kämpfen mit dieser Logik. Andere beschreiben es als unumgängliche Überlebensstrategie: Wachsen oder Untergehen heißt die Devise. Abgesehen davon, dass etwas, das immer nur wächst, meist ein Problem ist und/oder hat, wollen wir hier untersuchen, was mit dem Wachstum einhergeht: Was löst Wachstum in Organisationen aus, in welcher Hinsicht verändern sie sich, wenn sie wachsen, und wo führt das hin?

Erhöhte Resilienz

Wachstum macht gleichzeitig flexibler und unflexibler. Es erhöht die Chancen zur Differenzierung und damit zu höherer Resilienz in turbulenten Zeiten.

»Wir sind heute besser in der Lage, Projekte anzugehen, was wir früher nicht konnten, weil wir keine Ressourcen dafür hatten. Heute traue ich mir da ja zu sagen, weil irgendwo in der Organisation werden wir schon einen Projektmanager dafür kriegen, wenn es soweit ist.«

So konnte etwa ein von uns untersuchtes Unternehmen die branchenüblichen massiven Auslastungsschwankungen durch andere Produktnischen, technologiebedingte Investitionsbedarfe durch andere gut laufende Produkte ausgleichen und gut überleben. Diese Erfahrung erhöht die Resilienz, also die Widerstandskraft einer Organisation, ohne dass sie sich abschottet. Dabei geht es sowohl um die Durchlässigkeit für Marktbewegungen, Schwankungen und Kundenanforderungen als auch um die Fähigkeit, mit diesen Themen im Inneren proaktiv und konstruktiv umzugehen.

Eigendynamik des Wachstums

Gehen wir zunächst vom organischen Wachstum aus, dem Wachsen aus eigener Kraft, aus der Wertschöpfung der Produkte, die ein Unternehmen herstellt und vermarktet oder den Dienstleistungen, die sie anbietet. Anscheinend gibt es Nachfrage für seine Produkte. Kapazitäten können immer weiterausgebaut werden, Einheiten, Standorte, Werke und Filialen kommen hinzu. Es heuern neue Leute an, mehr Leute. Die Mitarbeiter sind einerseits oft müde, aber auch stolz und voller Selbstbewusstsein. Bei einem unserer Untersuchungsbeispiele stärkte die Wachstumsstory im In- und vor allem Ausland die Identifikation. Partner und Zulieferer, ja Mitbewerber wollten kooperieren und am Erfolg mit partizipieren.

Gleichzeitig wächst in solchen Phasen jedoch auch die Komplexität der Unternehmensstruktur. Dieses Wachstum muss finanziert werden, die Infrastruktur braucht Investitionen. All das lässt die Fixkosten steigen, der Umsatzdruck wird höher. In Wachstumsphasen werden die Ressourcen oft knapp, sowohl die Personaldecke an qualifizierten Leuten als auch Kapital bzw. Liquidität. Das Unternehmen wird unflexibler. Sehr häufig wird Wachstum ein sich selbst treibender Veränderungsprozess: Weil man wächst und immer mehr Nahrung braucht, muss man weiterwachsen. Wachstum ist oft nur durch die Aussicht auf weiteres Wachstum finanzierbar, wie wir aus vielen, oft auch gescheiterten, Beispielen der jüngeren Vergangenheit wissen.

Ökonomisierung des Erfolgs

Wo früher der Stolz auf die Qualität und der Dienst am Kunden hohe Standards selbstverständlich erscheinen ließen, geraten diese Aspekte aufgrund des Wachstums oft unter Druck. Die ökonomische Selbsterhaltung steht plötzlich im Widerspruch zu Qualität und/oder anderen Werten, die dem Unternehmen bisher wichtig waren. Das wiederum zieht eine Reihe von Konsequenzen nach sich: Mitarbeiter, denen das Produkt und die Kunden am Herzen liegen, scheitern öfter als vorher an ihren Ansprüchen und müssen Enttäuschungen hinnehmen. Sie sind weniger stolz auf das Unternehmen und sein Produkt oder seine Dienstleistung. Zweifel an den leitenden Werten schleichen sich ein: »Geht's hier nur noch ums Geld?« Das löst Distanzierung aus und Identitätszweifel:»Ist das noch das Unternehmen, in dem ich die Pionierphase mitgestaltet habe, mit dessen Produkten und Dienstleitungen ich mich voll identifizieren kann? Ist das noch mein Unternehmen?« Das übt Druck auf die Mission und damit den Sinn der Arbeit für viele Angestellte aus.

Blinde Passagiere

Ökonomischer Erfolg ist das allgemeinste Ziel eines Unternehmens und Wachstum in vielen Fällen sein zentraler Erfolgsindikator. Aber er schleppt auch blinde Passagiere mit problematischen Eigenschaften ein.

Erfolg kommt nicht zu allen

Wenn das Unternehmen Erfolg hat, strahlen nicht nur die Geschäftsführer, sondern viele Mitarbeiter. Bei anderen wiederum ist die Energie am Boden: Sie sind überkritisch oder resigniert, nörgeln viel, das Wort Burn-out fällt häufiger. Wie passt das zusammen? Wie wir in unseren Analysen feststellten, erklärt sich dieses Phänomen häufig dadurch, dass der Erfolg nicht zu allen kommt. Der Vertrieb etwa feiert Verkaufserfolge, während die Produktion hinterherhinkt, wegen mangelnder Kapazitäten Wochenendschichten einlegen muss und obendrein Kritik einstecken muss, weil sie Lieferzeiten und Qualitätsstandards nicht einhält.

Ältere-Geschwister-Syndrom

Ein anderes Unternehmen eröffnet jährlich internationale Filialen – aber die am heimischen Markt Tätigen, deren Leistung die Expansion erst ermöglichte, halten den Vergleich nicht stand und können die anspruchsvollen Ziele nicht einhalten, die ihnen gesetzt werden, um weitere Investitionen tätigen zu können. Dieses Muster nennen wir das »Ältere-Geschwister-Syndrom«, weil es an Familiengeschichten erinnert. Die älteren Geschwister ermöglichen den jüngeren durch ihre Unterstützung das Studium, dieser Erfolg wird ihnen aber als Indiz ihrer eigenen Erfolglosigkeit unter die Nase gehalten.

4.3.2 Internationalisierung

Letzteres Muster ist uns besonders häufig in Situationen aufgefallen, in denen das Wachstum mit Internationalisierung verbunden war. Die Ressourcen, die hier eingesetzt werden müssen, sind besonders hoch, die Anforderungen an den etablierten Teil des Unternehmens extrem ausgeprägt. Internationalisierung ist mit einem hohen Renommee verbunden. Die Topführungsebene fokussiert ihre Aufmerksamkeit besonders auf die wachsenden, aufzubauenden Bereiche. Und gerade die Aufmerksamkeit der Geschäftsführer und der Vorstände ist neben Kennzahlen und Zielerreichungen die Währung des persönlichen Erfolgs. Ob Mitarbeiter sich als erfolgreich erleben, hängt stark vom Feedback im Unternehmen und in der Regel besonders von der Resonanz der eigenen Führungskraft ab. Wachstum und Internationalisierung binden diese Aufmerksamkeit und führen zum Gefühl, stiefmütterlich behandelt zu werden. Verstärkt wird dieses Phänomen durch die Tatsache, dass Internationalisierungserfolge in den Medien und in der Außendarstellung des Unternehmens meist überproportional vertreten sind.

Die Aufmerksamkeit der Topführungsebene ist keine weiche Währung, sondern eine wesentliche Ressource für geschäftlichen Erfolg, denn es ist ihre Aufgabe, die ja selber auch Kontakte vermittelt und Geschäfte anbahnt, alle Bereiche des Unternehmens im Blick und im Gespräch zu halten. Wenn ihr Fokus nur auf den wachsenden Teilen des Geschäfts liegt, wird die Basis dieses Erfolgs, zumeist das Heimatgeschäft, geschwächt und ausgedünnt.

Neben dem Entzug von Ressourcen und Aufmerksamkeit des Managements trug wiederholt auch ein Fehlen an Entwicklungsperspektiven zu dieser Entkräftung bei. Die neuen, wachsenden Einheiten haben naturgemäß Perspektiven, das Wachstum generiert Chancen, Ideen und Anschlussoptionen. Auf der anderen Seite herrscht häufig Stillstand, es geht um die Sicherung des Bestehenden, es gibt quasi keine Zukunft mehr, in die man sich entwickeln könnte, außer die stetig zu steigernden Umsatzzahlen. Diese Perspektive ist belastend, wenn sie nicht mit qualitativen Möglichkeiten, Chancen oder Ambitionen einhergeht.

Gerade in einem Kontext der Internationalisierung kann dieser Vergleich zu interner Konkurrenz führen, wenn Wachstum und Erfolge direkt miteinander verglichen werden. Aus Sicht der Daheimgebliebenen scheint es sehr ungerecht, wenn Renditen in osteuropäischen oder asiatischen Wachstumsmärkten mit den eigenen Resultaten in gesättigten Märkten verglichen werden. Besonders belastend wird diese Konkurrenz, wenn sie – berechtigt oder nicht – mit Angst vor Jobabbau verknüpft wird.

4.3.3 Gesundschrumpfen oder Magersucht

Selten werden Restrukturierung, Sparmaßnahmen oder das Erreichen der Kosten-
führerschaft mit systemischer Beratung verbunden. Wir beobachten in den letzten
Jahren aber auch erste Tendenzen, dass Unternehmen auch diese Themen systemischer anzugehen beginnen. Proaktivität, Einbeziehen der Mitarbeiter, längerfris-
tiges Denken, verbunden mit hoher Transparenz, werden stärker in »harte Schnitte« integriert. In der Mehrheit der Fälle sind diese Themen aber immer noch mit
strengem Top-down-Vorgehen und dem Bemühen, »alles« fertig durchdacht zu
haben, verbunden. Erst dann wird in eine kurze, meist heftige Mitarbeiterinforma-
tion investiert, damit die Themen schnell und schmerzlos durch die Organisation
getragen werden, um dann wieder »frei von Ballast in die Zukunft schauen zu
können«.

Oft aber hinterlassen diese Schnitte tiefere Spuren, als dies auf den ersten
Blick scheinen mag. Mehrmals wurden wir nach solchen Schritten in die Organi-
sationen geholt, um wieder an den weicheren und langfristigen Themen wie
Führungsentwicklung oder Kommunikation zu arbeiten. Immer wieder fanden
wir in solchen Settings wenig Vertrauen in das Management oder schwindender
Sinn und Bindung zum Unternehmen vor.

> »Wir haben in der Krise Personal abgebaut, viele Investitionen gestoppt, Bildungskarenz, Kurzar-
> beit und diese Dinge gemacht und dann haben wir in den Folgejahren ganz schnell und überra-
> schend für alle wieder ein sehr positives Geschäftsergebnis gehabt. Und es war dann für die
> Leute ganz überraschend zu sehen, dass DIE da jetzt auf unsere Kosten Gewinn gemacht haben.
> Und bei uns haben SIE gespart.«

4.3.4 Strategiewandel

Strategie ist die heilige Kuh des Managements. Kaum ein Begriff ist so mit dem
Topmanagement verbunden und hier im Besonderen mit Heldengeschichten zu
Strategiewechseln wie dieser. Jack Welch[56] galt als das Strategiegenie, das seinem
Konzern mit seinen Regeln für die Tochterunternehmen, erster oder zweiter im
jeweiligen Markt sein zu müssen oder sonst verkauft zu werden, zu Weltruhm
verhalf. Betrachtet man das Entstehen von Strategien genauer, handelt es sich
dabei oft um ursprünglich sehr emergente, längerfristige Entwicklungen, die erst
im Nachhinein als bewusste Strategie beschrieben werden. Der Anstoß für Strategien kommt von außen, aus einem empfundenen Defizit oder vermuteten neu-

---

56 Früherer CEO von GE, einem US-Mischkonzern

en Chancen in den Umwelten: neue Produktlinien, kräftigere Vertriebsschienen, Kundensegmente voller Chancen sorgen für Hoffnungen im Inneren.

Spannend fanden wir immer wieder, dass die Frage der Strategie in vielen Fällen etwas beinahe Geheimnisvolles umgab. Im Fall eines Unternehmens wurde ein Strategiewandel quasi als Mysterium beschrieben, das sich über Nacht ereignete und den Erfolg des Unternehmens bis zum heutigen Tag sichert. Dieser plötzliche Strategiewechsel wurde allein dem CEO zugeschrieben. Ganz anders sind die Erfahrungen in dieser Organisation, wenn aus der Sicht der Sprecherin ein Rückschritt zu verzeichnen ist:

> »Da war so ein Strategiekreis, der immer wieder einberufen wurde, ab einem bestimmten Level, nicht nur die Geschäftsführung. Das ist wirklich ein super Prozess, wo man extrem eingebunden ist und das Gefühl hat, befragt zu werden, und an der Strategie mitwirken kann. Und gerade jetzt, also diese Situation wie sie jetzt ist, hab ich in den sechs Jahren noch nicht erlebt, dass es tatsächlich so ein bisschen kritisch ist und gerade jetzt gibt es diese Strategiekreise nicht, und ich kenne keine Gründe, warum es keine mehr gibt und finde das sehr schade.«

Vor allem in kritischen Phasen ist die Einbindung der Führungskräfte beim Strategiethema typischerweise sehr dürftig – so haben wir es in den von uns untersuchten Unternehmen immer wieder erlebt. Häufig wird die Strategie an der Spitze monopolisiert, obwohl hier die breite Einbindung inklusive der Kunden und Partner so wichtig wie bei keinem anderen Thema wäre. Dies führte immer wieder dazu, dass die Strategie weitgehend unbekannt blieb und damit keine Orientierungskraft erzeugte. Auch kam es zu häufigen, oft schnell entschiedenen Strategiewechseln, häufig induziert durch die Erwartungen der Shareholder. Dies führt(e) in vielen Unternehmen zu einer erodierenden Wirksamkeit von Strategie oder zu einer Desavouierung dieses Begriffs.[57]

4.4 Veränderung gestalten

Die Change-Formel
Dissatisfaction/Drivers x Vision x Resources x First Steps = Energie für Veränderung[58]
(s. a. Abb. 13).
Wie lässt sich ein komplexes Thema wie Veränderung beobachten und damit auch steuern und managen? In dieser Formel verbinden sich viele Themen. Sie bedient sich einer quasimathema-

---

57 Siehe auch Kapitel 5, Abschnitt Strategie
58 Adaptiert von trainconsulting nach Beckhart in Dannemiller Tyson Associates 2000, S. 16

tischen Form, die uns zeigt, dass alle diese Themen in der Organisation positiv besetzt sein sollten (daher das Multiplikationszeichen), damit Veränderungen gut gelingen können.

$$D \times V \times R \times F = E$$

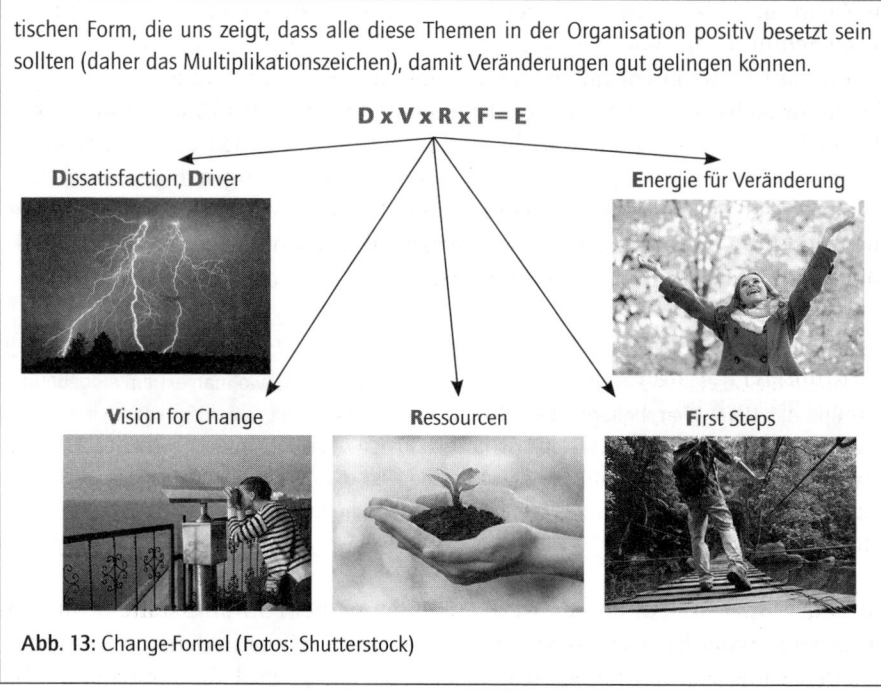

Abb. 13: Change-Formel (Fotos: Shutterstock)

4.4.1 Unzufriedenheit treibt

Wenn Menschen ihr Verhalten dauerhaft verändern sollen, brauchen sie einen sehr guten Grund dafür. Rein ökonomische Gründe wie mehr Wachstum oder höhere Gewinne reichen nicht aus. Damit Energie für ein Veränderungsvorhaben entstehen kann, braucht es Unzufriedenheit mit dem derzeitigen Zustand, einen »*Sense of urgency*«, wie Kotter[59] es nennt. Als je notwendiger die Menschen, und zwar möglichst viele davon, die Veränderung erachten, desto eher kann diese Not auch gemildert werden. Je geteilter diese Unzufriedenheit mit einem Status quo ist, desto besser. Nichts lässt Menschen so nachhaltig sich verändern wie (möglichst breit geteiltes) Leid. In einem der von uns untersuchten Fälle bestand dieser Missstand für einen Vertriebsteil des Unternehmens in dem über viele Jahre andauerndem Gefühl, dass man wenig gestalten könne, einzig die Befehle der Zentrale entgegennehmen müsse, wenig bis kein Lob bekäme und dann auch noch als Vertriebsschiene infrage gestellt werde. Der vom neuen Chef initiierte Veränderungsprozess erhielt so viel und so schnell Commitment wie in wenigen Fällen unserer Praxis. Leidensdruck ist das Eine, Entwicklungen, die sich bereits

---

59 Kotter 1996, S. 35

in Richtung Veränderung neigen, sind das Andere. Sie sind vielleicht der wichtigste Schub für nachhaltige Veränderungen. Denn keine Veränderung, die eine Chance auf Verwirklichung haben soll, fällt von heute auf morgen vom Himmel. Sie deutet sich meist schon länger an, es gibt bereits bemerkbare Entwicklungen, die die Idee für eine Wende überhaupt erst entstehen lassen. Wir nennen das die Drivers, die treibenden Faktoren, die gleichzeitig Zuversicht und damit Kraft entstehen lassen und die die Richtung der Veränderung schon in sich tragen. Gemeinsam mit der Unzufriedenheit sorgen sie für die nötige Dringlichkeit. Im gerade beschriebenen Beispiel war es die immer wieder beklagte Sehnsucht, endlich wertgeschätzt, ernst genommen zu werden und die Aufgaben, die man grundsätzlich gerne machte, mit Verantwortung ausüben zu können.

In unserer Erfahrung erneuert sich das Thema Dringlichkeit immer wieder erneut. So auch im Fall eines großen Industrieunternehmens, das sich auf neue Markt- und Umweltbedingungen einstellen musste. Nicht immer ist der *Sense of urgency* so klar wie hier: Die Firma entschied sich aufgrund schrumpfender Absatzmärkte und steigendem Kostendruck dazu, einen nachhaltigen Veränderungsprozess durchzuführen. Es sollten vor allem die Führungskräfte auf eine lange anhaltende Phase mit (schmerzvollen) Veränderungen und hohem Resilienzbedarf vorbereitet und im Tun unterstützt werden. Dabei wurden Inhalt und Form von Veränderung gut aufeinander abgestimmt. Doch selbst bei den ziemlich objektivierbaren und kaum zu leugnenden Gründen für tiefgreifenden Wandel verlor man das Gefühl der Dringlichkeit immer wieder aus dem Blick und musste ständig daran erinnert werden, um einigermaßen gut notwendige Maßnahmen umsetzen zu können. Es herrschte immer noch das Gefühl vor: Wir haben so lange gut überlebt und alle Krisen überstanden, diese hier werden wir auch noch meistern. Eine ebenso typische wie tückische Haltung, die Veränderungsenergie schleichend unterwandert.

4.4.2 Wie hätten wir es denn gern?

Die Frage, wo Veränderungen hinführen sollen, ist entscheidend, zumal viele Menschen von großen Ankündigungen und schönen Vorhaben die Nase voll haben. Was aber gibt nun Kraft und Impuls für Veränderung? In einem unserer Fälle lag diese treibende Kraft in der Kundenorientierung. Allgemein herrschte im Unternehmen Unzufriedenheit darüber, dass die Kundenumfragen immer wieder schlechte Werte brachten: Reklamationen würden nicht gut oder zu spät bearbeitet werden, Kundenbeziehungen wurden oft als schwierig empfunden, die vielfältigen, unterschiedlichen Wünsche der Kunden als lästig. Sinkende Umsätze führten zu der Frage, wie man die wichtige Ressource Kunde quasi auf Knopfdruck wieder in den Blick rücken könnte. Man implementierte eine neue Messmethode für Kundenzufriedenheit und ging davon aus, dass die Werte rasch steigen würden. Überraschenderweise änderte sich wenig – die Zahlen sanken sogar noch.

Einer der Gründe dafür lag vermutlich bereits in der Art der Einführung dieses neuen Instruments verborgen: Das Topmanagement hatte die Notwendigkeit einer Veränderung verkündet und eine Vision beschlossen, die lautete: »Alle Kunden sollen auf einer 10-teiligen Skala nur mehr die zwei obersten Zufriedenheitsstufen nennen.« Von den Mitarbeitern erwartete man sich eine zügige Umsetzung. Dabei hatte das Topmanagement Ursache und Wirkung verwechselt: Denn die Mitarbeiter hatten nicht das Gefühl, dass sie zuvor schlecht beraten hatten. Vielmehr orteten sie einen massiven Verbesserungsbedarf in den Produkten, die sie zu verkaufen hatten.

Die Unternehmensführung hatte, so schien es, wichtige Entwicklungen im eigenen Haus übersehen. Die Mitarbeiter in den kundennahen Bereichen verfügten über große Expertise in ihrem Bereich und bemühten sich sogar, Veränderungen quasi aus eigener Kraft zu initiieren. Allerdings waren diese Informationen nie oben angekommen. Erst als sich der Erfolg mit dem neuen Instrument nicht einstellte, ließ man diese treibenden Faktoren wirken und die unteren Führungskräfte gewähren. Ab dann lief es deutlich besser.

Treibende Faktoren bilden wichtige Fundamente für wirksame Visionen. Wenn Visionen der qualitativ beschriebene Idealzustand eines Systems am Ende eines Veränderungsprozesses sind, dann braucht es für die Beschreibung dieser Vision Zuversicht. Diese entsteht vor allem über Entwicklungen, die bereits, oft auch nur ganz zart, in die Richtung der Vision weisen. Nur so bekommen die Mitarbeiter Zuversicht und Vertrauen.

4.4.3 Ressourcen für Wandel

Der oben beschriebene Fall ist noch in einem anderen Punkt aufschlussreich für das Thema Veränderung: Es gab in jenem Unternehmen jede Menge positiver Beispiele, die zeigten, dass Kunden sich exzellent betreut fühlten und dass die Mitarbeiter viel Kompetenz im direkten Kundenkontakt hatten. Man hatte schlicht »vergessen«, diese Ressourcen zu nutzen. Der Blick auf das Defizit war stärker als die Anerkennung der positiven Erfolge, Erhalt der Stammkunden, Nutzung der Talente wie zahlreiche ökonomische Erfolge.

Ressourcen sind wichtige Stützpfeiler bei Umgestaltungen: Sie geben Halt und ermöglichen den Menschen, die Veränderung als leistbar zu erleben. Eine Ressource ist etwas, aus dem wieder eine neue Ressource, eine Stärke entstehen kann – im Wortsinn also etwas, das hervorquillt, wenn man es befreit oder Barrieren aus dem Weg räumt. Werden sie konsequent in den Blick gerückt, geben sie Kraft und stabilisieren Menschen wie Organisationen. Dieses Fokussieren auf Erfolge, Ressourcen und positiven Abweichungen (siehe weiter unten) ist meist herausfordernd, weil unsere tägliche Praxis und unsere Sozialisation eher auf das Ausmerzen von Schwächen und das Verringern von Defiziten ausgerichtet ist. Oft haben wir erlebt, dass Wandel (besonders in den Köpfen der Manager) mit dem Bild einhergeht, es müsse sich alles verändern und kaum etwas gut funktioniere. Dies erleben Mitarbeiter als Abwertung ihrer Arbeit und als Angriff auf ihre Arbeitseinstellung.

4.5 Veränderungsprozesse steuern

In unseren Untersuchungen wie auch in unserer Beratungspraxis zeigen sich immer wiederkehrende Muster, Veränderungen zu steuern, die unabhängig von Branchen und Themen auftraten. Wir wollen sie hier in einigen Thesen und Beispielen beschreiben.

> Der Weg der Veränderung, also die Art und Weise, wie sie gesteuert und begleitet wird, ist wesentlich erfolgskritischer als die Inhalte der Veränderung.

Der Weg der Umsetzung von Veränderungen aller Art, seien es neue Strategien, Restrukturierung, Wachstum oder Fusionierung, ist entscheidend dafür, wie wirksam die Neuausrichtung in die Praxis der Organisation überführt werden kann. Der Weg oder das »F« in der Change-Formel (vgl. Abb. 13) ist zu 80 Prozent der Grund, warum Veränderungen scheitern, nicht der Inhalt der Vision selbst.[60]

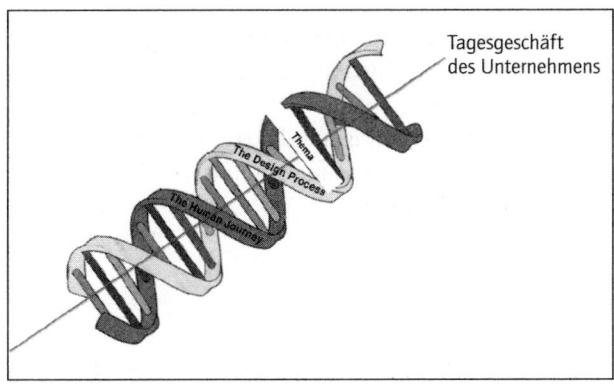

Tagesgeschäft des Unternehmens

Abb. 14: DNA der Veränderung (Tolchinsky 2007, S. 2)

---

60 McKinsey and Company, 2010

Das Ziel jeder Veränderung ist die nachhaltige Verankerung von (neuen) Themen, neuen Verhaltensweisen oder Mustern im Tagesablauf der Organisation (vgl. Abb. 14). Wenn wir schon oft daran scheitern, eine persönliche Veränderung in unserem Alltag zu verankern und zur Normalität werden zu lassen (denken wir nur an die vielen Versuche, das Rauchen aufzugeben), wie schwierig ist dies dann erst in einem Unternehmen? Wenn Veränderungsthemen in eine Organisation getragen werden, beginnt eine emotionale Reise der Menschen. Diese ist mehr oder weniger intensiv, je nachdem, welche Gefühle in welcher Intensität ein Thema auslöst und als wie notwendig es empfunden wird (s. o. *Sense of urgency«*). In unseren Analysen hat sich gezeigt, dass dieser emotionale, soziale Prozess von der inhaltlichen Veränderung oft weitgehend abgekoppelt wird. Diese Verkürzung auf die Information über Ziele und Ergebnisse führt dazu, dass die Auseinandersetzung mit dem Verlauf und den Menschen samt ihren Emotionen, Interessen und Meinungen vernachlässigt wird. Verbinden wir das mit den Erkenntnissen der Gehirnforschung, erkennt man, dass überall dort, wo Veränderungen gelingen, Begeisterung und Sinn als wichtigste Ressourcen gebraucht werden und gleichzeitig als Resultat entstehen.[61] Daher sind das wachsame Beobachten dieser Phänomene und entsprechende Interventionen fundamental wichtig, um für jede Form von Wandel Emotionen bearbeitbar zu machen sowie Sinn und Energie entstehen zu lassen.

> Fehlender Dialog und Einbezug der Menschen in den (Entstehungs-)Prozess von Veränderungsvorhaben und -zielen erodiert Sinn, der in späteren Phasen nicht mehr geschaffen werden kann.

Wir nennen dies den Steuerungsprozess von Veränderung Designprozess (s. Abb. 14). Er dient dazu, die emotionalen Schwankungen, die unterstützenden und hinderlichen Entwicklungen in Kommunikationsformen zu bringen, die es ermöglichen, einen konsequenten und nachhaltigen Dialog aufzubauen. In den wenigsten der von uns untersuchten Organisationen haben wir dieses aktive Steuern, Beobachten und Intervenieren gefunden.

4.5.1 Schritte und Pfade

Was passiert in der Praxis, nachdem die Veränderung als notwendig erachtet und grob umrissen wurde, wohin es gehen sollte? In unseren Untersuchungen sind wir auf zweierlei Phänomene gestoßen: Das erste bezeichneten wir als »triviale Informationsfalle«. Nach Verkündigung der begründeten Ziele wähnte sich das

---

61 Hüther 2011, S. 93

Management in der Annahme, dass sich die Mitarbeiter automatisch in die vorgegebene Richtung bewegen würden. Die zweite häufig beobachtete Strategie war das Gegenteil davon: Nach der Information über den Wandel wurden meist gut durchdachte Pläne geschrieben, Meilensteine geplant und dann mit Projektmanagement umhüllt – und in der Folge jede Abweichung davon als zu korrigierender Fehler klassifiziert.

Beide Vorgehensweisen gehen von der Annahme aus, dass Veränderungsvorhaben wie technische Installationen zu einem vorher genau zu planenden Ziel führen. »*Change fiction*« nennen wir das: die Vorstellung, dass Menschen und Organisationen sich linear und planbar entwickeln.

Wir haben Manager mit großen Visionen erlebt, die in der Lage sind, Menschen zu begeistern und gute Integrationsfiguren abgeben. Sie schaffen es, ihre Mitarbeiter um sich und hinter einem Vorhaben zu versammeln. Dies verführt viele zu glauben, dass das im Fall von Changevorhaben auch angezeigt sei und genüge. Gerade aber, wenn tiefgreifende Veränderung gewünscht und notwendig ist, braucht es einen soliden Prozess, der den Inhalten *und* Emotionen des Veränderungsthemas gerecht wird. In vielen unsere Fälle fehlte genau dieses Bewusstsein, auf dem laut dem Theoretiker Baecker das »postheroische Management« beruht.[62]

> (Empfundene) Inkongruenz von Form und Inhalt der Veränderung untergräbt die Glaubwürdigkeit des Vorhabens.

In unseren Untersuchungen haben wir Veränderungen dort als gelungen bzw. wirksam erlebt, wo sie mit überschaubaren ersten Schritten begonnen wurden und die Veränderung im Alltag Thema war. Ein weiteres wichtiges Element ist unserer Beobachtung nach die Einbindung der Menschen in die Planung und Umsetzung solcher Vorhaben. Ein absolutes Muss für die Glaubwürdigkeit ist das Vorleben der gewünschten Änderung durch die Führungskräfte, im Besonderen der Topführungskräfte. Kommunikative Unterstützung, also die Gelegenheit, dies auch noch offen zu besprechen, verstärkte die Wirkung noch.

Führung in der Veränderung
Eines der besten Beispiele aus der Literatur zum Thema Veränderung und die Bedeutung der Rolle von Führung ist die Svenska Handelsbanken. deren früherer CEO Jan Wallander führte das Unternehmen ab 1970 auf einen dezentralen, radikal unternehmerischen und damit von Eigenverantwortung geprägten Kurs. Wallander sagte auf den Wunsch eines Topmanagers eines der größten Unternehmens Schwedens, der eine Kreditlinie von ihm wollte, folgendes.

---

62 Vgl. Baecker 1994

»Of course you can come to me, but I won't be able to give you an answer. That decision should be made by the regional bank manager in this case. Naturally I will tell him that you have been here and ask him to contact you. But that's rather a long and awkward way round«.«[63]

4.5.2 Entscheidende Unterschiede

Schublade vs. Kommunikationsgefäße

Vor einigen Jahren kam eine Führungskraft eines großen Konzerns zu uns und bat uns, sie bei einem Veränderungsprozess zu unterstützen. Genau genommen hatte uns die kluge Personalentwicklerin eingeladen, weil sie fürchtete, ihr Chef unterschätzt dieses Vorhaben. Sein Plan bestand in der Vision, sein Unternehmen ganz neu auf- und für den Kunden auszurichten, weil sonst die Zukunft des Unternehmens in Mitteleuropa infrage gestellt sei. Die Vision hatte er ziemlich klar im Kopf und konnte sie in konkreten Bildern beschreiben. Auf unsere Frage, wie er sich die Veränderung genau vorstelle, sagte der Manager uns, die Organisationsstruktur müsse sich total ändern und die Produkte sollten neu gedacht werden. Ob er denn schon wisse, wie die Aufbaustruktur ungefähr aussehen sollte? Da sprang er auf, zog ein fertiges Organigramm aus der Schublade seines Schreibtisches. Langsam verstanden wir, was die Personalentwicklerin gemeint hatte. »Haben Sie denn schon einen Plan, wie Sie das angehen wollen?«, bohrten wir weiter. »Ich werde es meinen Führungskräften sagen, danach werden wir die Struktur umbauen und nächste Schritte einleiten.«

Bis zu diesem Zeitpunkt waren diese Ideen ausschließlich in seinem Kopf gewesen. Er hatte eine zugkräftige Vision und einen sehr gut untermauerten Grund. Der Unternehmensleiter war nur drauf und dran, dieses an sich sinnvolle Vorhaben mit seinem Vorgehen zum Gespött zu machen. In der Folge war es nicht schwer, den Geschäftsführer von einem anderen Prozedere zu überzeugen: Erste Schritte mussten die Führungskräfte von Anfang an in die Vision und die Entwicklung des Plans miteinbeziehen. Daraus entstand ein Veränderungsprozess, der von vielen Führungskräften über mehrere Jahre getragen wurde. Viele der darin verwendeten und gelernten Methoden und Kommunikationswege sind bis heute wirksam und haben das Unternehmen gut durch die Veränderung gebracht.

Führungskräfte vergessen in ihrer Neigung zum Planen und Steuern gern, dass sie keine Schachspieler sind, sondern selbst auf dem Spielfeld stehen. Außerdem werden sie beim Spiel von anderen Führungskräften, Mitarbeitern und anderen Instanzen beobachtet. Diesen immer wiederkehrenden blinden Fleck nannten wir »Fehlendes Bewusstsein für (die Rolle von) Führung«.

---

63 Wallander 2003, S. 41

Mechanischer vs. lebendiger Prozess

Viele Führungskräfte tendieren dazu, den Change als linearen Ist-Soll-Verlauf zu denken. Wir haben ein Problem, nehmen uns ein Ziel (= Lösung) vor, kommunizieren es und gehen dann mit allen Maßnahmen drauflos. Negative Abweichungen sind Fehler, die wir ausmerzen müssen, positive Abweichungen wie Erfolge oder überdurchschnittliche Leistungen sind selbstverständlich, weil wir es ja ohnehin gut geplant haben. Dieses Muster bezeichnen wir als »mechanistische Falle« (s. triviale vs. nicht-triviale Maschine).

Triviale – nicht-triviale Maschinen[64]
Heinz von Förster hat eine sehr schöne Analogie ersonnen, die zwischen trivialen (Input-Output in direkter Korrelation) und nicht-trivialen Maschinen (= soziale Systeme, die von inneren Zuständen gesteuert werden) unterscheidet.
triviale Maschinen: x → □ → **y**
Eine triviale Maschine verbindet fehlerfrei und unveränderlich durch ihre Operationen gewisse Ursachen (Input x) mit gewissen Wirkungen (Output y). Also bringt etwa das Betätigen des Bremspedals das Auto zum Stehen.
Sie sind daher von außen steuerbar, vorsehbar und planbar und werden demnach bei Nichtfunktionieren ausgetauscht oder repariert.
nicht-triviale Maschinen: x → $\boxed{Z}$ → **y**
Bei diesen »Maschinen« (sozialen Systemen wie Menschen, Teams oder Organisationen) hängen die Outputs von ihrem jeweiligen inneren Zuständen ab, die zwar vom Input beeinflusst werden können, aber die Entscheidungen treffen soziale Systeme im Inneren. Diese sind weder vorhersagbar noch planbar oder bestimmbar.

Die Schlussfolgerung heißt für uns daher vor allem, dass wir die Welt der sozialen Systeme als eine nicht-triviale betrachten, mit Unsicherheit, Unbestimmbarkeit und der Unmöglichkeit, direkt auf Menschen oder Teams Einfluss nehmen zu können. Häufig steht diese Schlussfolgerung im Widerspruch zur gelebten Praxis der Management Systeme und -instrumente.

Change als linearen Prozess zu denken, ist wenig hilfreich, denn jede Abweichung wird dann zum Problem. Wenn etwa in einem unserer Beispiele bei der ersten Abweichung oder den ersten Umwegen, die ein Entwicklungsprozess eben geht, der Wandel infrage gestellt wird, zeigt sich, dass dieses Denken Gift für Veränderung ist. Es untergräbt den Lernprozess und macht Fortschritt schwierig, weil Probleme personalisiert werden anstatt sie als Information und Lernchance zu nutzen. Wenn etwa bei einem anderen Unternehmen die (natürlichen) Probleme bei der Einführung einer neuen Aufbaustruktur und einem neuen IT-System

---

64 Förster 1992, S. 60f

mit dem Nichtfunktionieren einer Maschine verwechselt werden, können die Menschen ihre Bedenken und den Lernbedarf schwerer formulieren, weil dies als Fehler oder fehlendes Wissen ausgelegt wird.[65]

Ausnahme vs. Regel

Viele der Veränderungen in Organisationen sind groß gedacht, werden als solche ausgerufen und mit Projektmanagementmethoden geführt. Viele Veränderungen laufen aber ungeplant, ja oft unbemerkt und führen zu neuen, oft erst viel später reflektierten veränderten Verhaltensweisen und Praktiken. In vielen Fällen geschieht Wandel in der täglichen Praxis unvorhersehbar, er ist quasi so eingebettet, dass er von den Menschen in den Unternehmen gar nicht wahrgenommen wird. Erst wenn sie beginnen, mit der Brille »Veränderungen« darauf zu schauen, erkennen die Mitarbeiter oder die ganze Organisation, dass sie Verhalten, Prozesse und vieles mehr verwandelt und in manchen Fällen sogar Großes vollbracht haben. Diese Entwicklungen werden aufgrund dieses fehlenden Bewusstseins nicht als Ressource nutzbar und finden somit keinen Eingang in die Lernprozesse des Unternehmens. Diese Wandlungen sind mindestens ebenso so wichtig wie die bewussten, intendierten Veränderungen, sie liegen meist näher an der Praxis der Menschen und können daher leichter in den Alltag integriert werden. Die Kunst liegt darin, Veränderungen sehen, beschreiben und damit nutzen zu lernen.

Beispielhafte Interventionsrichtungen

Was wir (nach gründlicher Bildung von Hypothesen) tun, ...

... bei Veränderungen generell:

- Eine Roadmap (F) in der Steuergruppe erstellen, immer wieder anpassen und transparent halten. Die Aufgabe der Steuergruppe besteht dann darin, die Fortschritte, die Emotionen und die Stimmung in der Organisation zu beobachten und im Sinne der Vision Intervention für das Management vorzubereiten und zu gestalten.
- Die anderen Kommunikationsstrukturen wie Konferenzen, Management Team, Projektgruppen formen und Verantwortungen und Rollen klären
- Organisationale Veränderung zu managen gelingt leichter, wenn Mikrokosmen (= repräsentative Querschnittsgruppen, zum Beispiel die Steuergruppe, Resonanzgruppen ...) des Unternehmens gebaut werden, die die Genetik, die Kultur des Unternehmens in sich tragen und daher die Steuerung erleichtern.

... wenn der Sense of urgency fehlt oder zu gering ist

- Die Botschaften im Führungskreis erarbeiten und abstimmen, stringente Kommunikation

---

65 Mehr dazu im Kapitel 8 Führung der Führung

der Kernbotschaften der Gründe für die Veränderung. Die Kernfragen lauten: Was passiert, wenn nichts passiert? Warum ist diese Veränderung notwendig, welche Not gilt es zu beheben?

- Dialogveranstaltungen wie erweiterte Managementmeetings, Großgruppen und ähnliches, in denen diese Botschaften verarbeitet werden können und zum Verständnis beitragen
- Nicht aufhören, bis alle Mitarbeiter diesen Botschaften Sinn abgerungen haben. Im Lauf der Veränderungen muss dieser Sense of urgency immer wieder erneuert werden.
- Zukunftskonferenzen oder Real-Time-Strategic-Change (RTSC)-Konferenzen einsetzen

... wenn die Vision keine Kraft oder Glaubwürdigkeit besitzt

- Erarbeiten der Vision mit möglichst allen, sonst aber einer Querschnittsgruppe der Führungskräfte, um die Visionen aller berücksichtigen und ihr Commitment einzuholen
- Je besser die Vision mit Informationen aus der täglichen Praxis unterfüttert ist und je qualitativer und attraktiver sie formuliert ist, desto eher wird sie Kraft bekommen. Bilder, Metaphern und Statements aus der Kunden- und Außenperspektive helfen dabei.
- Entfaltet die Vision weder Energie noch Zugkraft, sollte die Veränderung überdacht bzw. die Vision noch einmal neu skizziert werden.
- Resonanzgruppen als Feedbackgremien nutzen

... wenn das Topmanagement (oder die Führungskräfte insgesamt) die Veränderung zu wenig vorlebt

- Managementworkshops, in denen das Commitment der Führungskräfte zu der Veränderung thematisiert wird
- Zusammenhang zwischen persönlichem Verhalten und der Vision klären
- Notwendige Veränderungen im Führungsverhalten klar herausarbeiten und immer wieder thematisieren
- Konsequente und regelmäßige Feedbackprozesse im (in den) Führungsteam(s) installieren, durch Feedback von außen (der Berater) erweitern.
- Aufwärtsfeedback zur Kultur erheben, im Dialog und qualitativ
- Feedback aus der Steuergruppe (das Gremium, das den Veränderungsprozess steuert) und Resonanzgruppen (Querschnittsgruppen) an das Managementteam fließen lassen.

... wenn die Mitarbeiter keinen oder wenig Sinn in der Veränderung finden

- Regelmäßige Konferenzen (Querschnitt aus Führungskräften und Experten), um die Themen, den Fortschritt zu besprechen und Maßnahmen abzuleiten
- Symbole für den Wandel finden und kommunizieren.
- Das Energiedreieck Sinn – Zuversicht – Einfluss konsequent und immer wieder füllen und mit den Führungskräften und Mitarbeitern bearbeiten
  - Welchen Sinn ergibt die Veränderung für mich, die Organisation und die Welt?
  - Worauf kann ich und können wir bauen? Welche Ressourcen kann ich und können wir nutzen?
  - Wie kann ich Einfluss nehmen bzw. geben?
- Die Change-Formel immer wieder als Leitmodell füllen: D, also den Grund für die Veränderung, die Vision und die ersten und nächsten Schritte kommunizieren und immer wieder gemeinsam bearbeiten

- Erste Erfolge in der Organisation kommunizieren, und zwar bei jedem Meeting

… wenn das große Bild der Veränderung fehlt oder es an Orientierung mangelt
- Vision, Dringlichkeit und erste Schritte (V,D und F der Change-Formel) in Führungs-Konferenzen, der Steuergruppe, Resonanzgruppen erarbeiten und danach in diesen Gremien und allen regelmäßigen Meetings konsequent thematisieren
- Vision als Leitstern in den täglichen Dialog bringen, sie immer wieder an die Praxis anknüpfen: Beiträge der Strategie, der Ziele, der Verhaltensvereinbarungen, der Mitarbeitergespräche, von Produkte und Kundendialogen zur Vision klären
- Vision mit den Prinzipien der Organisation (siehe Kapitel Organisationsdesign) verknüpfen
- Roadmap immer wieder in den Blick rücken

… wenn die Energie zu gering ist oder auszugehen droht
- Erfolge konsequent fokussieren, Beobachtungsaufgaben geben, damit das Augenmerk auf die positiven Abweichungen und nicht auf Defizite eingestellt und eingeübt wird
- Feedback bewusst auf positive Abweichungen richten
- Pausen einlegen

… wenn die unteren Ebenen nicht erreicht werden
- Die Methode Marktplatz einsetzen, damit die Führungskräfte und Experten entlang der Change-Formel die Erfolge, Projekte, Fortschritte, Lernerfahrungen aber auch Probleme offen teilen können, alle Kanäle zur Information (über alle Fortschritte, Learnings aber auch Probleme) nutzen: Teamtafeln, Intranet, Mitarbeiterzeitung, Morgenbesprechungen, Videos …
- Mitarbeiter aller Ebenen früh und klug in den Changeprozess involvieren, z. B. in Projekten, Resonanzgruppen, Konferenzen oder auch in der Steuerungsgruppe.

5 Eine Vision ist ein Gummiband – Über die Instrumente, mit denen sich Unternehmen Richtung geben

Am liebsten erinnere ich mich an die Zukunft.

Salvador Dali

Wohin? Wozu? Und wie? Die Antworten auf diese Fragen verbinden Unternehmen und Berater mit viel Hoffnung. Sie gehören zum grundlegenden Vokabular der Unternehmensführung: Vision, Mission, Leitbilder und Strategien. Sie sollen Energie und Klarheit, Koordination, Attraktivität und Bindung nach innen und nach außen erzeugen. Mission, Vision und Strategie gehören schon lange zum Führungsinstrumentarium großer Organisationen, aber besonders die beiden letzteren sind als Themen der Unternehmenssteuerung präsenter denn je.

Angesichts komplexer Gegebenheiten wächst der Bedarf an programmatischen Konzepten, um Alignment und Abstimmung zu erzeugen, die mit direkten Anweisungen, Standardisierung von Output oder bilateralen Abstimmungen[66] alleine nicht mehr zu bewerkstelligen sind. Zudem entspricht die Verwendung gemeinsamer Regelwerke und Chartas dem tendenziell gleichberechtigteren Verhältnis zwischen Führungskräften und Mitarbeitern eher als traditionellere, auf Positionen beruhende Führungskommunikation.

In der Praxis steht der Output dieser Instrumente oft im starken Kontrast zum Pathos ihrer Verkündung und der beabsichtigten Strahlkraft. In vielen Fällen fungieren sie tatsächlich als zentrale Referenzpunkte für Orientierung und Energie, allerdings in unterschiedlichen Wirkungsgraden: von sehr energiegebend über verwirrend bis hin zu demotivierend. In anderen Fällen spielen sie – trotz prominenter Platzierungen auf Websites oder Broschüren – im Führungsalltag kaum eine Rolle.

In unseren Analysen erhielten wir häufig den Eindruck, dass Vision, Mission und Werte einem vagen Bedürfnis der Führung nach einer inspirierenden Klammer entsprangen, aber die eigentliche Wirkung der jeweiligen Intervention kaum über das engere Managementteam hinausgelangte – weder in der Konzeption noch in der Reflexion.

---

66 Zu den möglichen Formen organisationaler Koordination von Arbeit vgl. Mintzberg 1979, S. 1 ff

5.1   Mission oder Vision?

Vor allem die Begriffe Mission und Vision werden in vielen Organisationen nicht scharf voneinander getrennt. Gerne wird die Vision beschworen, wenn es darum geht, dem Unternehmen Einigkeit und Zugkraft zu verleihen. Aber eine Vision beantwortet eigentlich nur die Frage, wohin die Reise gehen soll. Oft sind Uneinigkeit und/oder Unklarheit weitaus grundlegender angesiedelt: nämlich bei der Frage nach dem Zweck des Unternehmens.

> **Mission und Vision**
>
> *Unter Mission verstehen wir den Zweck des Unternehmens, die Antwort auf die Frage: Wozu ist es da? Was würde der Umwelt fehlen, wenn es nicht existierte?*
>
> »Wir helfen den Menschen weltweit dabei, ihre Träume von Mobilität zu verwirklichen. Darunter verstehen wir die Fortbewegung der Menschen und den Transport ihrer Materialien und Stoffe sowie die Übertragung ihrer Daten.«[67]
>
> *Visionen nennen wir mittel- bis langfristige Zielbilder, also einen noch nicht realisierten, anzustrebenden Zustand. Die Vision beantwortet die Frage: Was wollen wir konkret erreichen? Woran werden wir erkennen, ob wir erfolgreich waren?*
>
> »Wir wollen auf jedem unserer Märkte und für jeden unserer Kunden die beste Lösung bereitstellen. Auf diese Weise werden wir von allen unseren Bezugsgruppen (»Stakeholdern«) als ihr im höchsten Maße zuverlässiger und geschätzter Partner wahrgenommen, der höchstmöglichen Wert schafft.«[68]
>
> Die Mission könnte man als Herz des Unternehmens, die Vision als Leitstern bezeichnen.

5.2   Mission

Erfolgreiche Missionen zeigten sich in unseren Interviews selten direkt. Kaum jemand würde formulieren: »Mich führt unsere Mission.« Nichtsdestotrotz erzeugt ein gemeinsamer, klarer Unternehmenszweck einen großen Unterschied für die Erfolgschancen der Organisation. Klare Bekenntnisse zu gesellschaftlichem Nutzen schufen eine eindeutig höhere Bindung an das Unternehmen, vor allem wenn der Nutzen direkt das Kernprodukt und nicht nur eine Begleitmaßnahme der Corporate Social Responsibility betraf. Das Bewusstsein, gesellschaftlichen Mehrwert zu schaffen – etwa die sinnvolle Planung öffentlicher Verkehrsflächen, die Bereitstellung und Pflege der Ressource Wasser, ein spritsparender Motorbestandteil –, war in dieser Hinsicht eine enorme Energiequelle für Unternehmen und Mitarbeiter.

---

67 Dieses Beispiel stammt von einem deutschen Automotive-Konzern
68 Ebd.

Missionen kann man nicht erfinden, man muss sie finden: in den Wünschen der Kunden und im Selbstverständnis der Organisation.

Positive Missionen zeigten sich einerseits darin, dass Menschen stolz sind auf ihre Produkte und/oder auf ihre Organisation; dass sie im Bewusstsein arbeiten, ihren Kunden oder Klienten etwas Gutes zu tun, etwas für ihre Umwelten Notwendiges zu leisten; andererseits darin, dass die Produkte von Kundenseite tatsächlich und kontinuierlich nachgefragt werden. Drittens zeigen sich wirksame Missionen darin, dass Maßnahmen und Entscheidungen, die im Widerspruch zur Mission stehen, infrage gestellt werden können.

5.2.1 Sinngehalt des Produkts

Auch jenseits des gesellschaftlichen Mehrwerts gibt es auffällige Branchenunterschiede: In der Industrie etwa liegt die Leistung, die das jeweilige Produkt erfüllt, oft auf der Hand. Die funktionsfähige Maschine begründet sich selbst und gibt genügend Anlass, darauf stolz zu sein. Genau darin liegt aber auch die Gefahr, das Produkt an sich schon für den Kundennutzen zu halten, sich in die immanente technologische Kompetenz zu verlieben und andere Aspekte des Kundennutzens zu übersehen. Nichtsdestotrotz haben die schiere physische Präsenz, die »Begreifbarkeit« und die Unverwechselbarkeit langlebiger materieller oder zumindest sinnlich erfassbarer Produkte einen Startvorteil, wenn es um Sinnzuschreibungen durch Mitarbeiter geht.[69]

»Alle hier sind sich bewusst, dass wir ein einzigartiges Produkt herstellen. Das ist kein Produkt, das jeder um die Ecke herstellen könnte. Jeder ist stolz drauf, dass er auch das Know-how hat, hier mitarbeiten zu dürfen und zu können, und dass man dadurch beiträgt, dieses Produkt zum Leben zu erwecken und zu verkaufen.«

Der flüchtige und teilweise abstraktere Charakter von Dienstleistungen erschwert hingegen eine ähnlich eindeutige Identifikation mit dem Produkt. In einem großen deutschen Finanzdienstleister etwa wurden die Fragen nach dem Zweck des Unternehmens zu unserem Erstaunen sehr überzeugt mit dem Namen des charismatischen und in den Medien sehr präsenten Vorstandsvorsitzenden beantwortet. Kaum einer unserer Gesprächspartner dort formulierte einen Nutzen für die Kunden, aber allein das Wachstum und die öffentliche Resonanz darauf schienen vielen Mitarbeitern ein Gefühl von Sinn zu vermitteln. In Kombination mit einer ar-

---

69 Vgl. Theoriekasten »Was Sinn ergibt«; Kapitel 6

beitnehmerfreundlichen und sozialorientierten Personalpolitik schien die Sinn-komponente durch den Erhalt und das Renommee der Organisation ausreichendes abgedeckt.

5.2.2 Übereinstimmung von Mission und Zweck

Die Analyse der Wirkungen von Missionen und von Bezugnahmen auf den Zweck des Unternehmens lässt folgende Schlussfolgerungen zu:

1. Der explizit formulierbare Zweck nach außen ist nur ein Aspekt des »Sinns« der Organisation. Der andere Teil trägt viele Unternehmen auch ohne explizite und klare Mission durchs Leben: das Selbsterhaltungsinteresse der Organisation bzw. Eigentümer-, Management- und Mitarbeiterinteressen.
2. Mangelnde Aufmerksamkeit für den Kundennutzen macht sich häufig breit, wenn Wachstum und Geschäft vor allem durch Zukäufe erreicht werden. Oft sind es darauf folgende massive Geschäftseinbrüche, die Unternehmen zur Frage nach dem eigentlichen Kundennutzen ihrer Leistungen und Produkte zurückbringen.
3. Der eigentliche Kundennutzen, ohne den kein Unternehmen überleben kann, stimmt häufig nicht mit dem öffentlich propagierten überein. Die Mitarbeiter erleben die Diskrepanz zwischen dem offiziellen Selbstbild (»bei uns ist der Kunde König«) und den realen strukturellen Entscheidungen oft als widersprüchliche Doppelbotschaft[70]. In der Folge werden Prioritäten nicht geklärt, sondern eher verschleiert, und erzeugen daher auch keine Energie.

Wirklich gute Missionen fokussieren meist einen Kundennutzen, der so viel abwirft, dass er die Organisation erhalten kann, dessen Erfüllung Sinn für die Mitarbeiter erzeugt und der mit der DNA (s. u.) der Organisation – ihren ungeschriebenen Werten, der Kultur und den vorhandenen Ressourcen (Kompetenzen, Personal etc.) – kompatibel ist.

Die DNA des Unternehmens

Die DNA des Unternehmens nennen wir die Kombination aus seinen vorhandenen Kernkompetenzen, den zentralen Stärken und Ressourcen, der einzigartigen Mischung aus Know-how, Infrastruktur, bestehendem Netzwerk, Kommunikationskultur, Kundennutzen und Werten. Explizit formulierte Richtungen und Ziele tun gut daran, auf dieser DNA aufzubauen und diesbezügliche Widersprüche zu vermeiden.

---

70 Siehe Theoriekasten »Doublebind« S. 160

Die Mission ist ein wesentlicher Bestandteil der Identität der Organisation. Sie muss nicht explizit sein: Solange ein Kundennutzen erfüllt wird und das Unternehmen prosperiert, gibt es eine funktionierende Mission, die sich allerdings im Laufe eines Organisationslebens verändern kann.

Dabei handelt es sich zumeist um einen schwierigen Prozess, weil das Selbstverständnis und die Erfolge tief in die Abläufe und ins kollektive Bewusstsein der Organisation eingegraben sind. Genau an diesen Übergängen wird der Bedarf nach Formulierungen bzw. Reformulierungen der Mission wach, um das gemeinsame Verständnis über die beste Kombination aus Kundennutzen und Inneninteressen wieder herzustellen.

Ihren Sinn erfindet sich die Organisation immer wieder neu
Keine Instanz kann von außen einer Organisation Sinn und Zweck einpflanzen. Einmal in Gang gekommen, erfinden Organisationen ihren Sinn und Zweck immer wieder neu.[71]

5.2.3 Brüche

Die Mission wird oft erst zu einem expliziten Thema, wenn der bisherige – in der Gründungsphase etwa selbstverständliche – Nutzen fraglich oder brüchig wird. Wirtschaftliche Überlegungen und Kennzahlen scheinen in dieser Phase vielen Mitarbeitern über die ursprünglichen Ziele zu dominieren. Der Druck auf die Wirtschaftlichkeit der Projekte scheint auf Kosten sowohl des internen Lernens als auch der Qualität der produzierten Ergebnisse zu gehen. Neu hinzukommende Dimensionen von Nutzen, nämlich z. B. anspruchsvollere und größere, vielleicht internationale Anforderungen bewältigen zu können, gehen nicht von heute auf morgen ins Selbstverständnis der ganzen Organisation ein. In solchen Fällen kann eine Weiterentwicklung der Mission Klarheit in einem Übergang schaffen.

Missionen sind Instrumente, die durch die Formulierung einer neuen Identität die Grundlage dafür schaffen, dass substanzielle Veränderungen in der Umwelt oder im Unternehmen selbst bewältigt werden können.

Auch Eigentümerinteressen können mit der erklärten Mission in Widerspruch geraten. In öffentlichen Unternehmen erlebten wir wiederholt, dass politische Interessen der Vermarktbarkeit von Ergebnissen die nachhaltige Erfüllung der

---

71 Wimmer 2012, S. 35

Mission konterkarierten, weil im Zweifelsfall für die Statistik gearbeitet wurde –
und nicht für tatsächlich qualitativ gute, aber in der Öffentlichkeit nicht so glän-
zend darstellbare Lösungen. Aus dieser Art Widerspruch erwächst leicht eine
Quelle der Unzufriedenheit bis hin zu mehr oder weniger latenter Resignation.
Denn der Auftrag, dem sich die Mitarbeiter verpflichtet fühlen, kann nicht dem
eigentlichen Potenzial der Organisation entsprechend bedient werden.

5.2.4 Mission: Veränderung!

Auf den ersten Blick mag es paradox erscheinen, dass Missionen Kontinuität und
Konsistenz herstellen sollen, aber gerade dann gebraucht werden, wenn veränderte Bedingungen im Innen oder Außen eine neue gemeinsame Ausrichtung
benötigen. Insbesondere der Rückbezug auf oder die Neuformulierung eines
Identifikation schaffenden Sinns ermöglicht es vielen Unternehmen, auch
schwierige und schmerzhafte Veränderungen in Angriff zu nehmen. Die Ergänzung der Mission eines Maschinenbaubetriebes um Ressourcenschonung etwa
schuf nicht nur mehr Stolz auf das Produkt, sondern gab auch Impulse für die
Produktentwicklung und das Erschließen neuer Geschäftsfelder.

> Gute Missionen sind die beste Basis für einen produktiven Austausch von Leistungen des Un-
> ternehmens und lebenswichtigen Ressourcen aus der Umwelt.

Die Mission ist das grundlegende Kriterium, an dem Mitarbeiter abseits ihrer
materiellen Selbsterhaltung Erfolg messen und erfahren können: Hat der Kunde,
hat die Umwelt den erwünschten Nutzen davongetragen? Werden unsere Produkte nachgefragt? Kann ich stolz sein auf das, was wir erzeugen oder möglich
machen? In diesem Sinne trägt ein Unternehmen mit einer guten Mission zum
Selbstwert und zum Lebenssinn der Mitarbeiter bei – ein Umstand, der vielen
Menschen mehr wert ist als Geld, wie man am Gehaltsniveau vieler NGOs sieht.
Gute Missionen machen sich auch in der Energie bezahlt, die in das Unternehmen und zu den Mitarbeitern durch Erfüllung der Arbeit zurückfließt und damit
den Antrieb für außergewöhnliche Leistungen darstellt und/oder – wie im Falle
mancher NGOs – die Aufrechterhaltung der Organisation trotz prekärer finanzi-
eller Erträge ermöglicht.

5.3 Vision

Vision: Kaum eine größere Organisation kommt heutzutage ohne sie aus. Sie soll herausfordern und begeistern, Zug und Einsatz erzeugen. Auch wenn die Wirkung nicht immer so großartig ist, wie Führungskräfte sich das manchmal erhoffen, lässt sich der prinzipielle Zusammenhang aus der Empirie durchaus bestätigen: Visionen können Identifikation, Lust und Bereitschaft erzeugen. Bei bahnbrechenden Veränderungen waren und sind immer inspirierende Visionen mit im Spiel: Sie benennen das gemeinsame Reiseziel.

Aber muss es immer eine gezielte Veränderung geben? Ist nicht auch eine Organisation denkbar, die sich zwar verändert, aber eher wie ein organisches Wesen, das reift und seine Erfahrungen macht und altert, ohne sich über die Erfüllung ihres Auftrages hinaus großartige Ziele setzen zu müssen?

Ohne mittelfristige Perspektive, ohne größeres Ziel fehlt unserer Beobachtung nach vielen Unternehmen ein längerfristiger Orientierungspunkt, der über die nächsten Vorhaben oder die üblichen quantitativen Jahresziele hinausreicht.

> »Wir erleben gerade, dass diese durchaus dramatische Änderung der Rahmenbedingungen eine wahnsinnige Aktivität auslöst. Und dann fühlt man sich eigentlich nicht mehr so in der Steuerung der Prozesse, sondern man reagiert nur noch und steckt da sehr viel Energie rein. Man weiß zwar kurzfristig, wofür man das tut, aber das langfristige Bild fehlt. Man ist in einer Schleife oder Spirale unterwegs und das ist nicht unbedingt zufriedenstellend.«

Oftmals ist die Leerstelle der fehlenden Vision nicht einmal bewusst, sondern äußert sich in Beschwerden über mangelnde Investitionen, fehlende Aufmerksamkeit der Führungskräfte, Angst und/oder Neid gegenüber anderen Unternehmensteilen. Erst in der Zusammenschau vieler Indizien ergibt sich das Bild einer mehr oder weniger frustrierenden Perspektivenlosigkeit.

Vision ist jedoch nicht gleich Vision. Ob sie tatsächlich Kraft entfaltet, hängt unserer Erfahrung nach vor allem an folgenden Eigenschaften:

- Attraktivität und Nutzen – für die Menschen, die Organisation **und** für die relevanten Umwelten
- Grad der Herausforderung – also weder unter- noch überfordernd
- Fokussierung.

5.3.1 Cui bono? Wem nützt das?

Die Attraktivität der Vision wird durch mehrere Einflussfaktoren bestimmt. Ein rein quantitatives Ziel wäre zum Beispiel eine Steigerung des Umsatzes, des Gewinns, der Anzahl der Klienten. Qualitative Visionen dagegen liegen in der Lösung eines bestimmten Problems oder Kundenbedürfnisses, der Entwicklung einer bestimmten Kompetenz, eines Status (z. B.»Wir wollen bekanntester Lieferant für ... sein«), einer Qualität.

Qualitative Inhalte empfinden viele Menschen anspornender als rein quantitative, da sie kreativere, vielfältigere Herausforderungen bieten.

Gut für Mitarbeiter?

Qualitative Vision ist aber auch nicht gleich qualitative Vision. Ihre Attraktivität misst sich nicht zuletzt daran, wie sehr sie einen tatsächlich auch im Sinne der Beschäftigten erstrebenswerten Zielzustand fokussieren. Was für die Mitarbeiter wünschenswert ist, kann sehr unterschiedlich und vielfältig sein. Sind Arbeitsqualität, Kompetenzentwicklung, Freude an der Arbeit und ähnliche Größen glaubwürdige Teile des Zielbildes, so ist diese Vision anschlussfähiger als eine, in der einzig der Nutzen des Unternehmens und der Eigentümer sichtbar wird.

Warum gerade zum Meer?

Reinhard Sprenger hat zum Thema Vision Grundsätzliches anzumerken:

Die Suggestivkraft einer Vision wird heute – ein Standard unzähliger Seminare – vergleichsweise feinsinnig an einem Satz von Antoine de Saint-Exupery illustriert. Wie unschuldig kommt er daher:»Wenn du ein Schiff bauen willst, dann trommele nicht Männer zusammen, um Holz zu beschaffen und Bretter zu sägen, sondern lehre die Männer die Sehnsucht nach dem Meer.« Wessen Sehnsucht? Und wessen Schiff? Die hoh(l)e Kunst der Beeinflussungstechnik mag sich noch so poetisch ornamental garnieren, es nimmt nichts davon weg, dass hier der Lehrende sein Primärinteresse verschleiert,»trickst« und andere fremdgesteuert zur Arbeit verführt. (...) Wessen Reise? Zur Strafe werden die Schiffsbauer wahrscheinlich nicht einmal mitreisen dürfen. Jedenfalls bleibt es offen. Und warum gerade zum Meer? Eine inhaltliche Diskussion des Zieles wird nicht geführt.[72]

Nützlich für die Organisation?

Andererseits sind nur Visionen wirkungsvoll, die auch für die Organisation nutzbringend sind, die also der Selbsterhaltungsfähigkeit und der Attraktivität für die Umwelt dienen. Wir haben Visionsfindungen erlebt, die wunderschöne Zielbilder malten, aber kein Bild davon erzeugten, warum diese einen Mehrwert für Kunden oder Auftraggeber erzeugen und wie die Organisation dadurch stärker und robuster würde. Die solcherart erzeugte Energie reicht selten weiter als ein bis zwei Tage über den Workshop hinaus, in dem sie entwickelt wurden, da Führung nicht dauerhaft ohne einen Organisationsnutzen agieren kann.

---

72 Sprenger 2005, S. 61

5.3.2 Der goldene Grat der Herausforderung

Der zweite Aspekt, der die Zugkraft einer Vision wesentlich beeinflusst, ist der Grad der Herausforderung, den diese für das Unternehmen und die einzelnen Mitarbeiter bedeutet. Eine Vision, die nur Bestehendes linear fortschreibt, löst nicht viel Bewegung aus. Viel häufiger ist allerdings der Fall, dass Visionen von Führenden dazu benutzt werden, gemeinsame Kraftanstrengungen einzuleiten, um quantitative Sprünge anzuvisieren: »Im Jahr X wollen wir Weltmarktführer sein.« – »Bis XYZ wollen wir die Produktion auf X Millionen Laufmeter steigern.«

In einigen Fällen öffneten solche Visionen tatsächlich die Perspektive auf Möglichkeiten, die vorher nicht im Blickfeld waren. Positiv wurde auf Visionen referiert, die aus einer Phase des Erfolgs heraus formuliert wurden und in denen Ressourcen sichtbar waren, die bei aller Gewagtheit eines Zieles Zuversicht begründeten. Dann konnte die Vision zum Gummiband werden, das die Organisation der Gegenwart zu vorher als unerreichbar angesehenen Leistungen katapultierte.

Vergleichbar herausfordernde Ziele führten dagegen in Fällen, in denen die Organisation sich selber als überfordert sah, eher zu einer Abwehrhaltung und zu einer Verstärkung des Ohnmachtsgefühls, was sich in folgendem Zitat wiederspiegelt:

> »Was mir auch sehr viel Energie raubt, ist, wenn ich dann in einem Meeting sitze und das Budget und die zu erreichenden Zahlen um die Ohren geknallt bekomme. Und wenn ich sehe, wo wir momentan stehen und wo man hin will, frage ich mich: Gibt das der Markt überhaupt her?«

Sehr hoher Druck führt – wie wir mehrfach beobachten konnten – zu (häufig blindem) Aktionismus. Maßnahmen, die daraus geboren werden, leiden unter geringer Halbwertszeit und Effektivität. Ein Umstand, der aus der Flow-Forschung sehr gut begründbar ist (vgl. Abb. 15): Wenn Stärken und Ressourcen mit den Herausforderungen nicht ganz mithalten können, entsteht Agitation und Erregtheit.

Viele Unternehmen sind einem starken Wettbewerbsdruck ausgesetzt, und Topmanagements sehen daher die Notwendigkeit, Marktanteile zu gewinnen, Umsatz zu steigern etc., um im Spiel bleiben zu können. Derartige Überlegungen waren bei unseren Gesprächspartnern oft die Begründung für sehr ehrgeizige Ziele: Marktführer zu werden oder zu bleiben, Markt-, Kosten- und Technologieführer zu sein und ähnliches mehr, denn andernfalls werde man zurückbleiben.

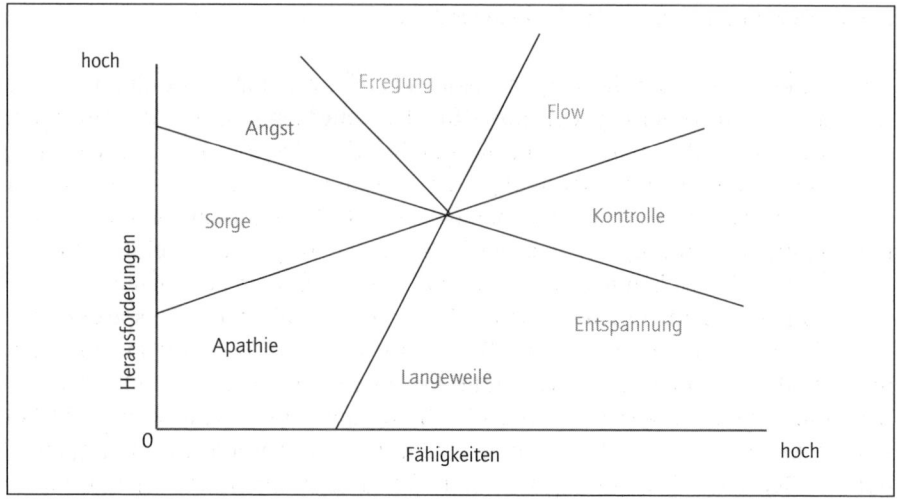

Abb. 15: Flow: Das Verhältnis aus Herausforderung und eigenen Stärken bestimmt die Qualität, mit der eine Aufgabe durchgeführt wird

»Wenn ich langfristig eine Existenzberechtigung haben will, muss ich mich dem stellen. Und damit habe ich ambitionierte Ziele automatisch vorgegeben, denn es gibt drei, vier Hersteller in unserer Branche, die auch diese Nische haben, und wenn ich nicht der Schnellste bin, bin ich der Zweite. Und der Zweite ist meistens der erste Verlierer. Damit führt kein Weg an ambitionierten Zielen vorbei, wenn ich mir auf die Fahnen heften will, dass ich Technologieführer bin. Wir haben beim Reiten so einen lieben Spruch gehabt: Lieber tot als Zweiter.«

Dabei sind die Überlebensnotwendigkeiten, die Gewinnerwartungen der Eigentümer und der Ehrgeiz der Manager oft kaum eindeutig zu trennen. Der Vorstand eines anderen Unternehmens sagte: »Wir wollen Weltmarktführer und Knowhow-Leader sein und außerdem die besten Margen haben.« Wie in obigem Zitat lautet die Begründung zumeist, dass ein Rückfall der Unternehmensexistenz gefährlich werden könne. Bei manchen Managern beschlich uns aber auch das Gefühl, dass der Ehrgeiz, Klassenbester sein zu wollen, ihr Bild der Lage wesentlich mitprägte. Mehrfach hatten wir auch den Eindruck, dass die Energie, mit der sehr ehrgeizige Ziele propagiert wurden, eher auf der Sorge um die persönliche Karriere als um das Wohl des Unternehmens basierte.

Ob Visionen Energie erzeugen, entscheidet sich, ob Mitarbeiter mit ihrer Umsetzung in der täglichen Arbeit Sinn, Zuversicht und Einfluss verknüpfen können.

Die mit quantitativ anspruchsvollen Visionen verbundenen Bilder kommen oft aus der Welt des Sports: »Wir wollen Weltmeister werden.« Das kann aber nur einer. Was soll aus den anderen werden? Hier zeigt sich ein darwinistisches Bild von Wirtschaft, in dem Stärkere gewinnen und die Verlierer von der Natur ausgemerzt werden. Dumm nur, wenn die Konkurrenz genauso agiert und man am Ende doch Zweiter ist: Entweder man geht wirklich unter, oder das Schreckensszenario wird unglaubwürdig, und entlarvt sich als ständige Überdosis der Motivationsdroge.

Aber selbst wenn die Notwendigkeit gut begründet ist – und dies ist in globalisierten Märkten durchaus plausibel –, ist der Daueranspruch an Organisation und Mitarbeiter belastend. Ist dann die Energiezufuhr auf der anderen Seite nicht ebenfalls »weltmeisterlich«, laugt der ständige Druck aus, frustriert und erzeugt Abwehr. Ein sichtbares Anzeichen für dieses Ungleichgewicht sind gehäufte Fälle von Burn-out. Nicht umsonst ist die Zeit, in der Athleten Spitzenleistungen erbringen können, begrenzt, und viele fügen ihrem Körper in dieser Zeit nachhaltig Schaden zu. Bei im (internationalen) Wettbewerb stehenden Unternehmen ist ein sehr hoher Daueranspruch allerdings eher die Regel als die Ausnahme.

Wie also kann solch ein Umfeld mit menschlicher Lebensqualität und organisationaler Nachhaltigkeit in Einklang gebracht werden? Die Auflösung dieses Widerspruchs würde eine wirkliche Innovation im Management bedeuten …

Produktive Widersprüche

Gary Hamel fordert Manager und Organisationen auf, sich den großen Herausforderungen der modernen Organisationswelt zu stellen, weil seiner Überzeugung nach nur große Herausforderungen das Potenzial haben, bahnbrechende Antworten zu generieren. Wie findet man die richtigen Herausforderungen dieses Zuschnitts? Unter anderem, indem man sich den scheinbar unlösbaren Widersprüchen und Zielkonflikten stellt: »Welches sind die mühsamen Gratwanderungen, für die Ihre Organisation nie eine gute Lösung zu finden scheint? Gibt es eine heikle Abwägung wichtiger Güter, die immer für die eine Seite zuungunsten der anderen entschieden wird? Was ist das frustrierende »Entweder-Oder«, das Sie gerne in ein »Und« verwandeln würden?[73]

Visionen sind sehr potente Energielieferanten, wenn sie von einem Gefühl der Stärke und einer guten Ressourcenbasis getragen sind, doch kann dieses Gefühl nicht ausschließlich aus sich selbst heraus erzeugt werden. Das immanente Risiko von Visionen liegt darin, leicht vom Energiebringer zum Energie- und Loyalitätssauger zu mutieren. Wenn das Gewicht der Gegenwart zu schwer am Gummi hängt oder das Gummiband nicht belastbar genug (= nicht inspirierend genug) für den Zug ist, den die Unternehmensführung darauf ausübt, dann reißt es.

---

73 Hamel 2007, S. 39

Kommunizieren der Vision

Die inhaltlichen Qualitäten einer Vision sind nicht alleine entscheidend für ihre Zugkraft. Es kommt auch darauf an, auf welche Art und zu welchem Grad sie ins Gespräch gebracht wird.

Präsenz

Nur Visionen, die im Unternehmen präsent sind, über die geredet wird, die sichtbarer Bezugspunkt für Entscheidungen, Projekte und Investitionen sind, erzeugen Dynamik. In einigen Untersuchungen bezogen sich die Teilnehmer in jedem einzelnen Interview auf die Vision. Bei manchen löste sie Faszination, bei anderen mehr Skepsis aus, aber sie war in aller Munde.

Bei anderen Unternehmen wurden in keinem einzigen Gespräch visionäre Ziele sichtbar. Dieser Mangel an Entwicklungsperspektive machte sich in Orientierungslosigkeit, im Verlieren in Details, in Mutlosigkeit und Indifferenz bemerkbar.

> Nur eine Vision, über die geredet und an der Handeln gemessen wird, ist eine gute Vision.

Konkretheit

Um einen gerichteten Zug entwickeln zu können, damit die Vision eine koordinierende Wirkung hat, ist die Reduktion auf wenige, sehr konkrete Ziele hilfreich. Dezidiert vorstellbare und überprüfbare Inhalte der Vision sind Voraussetzung für die Präsenz in der Diskussion. Viele vage Teilaspekte tendieren dazu zu versanden, weil sie keine Orientierung bieten.

> »Die Analyse, wo die neuen Geschäftsbereiche heute genau stehen, war toll. Stärken und Schwächen, alle möglichen Portfolios, das war schön. Wir haben dann auch die Wunschbubbles hingezeichnet, wo wir ganz gerne wären. Aber der Weg vom Ist-Zustand aus dorthin ist nie wirklich weiter behandelt worden. Und da bin ich dann bei meiner Kritik. Bei der Selbstkritik. Man sagt dann, da kommen wir schon hin. Irgendwie geht das dann schon, dass wir die Millionen machen. Aber die wirklich strategische Arbeit, was brauche ich, um dahin zu kommen, und komm ich dann überhaupt hin, das ist aus meiner Sicht nie gemacht worden.«

In diesem Sinne sind quantitative Visionen einfacher handhabbar als qualitative, denn letztere verlangen häufig einen wesentlich höheren Kommunikationsaufwand, um konkret genug zu werden und damit tatsächlich koordinierte Handlungen zu inspirieren.

Dialog

Die Erreichbarkeit eines Zieles ist nicht objektiv bestimmbar, sondern eine Frage der Befindlichkeiten, Maßstäbe und Bewertungen der Betroffenen. Sowohl die Attraktivität als auch ein angemessener Grad der Herausforderung können daher nur im Dialog mit denen, die durch die Vision bewegt werden sollen, festgestellt werden. Visionen lösen auf unterschiedlichen Ebenen und Unternehmensteilen verschiedene Reaktionen aus: Während die Unternehmensleitung inspiriert ist, kann bei Mitarbeitern Desinteresse oder Überforderung herrschen. Gerade bei anspruchsvollen Visionen werden die Ressourcen und Handlungsmöglichkeiten all jener, die sich für die Realisierung einsetzen müssen, erst in der Auseinandersetzung greifbar.

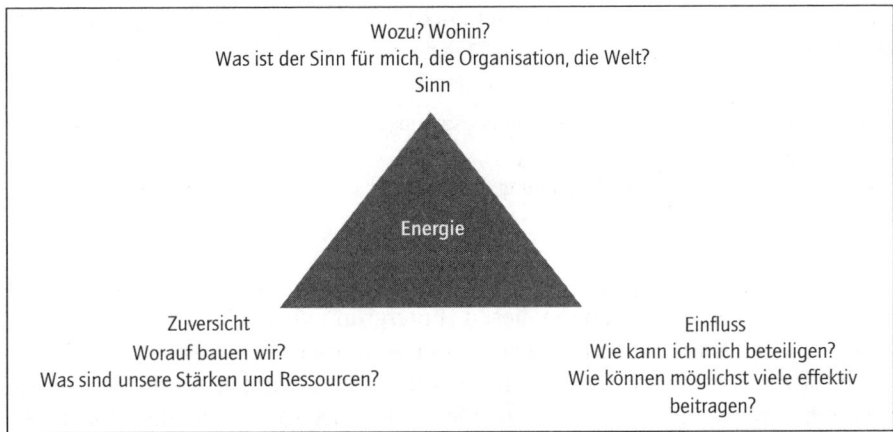

Abb. 16: Energiedreieck – Energie entsteht in Veränderungen eher dann, wenn diese drei Faktoren positiv besetzt sind.

5.4   Werte, Prinzipien, Leitbilder

Auch Leitbilder, Unternehmenswerte, -prinzipien etc. sind gängige Instrumente, um Identität zu festigen und einen gemeinsamen Referenzrahmen für Entscheidungen und Handlungen in Unternehmen zu setzen.[74]

Leitbilder wirken weniger durch ihre Inhalte, sondern in erster Linie durch die Diskussionsprozesse, die beim Entstehen und beim Reflektieren geführt werden.

74 Vgl. auch Kapitel 1, Das Gewebe der Organisation, »Werte und Prinzipien«

Für Leitbilder und Werte zeigte sich ohne Ausnahme, dass sie nur dann Kraft entwickelten, wenn sie a) im Dialog entwickelt und b) als Referenz herangezogen wurden, um schwierige und widersprüchliche Themen zu reflektieren. Dabei kann es um die Entwicklung von Führungsverhalten ebenso wie um Vorgehensweisen oder Lösungen in Veränderungsvorhaben gehen.

> »Ich kann relativ selbstständig arbeiten und fühle mich von meiner unmittelbaren Führungskraft, die jetzt auch ein Vorstand ist, nicht unbedingt geführt. Ich fühle mich aber sehr wohl geführt in Bezug auf das, was wir in unserem Tochterunternehmen gemeinsam entwickeln und erarbeiten. Das ist also nicht von der Konzernspitze oder vom Vorstand vorgegeben, sondern auf ganz breiter Basis von einigen Mitarbeitern und einigen Führungskräften erarbeitet worden.«

Dagegen sind vorgegebene und nicht aktiv in Dialogprozessen angewendete Wertekataloge bestenfalls Anlass für Desinteresse, wenn nicht gar für Zynismus:

> Berater: »Sie haben im Unternehmen Führungsgrundsätze entwickelt, wie weit sind Sie da in der Umsetzung?«
> Klient: »Sagen Sie uns vorher die Führungsgrundsätze, die wir entwickelt haben sollen?«

Entscheidungen, die Eigentümer oder Manager begünstigen – oder auch nur zu begünstigen scheinen und ohne diesen Hintergrund vielleicht achselzuckend als kapitalistische Norm hingenommen würden –, werden vor der Folie pathetischer Grundsatzwerte doppelt bitter quittiert. Alle diese Leitlinien werden, wenn sie unkommentiert und von oben als Richtlinie ausgegeben werden, leicht als Schönfärberei aufgefasst, als Aufpolieren der Fassade, die die schnöde Wirklichkeit überdecken soll.

5.4.1 Ist-Soll-Falle

Bei leitenden Werten ist häufig nicht klar, für wen und wozu sie gemacht sind. Dienen sie nur dazu, die Außenwelt, die Kunden oder Stakeholder von der Schönheit und Integrität der Organisation zu überzeugen? Da die meisten Leitbilder im Präsens formuliert sind (»Wir liefern unseren Kunden ausgezeichnete Qualität.«), liegt diese Interpretation nahe. Aus solchen vorsätzlichen Festschreibungen kann allerdings rasch ein ständiger Anlass für Versagensgefühle und eine Zielscheibe für Spott und Zynismus werden.

> Wenn Leitbilder einen Ist-Zustand suggerieren (anstatt ausdrücklich ein Ziel zu benennen), obwohl die Organisation diese Qualitäten noch nicht garantieren kann, werden sie zum Zeugnis des Versagens.

Sinnvoller sind daher Leitbilder, die ein Lernprogramm der Organisation beschreiben und eine Entwicklungsrichtung anzeigen. Lernziele können jedoch nur dann wirksam werden, wenn es einen kommunikativen Prozess gibt, der dieses Lernen unterstützt, wenn also anhand dieser Werte Unternehmensrealität reflektiert wird und neue Lösungen und Verhaltensweisen daran wachsen können. Als Lernziele können Werte und Prinzipien nur dann funktionieren, wenn sie eindeutig *kein* PR-Instrument sind. Unter den Augen der Öffentlichkeit lernen zu wollen, ist eine Vorgabe, die fast zwangsläufig Scheitern nach sich zieht.

Für alle leitenden Werte gilt: Nach innen entfalten sie nur Wirkung, wenn sie deutlich als Entwicklungsziele benannt und wenn sie Anlass für wiederholte, gezielte Reflexionen sind. Andernfalls belegen sie nur, dass nicht alles Gold ist, was glänzt.

Mit dem Verkünden hehrer Zielbilder und Leitlinien ist ein Pferdefuß verbunden: die Ist-Soll-Falle. Anspruchsvolle Soll-Werte führen sehr leicht in eine Abwertung der Gegenwart. Die Folge ist kollektive Demotivation. Dieser Effekt wird vermieden, wenn der Charakter der Soll-Werte primär als richtunggebend verstanden und kommuniziert wird, weniger als absolut einzulösender Anspruch.

5.4.2 Vorbildwirkung

Entscheidend für leitende Werte ist, ob das Verhalten der Führungskräfte mit den Werten übereinstimmt bzw. ob Abweichungen und Widersprüche auf allen Ebenen thematisiert werden können und Konsequenzen haben. Daran wird die Ernsthaftigkeit und Gültigkeit von Leitbildern gemessen. Dabei zählt nicht nur das eigene Verhalten, sondern auch, ob die Führungskraft diese Werte in ihren Arbeitsfeldern aktiv fördert und einfordert.

> Werte und Leitprinzipien haben demotivierende Wirkung, wenn sie nicht auch nachvollziehbar das Handeln des Managements leiten.

Geschieht dies nicht, wird die Glaubwürdigkeit infrage gestellt. Explizite Missionen – wie auch Strategien und Unternehmenswerte – beschwören leicht die Frage nach ihrer Glaubwürdigkeit herauf.

> Klient: »Ich habe das Gefühl, dass der Glaube an die Mission fehlt. Vielleicht hat der Vorstand etwas anderes im Kopf.«
> Berater: »Was glauben Sie, was die stattdessen im Kopf haben?«
> Klient: »Die wollen so viel Geld wie möglich verdienen, und alles andere ist sch...egal!«

Werte und Leitbilder tragen oft viel Potenzial für Widerspruch in sich. Meist ist es unmöglich, alle Werte gleichermaßen zu berücksichtigen. Daher beinhaltet der Umgang mit Leitbildern auch die (Führungs-) Kunst, Widersprüche auf eine Weise zu pflegen, die sie im Alltag lebbar macht, und die Gratwanderung zwischen erstickendem Absolutheitsanspruch und reinem Lippenbekenntnis für sich zu meistern und anderen dabei zu helfen.

5.4.3 Grundsätze oder Verhaltensanweisungen

Folgende Antwort erhielten wir in einem Interview auf die Frage nach dem Leitbild und seinen Wirkungen:

> »Mitgenommen habe ich aber damals nur, dass wir jetzt zu jedem Danke sagen sollen. Das hat dazu geführt, dass jeder im Unternehmen nach jedem Satz Danke zum anderen sagt, und der andere bedankt sich dann wieder. Ich denke mir dann immer, na, bekommt ihr nicht bezahlt, oder was ist da los?«

Dieses Zitat zeigt, dass Unternehmenswerte Führungskräfte unterfordern und zu Ablehnung führen können, wenn sie auf simple, scheinbar selbstverständliche Verhaltensanweisungen reduziert werden. Diese Unterforderung hat zwei Aspekte: Einerseits versäumt das Leitbild zu zeigen, was an dieser Organisation besonders ist oder sein soll, wenn kulturelle Selbstverständlichkeiten (wie begrüßen, danke sagen etc.) zu sehr im Vordergrund stehen. Es ist meist keine energetisierende Herausforderung, nur einen Mindeststandard zu erreichen, selbst wenn man ihn noch nicht beherrscht.[75] Außerdem ist es kränkend und entmündigend, auf scheinbar Selbstverständliches ausdrücklich hingewiesen zu werden.

Andererseits werden ausschließlich abstrakte Formulierungen (»Bei uns steht der Mensch im Mittelpunkt« »Wir leben Verantwortung« ...) leicht als Phrasen empfunden, die auch gerne als »Bullshit-Bingo« bezeichnet werden. Vor allem diese abstrakten Formulierungen führen bei Diskrepanzen mit tatsächlich erlebtem Führungsverhalten zu Zynismus. Grundsätze, die nicht mit konkreten Verhaltenserwartungen unterfüttert sind, erweisen sich dafür als besonders anfällig.

---

75 Vgl. Bergmann 2004, S. 178 f

5.5 Strategie

Wenn in den von uns beobachteten und begleiteten Unternehmen die Rede von Strategie war, herrschte meist die Auffassung vor, dass Strategie ein von der Unternehmensspitze entwickelter grober Plan sei, mit welchen Angeboten an welche Kunden und welchen Geschäftsprozessen die Ziele des Unternehmens erreicht werden sollten.[76]

Brauchen Unternehmen Strategien?

Henry Mintzberg beantwortet diese Frage mit einem eindeutigen Vielleicht:

»Das ist eine entscheidende Rolle der Strategie in Organisationen: Sie klärt die großen Fragen, sodass die Mitarbeiter mit den Details fortfahren können – zum Beispiel Kunden bedienen statt über die besten Märkte diskutieren (...) andererseits hemmen Strategien die Fähigkeit, auf Umgebungsänderungen zu reagieren (...) Strategien erfüllen also für Organisationen den gleichen Zweck wie Scheuklappen für ein Pferd: Sie geben eine konkrete Richtung vor, erweitern aber nicht gerade den Horizont. Dies alles führt zu dem Schluss, dass Strategien (und der Prozess des strategischen Managements) für Organisationen sowohl durch ihre Abwesenheit als auch durch ihre Anwesenheit von entscheidender Bedeutung sein können.«[77]

5.5.1 Unentscheidbares entscheiden

Positiv wirkende Strategien hatten als Führungsinstrument vornehmlich zwei Eigenschaften: Erstens gaben sie ein Gerüst vor, mit dem Unentscheidbares (Fragen, für die es a priori keine eindeutige Bewertung gibt) entscheidbar wurde (»Sollen wir mit dem Preis runtergehen? Was sollen wir auslagern? Sollen wir in das neue Produkt investieren?«) und der Beliebigkeit entzogen wurde. Zweitens erhielten Veränderungen dadurch eine nachvollziehbare Erzählung, einen begreifbaren konsistenten Zusammenhang. Im Kontext der Internationalisierung half bei Alpenland zum Beispiel der strategische Grundsatz: »Wir produzieren nahe beim Kunden, aber verlagern Produktion nicht aus Kostengründen«, der Angst vor unkontrollierter, rein gewinngetriebener Auslagerung klare Entscheidungsprinzipien entgegenzuhalten.

Strategien dagegen, die den Mund zu voll nahmen und es zu wenig ermöglichten, Produkte, Alternativen, Kunden auszuwählen, erzielten zwar rasches Wachstum, zogen aber leicht die Verschwendung von Ressourcen und Desorientierung der Mitarbeiter nach sich.

---

76 Zu anderen Auffassungen siehe Mintzberg et al. 2012, S. 19 ff
77 Mintzberg et al. 2012, S. 36 f

»Wenn ich sehe, mit welcher Breite wir da in den Markt gehen, fällt es immer wieder auf, dass eben die Ressourcen komplett fehlen, um das entsprechend zu begleiten: in einer Professionalität und einer Geschwindigkeit und Qualität, die erstens unserem Ansatz würdig ist und die der Kunde zweitens auch verlangt. Und deshalb habe ich zum Geschäftsführer gesagt, meine aktuelle Sicht ist, dass wir uns den Teller so voll schaufeln, dass er übergeht, und das kann kein Mensch im Leben essen. Wir tanzen auf allen Hochzeiten, aber nirgends gescheit.«

Hilfreich hingegen war, wenn der Nutzen der Strategie für das Unternehmen klar kommuniziert wurde und nachvollziehbar war. Bei zwei Unternehmen wurden aktive, herausfordernde Wachstumsstrategien auf diese Art begründet und erzeugten durch den klar benennbaren Nutzen (»Das Wachstum ermöglicht es uns, unabhängig zu bleiben.«, »Die Diversifizierung durch Zukauf anderer Unternehmen macht uns robuster gegenüber Marktschwankungen.«) trotz damit verbundener hoher Belastung eine positive Resonanz unter den Mitarbeitern.

5.5.2 Ressourcenorientierung der Strategie

Je mehr die kommunizierten Strategien an der DNA des Unternehmens entsprachen, desto plausibler und brauchbarer waren sie als Entscheidungsgrundlage. Wenn sie diese konstituierende Mischung benannten, einsetzten und weiterentwickelten, wurden sie im Unternehmen angenommen und zur kollektiven Handlungsgrundlage gemacht.

Hingegen erzeugten Strategien Dissonanzen, wenn darin zentrale Kernkompetenzen im Selbstverständnis des Unternehmens vernachlässigt wurden.

»Dieser Funken der Begeisterung für die Technologie, die wir uns ja auf die Fahnen heften, war authentisch und das ist auch so empfunden und wahrgenommen worden. Heute hängt zwar noch immer die Technologiefahne draußen, aber wir betreiben dieses Thema im täglichen Leben aus meiner bescheidenen Sicht zu wenig.«

Schlussendlich lösten auch diejenigen Strategien Skepsis aus, die nicht mit der Mission oder den sonstigen Werten des Unternehmens kompatibel erschienen. Es entstand der Verdacht, dass die Strategien mehr an den Interessen der Eigentümer oder des Managements und weniger an denen der allgemeinen Organisation orientiert seien.

5.5.3 Denker und Umsetzer

Besonders viel Rückhalt und damit auch aktive Umsetzung fanden Strategien, deren Entwicklung Feedbackschleifen und Reflexion über den engeren Führungskreis hinaus beinhaltet hatte.

> »Da gab es einen Strategiekreis, in dem Führungskräfte ab einem bestimmten Hierarchielevel immer mal wieder einberufen wurden, um genau in solchen kritischen Situationen zu gucken, was sagt denn die Organisation dazu und eben nicht nur die Geschäftsleitung (...) Das ist wirklich ein super Prozess, wo man extrem eingebunden wird und das Gefühl hat, gefragt zu werden, dass die eigene Meinung wichtig ist und man an der Strategie mitwirken kann.«

Aber die Vorstellung, dass Strategie eine reine Vorstandssache sei und nur wenige daran mitwirken könnten, ist weit verbreitet.

> »Das Business-Modell und die Positionierung muss man differenziert betrachten und dann wird auch klar, woher die Notwendigkeit solcher hohen Margen kommt. Da muss man schon wissen, mit wem man diskutiert, denn wenn jemand das von Grund auf nicht versteht, ist es müßig, eine Diskussion zu führen.«

Strategien, die dementsprechend abgeschottet in Vorstandsetagen, Stab- und Beraterteams entwickelt werden, lösten häufig Unverständnis und Überforderung aus, was der stringenten Umsetzung nicht wirklich förderlich war.

> Am Reißbrett entwickelte Strategiekonzepte machen Mitarbeiter zu passiven Lösungsempfängern – die Lernfähigkeit des Systems bleibt gering.

In mehreren Unternehmen fiel uns auf, dass die Betroffenen der strategischen Umstrukturierungen diese passiv hinnahmen. Diese Maßnahmen wurden vielfach als unveränderliche Vorgaben erfahren, die Druck erhöhten und Arbeitserschwernisse brachten. Das vorhandene Know-how wurde nicht genutzt, um die neuen Verhältnisse aktiv mitzugestalten und zu optimieren.

Häufig können etwa mittlere Führungskräfte und Mitarbeiter besser beurteilen, welche Maßnahmen beschlossen, welche Investitionen priorisiert, welche Prozesse optimiert werden müssen, damit Strategien tatsächlich wirksam umgesetzt werden können. Dieses Wissen wurde aber in diesen Organisationen nur in geringem Maße genutzt. Wenn die Mitarbeiter nicht in die Erarbeitung der Umsetzung einbezogen wurden, lösten Detailentscheidungen häufig Kritik und Widerstand aus und entzogen damit der Strategie insgesamt Akzeptanz und die nötige konstruktive Mitarbeit.

5.5.4 Gefangene der eigenen Strategie

Inhaltlich können die auf »klassische Art« entstandenen und festgelegten Strategien für das Unternehmen sogar angemessen und von Erfolg gekrönt sein. Doch ihre Entstehungsform – die Art und Weise, wie eine Organisation zu diesen Strategien kommt– erschwert oder verhindert unserer Erfahrung nach eine schnelle und flexible Veränderungen und ihre Umsetzung. Warum ist dem so? Vereinfacht gesagt bewirkt dieser klassische Strategie-Ansatz:

- Einige wenige Personen an der Unternehmensspitze denken über Strategie nach – der Rest des Unternehmens erlebt sich als passiver Zuschauer, lehnt sich zurück und wartet auf die »Verlautbarungen« von oben. Damit bleibt ein Großteil der Weisheit des Systems samt wichtiger Inputs und Blickwinkel der unteren, marktnäheren Funktionen ungenutzt.

> Beim klassischen Top-Down-Strategieentwicklungsansatz bleibt oft die wichtigste Ressource für den Erfolg auf der Strecke: die Überzeugung der Mitarbeiter.

- Die Topmanager legen auf Basis ihrer Überlegungen die Strategie für die nächsten Jahre fest. Die zugrunde liegenden Annahmen und Informationen, auf denen diese Pläne und Entscheidungen fußen, sind aber diesem kleinen Kreis Eingeweihter vorbehalten. Sie werden bei der Verlautbarung der Strategie nicht oder höchstens in homöopathischen Dosen kommuniziert. Daher können die strategischen Entscheidungen von der restlichen Belegschaft in aller Regel nur schwer nachvollzogen und verstanden, höchstens akzeptiert werden. Die für Energie und Motivation entscheidende Frage: »Warum hat sich Vorstand für diese Richtung entschieden, warum so und nicht anders?« bleibt unbeantwortet. Damit fehlt die wichtigste Zutat für den Erfolg der Strategie: Glaube an die Strategie, innere Überzeugung und Commitment der Mitarbeiter.

> Je detaillierter Strategien durch das Management vorab fixiert werden, desto schwieriger ist es gewöhnlich, sie an neue Gegebenheiten anzupassen.

- Strategien, die mit viel Pomp und Trara bekannt gemacht werden, lassen sich nur schwer ändern, geschweige denn zurücknehmen. Abweichende Erfahrungen und Blickwinkel von Führungskräften und Mitarbeitern – die bei dieser Top-Down-Vorgangsweise klarerweise frühestens nach der Verlautbarung geäußert werden können – werden noch dazu vom Topmanagement schnell als persönliche Kritik und Bedrohung erlebt und daher pauschal abgewertet und abgeblockt: »Es gibt halt immer welche, denen das nicht passt« oder »Die wollen halt nicht aus der Komfortzone raus«. Kommt es in der Folge zu Problemen bei der Umsetzung, werden diese bevorzugt »schwachen Führungskräften« oder »unmotivierten Mitarbeitern« zugerechnet, aber so gut wie nie mit

	klassisch/vorherrschend	aus eigener Kraft
Ziel	• Wettbewerbsposition stärken • Unterscheidbarkeit in Außen- wahrnehmung verbessern	• Wettbewerbsposition stärken • Unterscheidbarkeit in Außen- wahrnehmung verbessern
Fokus	• Zukunft vorhersagen und darauf Pläne aufbauen • schlüssiges, konsistentes, wider- spruchsfreies Strategiekonzept	• Beweglichkeit der Organisation erhöhen • Energie und Commitment aller Führungskräfte und Mitarbeiter
Kerntätigkeit	• Umfelder des Unternehmens analysieren und Inhalt der Strategie konzipieren	• ständiger aktiver Austausch über relevante Entwicklungen der Organisation und ihrer Umwelten
Rolle von Führung:		
oberste Leitung	• oberste Leitung und externe Strate- gieberater entwickeln • oberes Management verkündet und kontrolliert Erfolg der Strategie	• oberste Leitung entscheidet die Form der Strategieentwicklung • bringt Expertise ein und behält das Ganze im Blick • trifft, wenn nötig, Richtungs- entscheidungen
mittleres, unteres Management und Experten	• Inhalt der Strategie verstehen und herunterbrechen • Umsetzung kontrollieren	• Führungskräfte und Experten aller Unternehmensteile und -ebenen übernehmen von Anfang an Mitver- antwortung für Inhalt der Strategie
Rolle der Berater	• Grundlage für Inhalt der Strategie zur Verfügung stellen (»inhaltliche Expertise«) • Sparringspartner für Führung • Außenperspektive einbringen	• Form für Strategieprozess zur Verfü- gung stellen (»Prozess-Expertise«) • Sparringspartner für Führung • Außenperspektive organisieren
Form		
sozial	• Inhalt der Strategie wird oben und von Beratern entwickelt • zentrales Disksussionsforum: Vorstandmeetings, bzw. Workshops mit Beratern	• alle haben Einfluss auf den Inhalt der Strategie durch Einbringen unterschiedlicher Perspektiven und Informationen • zentrales Diskussionsforum: Mikrokosmen (unterschiedliche repräsentative Querschnittsgruppen der Organisation)
zeitlich	• hintereinander und einmalig: • Trennung zwischen Entwicklung des Inhalts der Strategie (oberste Leitung) und kaskadenartiger Implementierung	• gleichzeitig und kontinuierlich: • durch Einbindung der Führungs- kräfte und Experten in die Ent- wicklung des Inhalts der Strategie verschmelzen Entwicklung und Implementierung

Abb.17: Alternativen in der Strategieentwicklung

dem Ablauf und der Form des Strategieentwicklungsprozesses selbst in Verbindung gebracht. Je stärker Strategien durch diese Vorgangsweise in Stein gemeißelt sind, desto schwerer fällt es den Verantwortlichen naturgemäß, sie an neue Gegebenheiten anzupassen. Zu einem Abweichen vom festgelegten Kurs kommt es daher erst bei massiven Problemen, also relativ spät und langsam, da der nächste Strategieentwicklungsprozess ja wieder das übliche Top-Down-Stufenkonzept durchlaufen muss. Verändern sich die Rahmenbedingungen immer schneller, schlägt das Pendel beim Versuch, die Nachteile dieses Ansatzes zu kompensieren, häufig in die Gegenrichtung aus: Ein Strategiewechsel jagt den nächsten (»Wir stehen vor einer neuen Situation, auf die wir reagieren müssen«), wodurch jede Chance zunichte gemacht wird, dass die neue Strategie Wirkung erzielt, bevor sie schon wieder außer Kraft gesetzt ist.

Beispielhafte Interventionsrichtungen
Wie können Organisationen richtungsgebende Instrumente wirkungsvoll einsetzen?
Zunächst bedenken Sie:

- Alle diese Instrumente werden in erster Linie durch die Dialogprozesse, die der Erarbeitung, Implementierung und Reflexion dienen, wirksam – nicht durch die Inhalte, eine Broschüre oder das Vorwort des Vorstandsvorsitzenden.
- Nicht jedes Werkzeug ist für jede Situation geeignet. Nicht immer muss das Rad neuerfunden werden. Manche Missionen funktionieren wunderbar, ohne explizit benannt zu sein, manche Unternehmen sind sehr konsistent in ihren kulturellen Werten, ohne dass sie irgendwo niedergeschrieben wären.

Was wir (nach gründlicher Bildung von Hypothesen) tun …

… wenn Zweifel über die Zweckmäßigkeit des einzusetzenden Instrumentes bestehen:

- Bedarf in der Organisation klären. Was soll gelöst, erreicht, verbessert werden? Mit dem Zweck und Charakter des jeweiligen Instrumentes abgleichen. Ist das Instrument für diesen Zweck geeignet, braucht es eine Ist- oder eine Sollbeschreibung? Formulierungen dementsprechend wählen
- Anwendungen bei der Erstellung mitdenken und implementieren. Wo und wann kommt dieses Instrument zum Einsatz? Wie funktioniert das Lernen? Kommunikationsprozesse einführen, die dieses Vorgehen routinemäßig als Reflexionsinstrument verwenden.

… wenn die richtungsgebenden Instrumente keine Zugkraft entwickeln:

- Instrument mit DNA der Organisation abgleichen: Bestehen kulturelle oder strukturelle Widersprüche?
- Dialog mit allen wesentlichen Perspektiven im Unternehmen führen, daraus die wirklich zugkräftigen Werte und Ziele entwickeln
- Erarbeitung derartiger Dokumente im Dialog. Vor diesem Schritt Erhebungen durchführen, die relevante Werte und Wünsche der wichtigsten Stakeholder erfassen. Vor der Endfassung Reflexionen mit Querschnitts- und verschiedenen Stakeholdergruppen durchfüh-

ren. Dabei Irritationen ernst nehmen, und zwischen den Zeilen lesen. Darauf achten, was tatsächlich bei Mitarbeitern Energie erzeugt.

- Klären und vorleben: Wie wird mit Zielkonflikten und Widersprüchen umgegangen?

... wenn wir mangelnde Glaubwürdigkeit einer Mission, Vision oder Leitbildes vermuten:

- Ansprüche reduzieren – schon bei der Erstellung unrealistische Vorsätze, die auch das Management selbst nicht einhalten kann und will, vermeiden. Überlegen, ob Werte durch große Ankündigungen oder durch eine veränderte Führungspraxis initiiert werden sollen
- Werte, die vereinbart sind, vorleben, einfordern, (auch im Führungsteam) zum Maßstab von Verhalten und Reflexion machen. Diese Anwendung institutionalisieren in Form von Mitarbeitergesprächen, Teamklausuren, regelmäßigen Reflexionsprozessen

... wenn wir mangelnde Alltagsrelevanz orten:

- Tatsächlich wirksam und entscheidend werden Visionen und alle Arten von Leitwerten, wenn sie wiederkehrend benutzt werden, um als Grundlage für Dialog und Lernen über Führung, Verhalten, Geschäftsentscheidungen zu dienen, wenn Werte und andere Grundsatzprinzipien als Grundlage für Feedback dienen – im Mitarbeitergespräch, in Teambesprechungen und in Führungsteams.
  Daher:
- Dokument (Inhalte der Vision, Mission, Leitwerte ...) mit Resonanzgruppe überprüfen: Sind die Grundsätze attraktiv und herausfordernd genug? Ggf. überarbeiten
- Grundsätze mit konkreten aber nicht zu trivialen Verhaltensbeschreibungen unterlegen
- (Neue) Entscheidungen und Prozesse sichtbar an den Grundwerten orientieren
- Leitsätze, Visionen, Mission in allen möglichen Reflexionssituationen (z.B. Teamklausuren, Mitarbeitergesprächen , Lessons learned) explizit zur Grundlage der Reflexion machen

... wenn Strategien nicht greifen oder nicht umgesetzt werden

- Mit Mikrokosmen Querschnittsgruppen, in denen alle möglichen Perspektiven des Unternehmens vertreten sind - Feedback einholen
- DNA des Unternehmens herausarbeiten und Strategien daran überprüfen
- Einige wenige strategische Prinzipien entwickeln, Feedback einholen, Umsetzung in der Fläche im Dialog erarbeiten
- Dynamische Steuerung etablieren: Strategiearbeit als laufenden Prozess des Wahrnehmens, Interpretierens, Adaptierens aufsetzen
- Entscheidungen über konkrete Konsequenzen der Strategie möglichst nah zum Kunden und zur Wertschöpfung verlagern – aber Entwicklungen regelmäßig im Dialog monitoren

6 Brot und Spiele: Was Unternehmen tun, um die richtige Leistung zu bekommen – und was dabei herauskommt.

> Der Mensch kann wohl die höchsten Gipfel erreichen, aber verweilen kann er dort nicht lange.
>
> *George Bernhard Shaw*

Leistungssteuerung

Unternehmen stehen vor einer Reihe neuer Herausforderungen: Die makroökonomischen Bedingungen und die Arbeitswelt verändern sich rapide. Der Anteil hochqualifizierter wissensbasierter und kreativer Arbeit wächst stetig, während Routinearbeiten zunehmend rationalisiert, ausgelagert oder so entwertet werden, dass sie (Über)leben nur auf niedrigem bis sehr niedrigem Niveau ermöglichen. Hinzu kommen weitere dramatische Veränderungen: Globalisierung in Verbindung mit ökologischen und sozialen Risiken, aber auch postmoderner Wertewandel bewirken andere Motivationskonstellationen, andere Interessen und andere Lebensentwürfe als noch vor 30 Jahren. Inzwischen erwarten vor allem gebildete Menschen mehr als nur ein gesichertes Einkommen. Mittlerweile lassen sich erste Tendenzen in diese Richtung auch in den sogenannten Schwellenländern beobachten.

Mit wachsender Komplexität von Arbeit und Organisationen und dem Rückgang des Anteils an rein physischer bzw. mechanischer Arbeit wurde »Management by Objectives« (MbO) zum Credo dessen, was heute Performancemanagement heißt. Die Mitarbeiter erhalten nicht mehr wie in der klassischen Bürokratie oder im Industrieunternehmen die Anweisung, was sie zu tun haben, sondern verpflichten sich nur noch auf ein Ergebnis. Standardisierung des Outputs ersetzt Koordination durch Anweisung.[78] Das erfordert einerseits mehr Qualifikation und höhere Eigeninitiative der Mitarbeiter, erlaubt andererseits flexibleres Reagieren auf sich verändernde Umstände.

Weil aber Wachstum längst keine selbstverständliche Größe mehr ist, sondern gegen Mitbewerber erkämpft und den Märkten abgerungen werden muss, führt das Ringen um hohe und höchste Renditen zu hohem Kostendruck. Die aufgrund dessen zu steigernde Produktivität korreliert auf Mitarbeiterseite mit der Zunahme erfolgsabhängiger Vergütungen und Leistungsanreize.

Nicht zufällig standen bei unseren Analysen immer wieder sowohl Ziele als auch Vergütungsstrukturen im Fokus der Aufmerksamkeit. Diese Themen beschäftigten Führungskräfte und Mitarbeiter, und auch in unseren Auswertungen

---

78 Vgl. Mintzberg 1979 S. 1 ff

nahmen sie einen prominenten Platz als kritische Größen der Unternehmensführung ein. Sowohl aufgrund unserer praktischen als auch theoretischen Auseinandersetzung kommen wir allerdings zum Schluss, dass »Vergütungsstrukturen« nur der sichtbare Teil einer darunterliegenden Frage sind: Wofür arbeiten Menschen eigentlich und was bieten Unternehmen diesbezüglich an?

In diesem Kapitel setzen wir uns daher mit den Effekten dieser zwei wichtigen Komponenten des Performancemanagements auseinander, wie wir sie in unserer Praxis beobachten konnten: »Führen mit Zielen« und »Lohn der Arbeit«.

6.1   Führen mit Zielen

MbO (Management by Objectives) oder Führen mit Zielen ist heute wohl das am weitesten verbreitete Führungsinstrument in Westeuropa und den USA. Der Grund dafür beruht im Wesentlichen auf drei Hoffnungen:
1. Was beim Führen durch direkte Anweisungen herauskommt[79], ist die kleinste gemeinsame Überschneidung der Fähigkeiten von Chef und Mitarbeiter. Der Mitarbeiter kann nur jenen Teil seiner Fähigkeiten und Wissens einsetzen, den auch der Chef beherrscht und daher anordnen kann. Demgegenüber kann der Mitarbeiter beim Führen durch Ziele auch jenen Teil seines Wissens und Könnens einsetzen, der dem Chef nicht direkt zugänglich ist.
2. Ziele sollen Orientierung bieten und Anhaltspunkte für Entscheidungen geben.
3. Ziele sollen Handeln koordinieren. Im Idealfall werden die Ziele der Einheit vorrangig vom jeweiligen Mitarbeiter selbst erarbeitet und durch den jeweiligen Vorgesetzten nur kontrolliert bzw. ergänzt. So fließt ein Maximum an Wissen in die Zielsetzung ein, und durch die selbstständige Erarbeitung ist das Verständnis für die Einbettung ins Gesamte maximal.

Im Normalfall werden allerdings eher Ziele in einem Kaskadenprozess »heruntergebrochen«. Als gelungen gilt eine solche Zielsetzung zumeist schon, wenn sich einander widersprechende Ziele unterschiedlicher Abteilungen noch in einem verhandel- oder ignorierbaren Rahmen bewegen.

6.1.1   Klare Erwartungen, eindeutiges Feedback

In einigen der von uns untersuchten Unternehmen wurde das Setzen von Zielen als Führungsinstrument von Mitarbeitern wie von Führungskräften tendenziell

---

79 Ebd.

positiv bewertet. In diesem Fall erwiesen sich die Herausforderungen, die durch diese Ziele transportiert wurden, und die Klarheit, die sie über die Erwartungen der Führungskraft an den Mitarbeiter schufen, als die wichtigsten Faktoren dieser Bewertung.

Besonders anregend wurden diese Erwartungen empfunden, wenn sie als sportliche Herausforderungen verstanden wurden. Voraussetzung dafür war die im Unternehmen allgemein geteilte Zuversicht, dass Mitarbeiter und Unternehmen über die nötigen Ressourcen zur Bewältigung der Herausforderungen verfügen.

> Ziele als Führungsinstrument ermöglichen im besten Fall klare Erwartungen und systematisches Feedback.

Gleichzeitig zeigte sich aber, dass das beliebteste Führungsinstrument in der aktuellen Praxis weit häufiger großen Unmut und unerwünschte Nebenwirkungen produziert.

6.1.2 Kennzahlenoptimierung vs. Fokus auf Unternehmenserfolg

Insbesondere dort, wo individuelle Leistungsanreize direkt mit der Zielerreichung des Einzelnen verknüpft sind, neigen die solcherart »Fixierten« dazu, die belohnte Zielgröße zu maximieren, koste es, was es wolle. Spielarten dieses Musters reichen von bloßem Ignorieren aller internen und externen Entwicklungen, die nicht direkt das Ziel beeinflussen, bis hin zu statistischen Manipulationen, unlauterer interner Konkurrenz oder dem Abschluss zweifelhafter und (für das Unternehmen) sehr riskanter Geschäfte. So waren etwa in einem von uns begleiteten Unternehmen fehlerhafte Werkstücke in großer Zahl im Wald vergraben worden, um so die vorgegebenen Qualitätsziele einhalten zu können.

Ein weiterer verbreiteter Effekt von Individualzielen ist systematische Risikovermeidung. In mehreren Unternehmen wurde uns klipp und klar gesagt, dass es gängige Methode sei, Ziele möglichst nach unten zu manipulieren, wann immer es möglich sei, um so den Erfolg und gegebenenfalls den Bonus nicht zu gefährden.

> Wenn der Erfolg des Einzelnen in individuell zu erreichenden Kennzahlen definiert wird, werden diese für das Handeln des Einzelnen wichtiger als der langfristige Erfolg des Unternehmens.

Individualziele (zer-)stören auch tendenziell die Kooperation und das gemeinsame Denken fürs Ganze. In einem Unternehmen etwa verringerten sie die Bereitschaft, Kollegen in deren Projekten zu unterstützen, wenn sie einem dafür kein Zeitbudget anbieten konnten:

> »Die Leute sind alle so getrieben und es ist alles der Effizienz und Stunden und Umsätzen gewidmet. Ich finde, dass das hier eine extreme Innovationsbremse ist. Ich bin das überhaupt nicht gewohnt von der Struktur, aus der ich komme, und mir fehlt das total, dass man sich nicht entspannt in Teams austauschen und reden kann. Aber ich habe oft die Sorge, dass ich mir denke, wenn ich jemanden etwas frage, kommt er sofort mit Stunden (lacht laut auf). Eine kleine Plauderei in der Küche, da (lacht) muss ich dem jetzt eine halbe Stunde aus meinem Projektbudget anbieten, weil er mit mir geredet hat.«

Die Idealvorstellung vom Mitarbeiter nähert sich heute in vielen Branchen und Kontexten immer mehr der eines selbstständigen Unternehmers an. Er soll Verantwortung übernehmen, Markt und Kunden im Blick behalten, Prioritäten abwägen und seine Ressourcen flexibel einsetzen, ebenso wie er die Ressourcen seines Umfeldes mitbedenken und pflegen soll. Die gängige Praxis, wie Ziele gesetzt werden, ist meist ein großes Hindernis für die Verwirklichung dieses Rollenbildes. Unternehmer agieren flexibel und reagieren auf Chancen, die sich darbieten, und auf Probleme, die sich auftun. Sie können Mittel nach Bedarf und Notwendigkeit für das Unternehmen einsetzen oder kurzfristig umschichten. Mitarbeiter fühlen sich – oft durch variable Gehaltsbestandteile – zusätzlich auf die festgelegten Kennzahlen verpflichtet und konzentrieren sich darauf, diese zu optimieren.

> »Bei einem Verkäufer kann ich das nach dem Umsatz rechnen, aber bei uns sind das irgendwelche weichen Ziele, die man vergessen kann. Und während des Jahres entwickelt sich sicher was ganz anderes, und dann hast du die Ziele nicht erreicht. Einer meiner Mitarbeiter hatte seine vier Ziele im April abgearbeitet, das war ihm das Wichtigste, dass erstmal unter jedem Ziel hundert Prozent steht, ganz egal, ob rundherum alles zusammenbricht oder nicht.«

In diesem typischen Fall verhinderte die Fixierung auf die Ziele, dass der Mitarbeiter seine Ressourcen flexibel an die Umstände adaptiert oder sich unerwartet auftretender Probleme annimmt. Übereinstimmend nennen Mitarbeiter aus dem Großteil der von uns untersuchten Firmen ihre Ziele als Hinderungsgrund, wirklich jene Arbeit zu leisten, die aus ihrer Sicht sinnvoll wäre. Auf einer Metaebene betrachtet drücken Ziele – wenn sie von oben gesetzt werden – ein großes Misstrauen der Führungskräfte gegenüber ihren Mitarbeitern aus. Sie unterstellen, diese würden nicht sinnvoll und mündig das Ihre zum Geschäft beitragen. Und so ist es dann auch – allerdings wegen der Ziele. Es liegt eine klassische Selffulfilling Prophecy, eine selbsterfüllende Prophezeihung, vor.

6.1.3 Weg der Ziele durch die Hierarchie

Bei einer unserer Unternehmensanalysen stießen wir auf folgenden Fall: Mit den Zielvereinbarungen wurde im Januar bei den Bereichsleitern begonnen, im Mai wurden die letzten Gespräche auf Mitarbeiterebene geführt. Im Oktober sollte allerdings schon wieder bilanziert werden, damit die Berechnungen der Unternehmensspitze wieder rechtzeitig zur Verfügung stünden. Auch Incentives mussten beschlossen werden, lange bevor die tatsächlichen Ergebnisse auf dem Tisch lagen. Das führte dazu, dass die Mitarbeiter das System der Zielvereinbarungen als völlig unglaubwürdige Formalveranstaltung bzw. als zusätzliche Belastung ohne jeglichen unterstützenden Effekt wahrnahmen. »Meine Ziele mach' ich mir sowieso selber am Jahresanfang, das hat nichts mit der Zielvereinbarung zu tun« war ein typischer Kommentar eines Abteilungsleiters zu diesem Phänomen. Beschwerden dieser Art waren kein Einzelfall, sondern in großen Unternehmen die Regel.

> Die Verwaltung von Kennzahlen und Budgets zieht Aufmerksamkeit vom eigentlichen Prozess der Wertschöpfung ab.

Es ist nicht ungewöhnlich, dass zu dem Zeitpunkt, an dem endlich die Zielvereinbarungen mit der untersten Ebene abgeschlossen werden, die Gesamtziele, auf denen sie beruhen, bereits Geschichte sind.

> »Für mich waren die Zielvereinbarungsgespräche eher immer ein Ärgernis, weil sie nicht so abgelaufen sind, wie es auf dem Papier steht. Bis Ende März soll es fertig sein und jahrelang hab ich diese Gespräche Ende April gehabt. Da habe ich schon gedacht, toll, wie soll ich dann mein Jahresziel erreichen, wenn schon ein Drittel des Jahres vorbei ist?'«

An den Zielen wird trotzdem oft stur festgehalten. Beide Seiten, Führungskraft und Mitarbeiter, sind ihnen gegenüber entsprechend reserviert. Wie Ziele, die auf einer derartigen inneren Haltung beruhen, positiv wirksam werden, kann man sich ausmalen.

6.1.4 Vereinbarung oder Vorgabe

Die Eigendefinition der Ziele ist integraler Bestandteil der ursprünglichen Idee des Management by Objectives.

> **Wer soll Ziele definieren?**
> Peter Drucker geht sogar so weit, dass er sagt: »Jeder Manager muss die Ziele für seine Organisationseinheit selbst entwickeln und setzen. Das obere Management muss sich natürlich die Möglichkeit vorbehalten, die Ziele zu akzeptieren oder abzulehnen. Aber ihre Entwicklung ist Teil der Verantwortung des Managers. Dies ist überhaupt seine wichtigste Verantwortung. Das bedeutet auch, dass jeder Manager in verantwortungsvoller Rolle an der Entwicklung der Ziele der nächsthöheren Einheit, zu der er gehört, beteiligt sein sollte. Ein ‚Gefühl der Beteiligung‘ zu bekommen ist nicht genug. Manager zu sein, bedeutet echte Verantwortung übernehmen zu müssen.«[80]

In vielen Unternehmen werden die Ziele jedoch von oben vorgegeben und erweisen sich als von den Betroffenen kaum oder nur marginal beeinflussbar. Die solcherart Beglückten betrachten häufig sowohl die Art der vorgegebenen Ziele als auch ihre Höhe als nicht sinnvoll. Dementsprechend kritisch und limitiert sind Haltung und Energie bei der Umsetzung. Zu hohe und überfordernde Ziele sind ein verbreitetes Phänomen. Sie organisieren den Misserfolg auf zweierlei Weise: Erstens wird der Mitarbeiter, dem diese Ziele gegen seine Sicht der Dinge verordnet wurden, bereits beim Gedanken an die Überforderung demotiviert. Zweitens kann er oft aus Erfahrung antizipieren, dass er auch bei großem Einsatz einen Misserfolg einfahren wird.

> Zielsetzung von oben statt Zielvereinbarung verhindert Identifikation mit Zielen und echte Verantwortung.

Dort jedoch, wo die Definition der Ziele als Aushandlungsprozess zwischen Führungskraft und Mitarbeitern empfunden wurde, war die Identifikation mit den Zielen tatsächlich hoch, wie in folgendem Beispiel.

> »Mein Vorstand hat mir beim Mitarbeitergespräch gesagt, er habe von einigen Kollegen gehört, die sich von dieser Zielvereinbarung unter Druck gesetzt fühlten. Da muss ich sagen, okay, davon fühle ich mich überhaupt nicht unter Druck gesetzt, sondern eher angespornt. Das zu erreichen ist für mich kein Knebel, das würde ich nie so empfinden. Die Zielvereinbarung läuft ja auch in diesen Quartalsberechnungen, in einem Dialog, also die ist ja auch veränderbar. Und da sag ich mal, das hängt dann davon ab, wie der Vorstand in dieser Frage mit einem umgeht. Ich hab da

---

80 Drucker 2001, S. 118, Übersetzung durch die Verfasser

nicht das Gefühl, irgendwo festgeheftet zu sein. Es ist wirklich eine Vereinbarung. Also keineswegs gegen meinen Willen.«

6.1.5 Beeinflussbarkeit und Messbarkeit vs. Relevanz

Die gängige Praxis, absolute Werte bestimmter Kennzahlen als Zielgrößen vorzugeben, verunmöglicht es, die Leistung von Mitarbeitern angemessen zu bewerten. Die Theorie der Zielbewertungen geht davon aus, dass Ziele vom Mitarbeiter beeinflussbar sein müssen, um sie einschätzen zu können. In der Praxis finden sich auch genug Beispiele dafür, dass mangelnde Beeinflussbarkeit der Ziele den beabsichtigten Effekt völlig zunichte macht. Darum betont das verbreitete Konzept der SMART-Ziele neben anderen Konkretisierungen auch die Beeinflussbarkeit durch den Mitarbeiter.

Dass Ziele komplett durch den Mitarbeiter beeinflussbar sein sollten, hat allerdings auch einen großen Nachteil. In der Praxis verwirklichen sich alle halbwegs aussagekräftigen Ziele immer durch das Zusammenspiel von eigenem Verhalten und Kräften, die in der Umwelt wirken: im Team, im Unternehmen, im Markt, im

SMARTe Ziele:	**LIVING Goals**
sind die klassische Empfehlung für die Formulierung von Zielen	sind Prinzipien, die wir im Umgang mit Zielen empfehlen
Spezifisch – Was genau wollen wir erreichen?	**L**ernorientiert: Ziele sollten zur Überprüfung von Wirksamkeit der eingeschlagenen Wege dienen und zur Anregung, neues zu probieren – nicht zur Kontrolle, Belohnung oder Bestrafung.
Messbar – Woran können wir erkennen, dass dieses Ziel erreicht ist?	**I**nstrumentell: Ziele wirken positiv, wenn sie nicht Selbstzweck sind, sondern ein Instrument der Kommunikation. Wenn Ziele und Realität in Konflikt kommen – lassen Sie die Ziele oder die Realität fallen?
Attraktiv – Ist es eine Herausforderung?	**V**eränderbar: Nur Ziele, die Veränderbar sind, sind flexibel genug, um auf sich ändernde Umweltfaktoren reagieren zu können.
Realistisch – Ist es mit zumutbarem Einsatz erreichbar?	**IN**tegriert (am Ganzen orientiert): Isolierte Ziele sind der beste Weg, aus einer Organisation einen Haufen unkoordinierter Einzelkämpfer zu machen. Ziele sind immer nur so gut wie ihre Verknüpfung mit der Richtung des Ganzen.
Terminisiert – Bis wann wollen wir dieses Ziel erreicht haben?	**G**emeinsam erarbeitet: Ziele dienen in Organisationen der Abstimmung und Koordination, daher ist der Kommunikationsprozess der Zielformulierung und -vereinbarung der eigentliche Vorteil. Nur wenn ich unsere/deine Ziele verstehe, kann ich selber sinnvolle Ziele formulieren.

Abb. 18: SMART-Ziele – Living Goals

Umfeld. Wenn Mitarbeiter aber auf Ziele festgelegt werden, deren Erreichung zur Gänze von ihnen beeinflussbar ist, ist der Fokus dieser Ziele notwendigerweise sehr beschränkt.

In Bezug auf ganze Unternehmen lässt sich beobachten, dass die quantitativen Ziele in der Praxis ernster genommen werden als andere Ziele. Damit geraten andere, nicht-wirtschaftliche Erfolgskriterien häufig aus dem Bewusstsein. Dies ist vor allem für öffentliche Organisationen und Unternehmen und NGOs von Belang, allerdings ist es auch für Wirtschaftsorganisationen mittlerweile empfehlenswert, sich auch auf nicht-wirtschaftliche Ziele zu verpflichten und diese mit einer ähnlichen Verbindlichkeit auszustatten.

Wirtschaftliche Ziele reichen nicht

Wimmer argumentiert, warum Unternehmen sich von ihrer alleinigen Fokussierung auf Gewinnziel verabschieden müssen: »Vor allem Unternehmen konnten sich bislang darauf einrichten, eine Vielzahl von Folgekosten ihres Agierens ungestraft externalisieren zu können (gleichgültig, ob es sich dabei um die Verlagerung von Problemen auf die Beschäftigten mit ihren Folgen für die Gesundheit derselben handelte, oder um das Abschieben von personellen Versorgungsleistungen auf das öffentliche Sozialsystem oder um die Schädigung der ökologischen Lebensbedingungen etc). Diese Externalisierungspraxis wird für viele Organisationen zusehends schwieriger, weil unsere Gesellschaft in der Tendenz um vieles wachsamer gegenüber solchen Praktiken geworden ist und weil die Rückwirkungen dieser Praxis auf das Organisationsleben selbst unübersehbar geworden sind (zu beobachten etwa an der epidemischen Zunahme von Burn-out-Symptomen, an dem Phänomen der kollektiven Erschöpfung von Organisationen als Ganzes, an der Verschärfung von Sinnkrisen etc.). Organisationen sind deshalb deutlich mehr als früher gezwungen, in ihre Entscheidungsprozesse die Verantwortung für eine Reihe von gesellschaftlichen Kontextzusammenhängen zu integrieren, von denen sie in der Vergangenheit konsequenzlos absehen konnten (z. B. Unter welchen Bedingungen werden die eigenen Produkte in den Billiglohnländern hergestellt? Wie sieht die jeweilige Öko- und Energiebilanz über den gesamten Produktlebenszyklus aus? etc.). Fragen der Nachhaltigkeit in ökonomischer, sozialer und natürlich auch ökologischer Hinsicht gewinnen zusehends an existenzieller Bedeutung, weil Organisationen hinsichtlich ihrer Leistungsfähigkeit von ihrem Umfeld inklusive der eigenen Belegschaft immer mehr daran gemessen werden, wie sehr sie über ihre engeren Aufgaben hinaus ihrer längerfristigen gesellschaftlichen Verantwortung gerecht werden. Damit werden im Organisationsalltag Entscheidungsdimensionen relevant, die in der Vergangenheit als «sachfremd» abgetan werden konnten«[81]

81 Wimmer 2012, S. 17 ff

6.1.6 Output vs. Verhalten

In der Mehrzahl der Unternehmen, die wir begleiten und beraten, finden wir vornehmlich Output-Ziele. Leistungen werden an Ergebnissen und Auswirkungen der Tätigkeit des Mitarbeiters gemessen. Wenn wir nach den Leistungskriterien einer Führungskraft fragen, lautet die Antwort meistens: Umsatz und Output müssen stimmen. Diese Antwort ist prinzipiell erfreulich. Wenn allerdings nur Output-Ziele betrachtet werden, so tut sich die Falle von Punkt 6.1.2 auf: Kurzfristiger Erfolg und Optimierung von Kennzahlen konkurriert oft mit langfristigen, nachhaltigen Erfolgsstrategien. Dieses Dilemma ist sowohl unserer Beobachtung als auch der Literatur nach einer der am weitesten verbreiteten Kritikpunkte von Mitarbeitern an ihren Unternehmensführungen.

Absolute Ergebnis-Ziele

Eine Leistung kann niemals an einem absoluten Ziel gemessen werden, weil die Umstande darüber entscheiden, welches Ergebnis möglich ist. Das Erreichen derselben absoluten Zahl kann einmal auf eine herausragende, ein anderes Mal auf eine sehr mäßige Leistung hinweisen. Damit sind absolute Ziele weder als Ansporn noch als Evaluationsmittel geeignet.

> »Es gab Jahre, da hab ich gedacht: Wahnsinn, hast du dieses Jahr gut gearbeitet, hast du viele Kohlen aus dem Feuer geholt, da muss dein Chef jetzt stolz auf dich sein, und dann hab ich nur 90 % gekriegt. Und da gab's andere Jahre, da hab ich eher wenig zum Firmenziel beigetragen und mir gedacht, na gut, dieses Jahr kann sich warm anziehen und dann hab ich 110% gekriegt. Dieses System war für mich absolut nicht durchsichtig, sodass ich für mich beschlossen hab, alles was ich da kriege, ist ein Reingewinn, aber verlassen kann ich mich da nicht drauf.«

Längerfristig wird durch solche Zielvereinbarungen Beurteilungsvermögen und Freude an Leistung zerstört. Wenn ein Mitarbeiter aufgrund günstiger Umstände ein Ziel erreicht und allein deshalb besser bezahlt wird, wird die Einschätzung seiner Leistung empfindlich gestört. Wird er gar bei schlechten Ergebnissen aufgrund von widrigen Umständen trotz hohem Einsatz und guter Leistung nur an der Zielerreichung gemessen, so wirkt diese Art der Beurteilung äußerst frustrierend und wird als ungerecht empfunden.

> Die Erreichung absoluter Ziele sagt nichts über Leistung aus.

Eine sowohl als Steuerungs- als auch als Lerninstrument ergiebigere Alternative sind relative Ziele (vgl. Abb. 19).

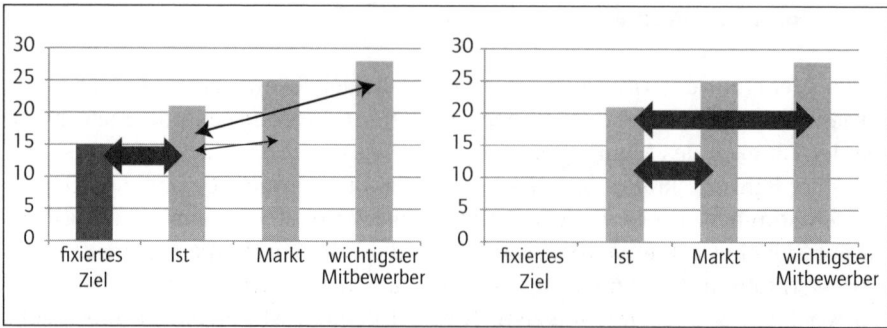

Abb. 19: Schwächen absoluter Ziele am Beispiel eines finanziellen Leistungsindikators[82]

»Weiche« und »harte« Ziele

Anspruchsvollere Verfahren der Zielvereinbarung setzen zumindest auf die Ergänzung durch Verhaltensziele. Diese werden oft leicht abwertend als »weiche« Ziele im Unterschied zu den »harten« Output-Kennzahlen charakterisiert. Tatsächlich haben die sogenannten weichen Ziele aber häufig eine viel kräftigere Wirkung für die Organisation als die pseudoobjektiven »Fakten«. Gehen Führungskräfte respektvoll mit ihren Mitarbeitern um, hat dies vielleicht keinen direkt messbaren Effekt auf den Quartalsumsatz, aber mittel- und langfristig ist die Fluktuation sicherlich geringer. Damit sichert ein Verhaltensziel z. B. den Erhalt der Wissensbasis, der Erfahrung und auch der Identifikation des Mitarbeiters mit dem Unternehmen.

> Die meisten Verhaltensziele lassen sich sinnvoll nur qualitativ beschreiben und daher offensichtlich nur subjektiv bewerten. Verhaltensziele quantitativ messen und auf diese Art vergleichen zu wollen, wird als versteckte Willkür erlebt.

Die Einhaltung von Verhaltenszielen ist jedoch schwieriger zu beobachten und zu evaluieren und verlangt daher auch ein entsprechend professionelles Beobachtungs- und Kommunikationsverhalten. Allerdings entsteht daraus ein zusätzlicher Aufwand für die nächsthöhere Führungskraft – oder aber es bedarf eines Peer-Feedback-Systems.

> »Loben kann man ja nur, wenn man was kennt, daher kann man eigentlich nur die Kennziffern loben. ›Aha, der hat das Budget um so und so viel Prozent nicht ausgenutzt‹, dann wird er dafür gelobt, weil man das an den Zahlen ablesen kann. Ansonsten hängt Lob damit zusammen, dass man weiß, was er getan hat. Jetzt im Bezug auf Internes erkennt man das vielleicht, aber im

---

82 Pflaeging 2008, S. 108

> Bezug auf Produkte weiß ich gar nicht, wie viel Leute von sich sagen, ich stehe unter Beobachtung im positiven Sinne, sodass mir jemand sagen kann, gut gemacht. Das kann er nur sagen, wenn er gesehen hat, dass ich es gut gemacht habe, und dass das ausreichend beobachtet wird, bezweifle ich.«

Schon das Finden aussagekräftiger, kurzfristig messbarer Ziele und Kennzahlen ist eine große Herausforderung. Der Versuch, Messbarkeit von Maßnahmen und Leistungen in Bezug auf ihre langfristigen Effekte herzustellen, erzeugt eine Ansammlung vieler Messkriterien, deren Aggregation und Gewichtung zu höchst komplizierten Systemen führt.

Immer wieder ist versucht worden, in teils sehr ausgefeilten Konzepten ein Gleichgewicht zwischen kurzfristigen Ertragszielen und langfristigem Ressourcenaufbau herzustellen, etwa durch die Balanced Scorecard. In unseren Beobachtungen spielen diese Systeme in ihrem tatsächlichen Führungseffekt jedoch bestenfalls eine geringe Rolle. Öfters führen sie zu einem Wildwuchs weicher Ziele, die tendenziell verwirren und überfordern. Wenn sich an diese weichen Ziele auch noch variable Vergütungsbestandteile knüpfen, ist Willkür nicht zu vermeiden.

Output vs. Einsatz

Es gibt aber auch Unternehmen, die ins gegenteilige Extrem kippen. Dort haben Output-Ziele gar keine Relevanz, weil sowieso alle traditionsgemäß den Bonus bekommen und es wichtiger ist, dass Einsatz und Motivation »gezeigt« werden – etwa durch lange Überstunden. Reine Verhaltensbeurteilung ohne Bewertung des Outputs tendiert zu Ineffizienz, im Extremfall zur Errichtung Potemkin'scher Dörfer: Das »richtige« Verhalten und der große Einsatz haben nichts mit der eigentlichen Wirksamkeit des Unternehmens zu tun.

Unter dem Begriff Leistung wird beides verstanden – der große Einsatz ebenso wie der hohe Output. Wir haben mehrfach erlebt, dass die Vermischung dieser beiden Bedeutungen des Begriffes Leistung zu schweren Missverständnissen führen kann, etwa weil das Management niedrige Produktivität kritisiert, die Mitarbeiter dabei aber ihren hohen Einsatz in keiner Weise gewürdigt sehen

6.1.7 Lerninstrumentarium

Herangehensweisen, die das Zielsystem gezielt für organisationale Lernprozesse entwickeln und in Zielen folgerichtig in erster Linie Referenzwerte für Reflexion sehen, haben wir in der Praxis nur bei einzelnen Führungskräften gesehen, weniger als Organisationskultur. Da es aber international für einen solchen Ansatz Beispiele gibt, sei diese Möglichkeit erwähnt.

Branchenprimus verwendet relative Ziele konsequent zum Lernen
Svenska Handelsbanken, relativ unbekannt, aber eine der 20 europäischen Topbanken und noch dazu seit Jahren die profitabelste, stellte bereits in den 1970er-Jahren herkömmliche Leistungsmanagementsysteme auf den Kopf. Bei Svenska Handelsbanken werden Ziele nur relativ zu Wettbewerbern oder vergleichbaren Unternehmenseinheiten formuliert. Auch intern werden Kennzahlen unter verschiedenen Einheiten nur im Nachhinein verglichen, nicht Ziele im Vorhinein gesetzt. Alle Zahlen sind für alle Mitarbeiter einsehbar. Einmal im Jahr werden die Vergleichszahlen der Filialen einer Region von den Filialleitern gemeinsam besprochen, interpretiert und Schlüsse daraus gezogen. Variable Vergütungsanteile sind nicht damit verknüpft. Alle Mitarbeiter profitieren gleichermaßen vom Unternehmensgewinn, von dem ein gewisser Anteil an alle in Form von Anteilen an einem firmeneigenen Pensionsfonds ausgeschüttet wird.[83]

6.2   Lohn der Arbeit

In unseren Untersuchungen war Entlohnung häufig ein Thema. Da sie unserer Erfahrung nach eher thematisiert wird, wenn Unzufriedenheit herrscht, sind eindeutig positive Beispiele schwer zu identifizieren. Trotzdem ist es aufschlussreich, in welchen Zusammenhängen und mit welchen Begründungen Entlohnung thematisiert wird, und was sich daraus für die Steuerungswirkung ableiten lässt.

6.2.1   Geld: Notwendig, aber nicht hinreichend

Knapp 20 Jahre sind seit dem ersten Erscheinen von Sprengers Buch *Mythos Motivation* vergangen, in dem er mit scharfer Zunge die Destruktivität von monetären Leistungsanreizen analysiert. Seine Hauptbotschaft: Wer Extrageld für zusätzliche Leistung zahlt, zeigt damit, dass er nicht glaubt, dass Mitarbeiter von sich aus gute Leistung bringen, und zerstört mit der Fokussierung auf Belohnung genau jene intrinsische Motivation, die es für sehr gute Arbeit braucht: die Liebe zur Sache nämlich.

Geld frisst Motivation
»Ein alter Mann wurde täglich von den Nachbarskindern gehänselt und beschimpft. Eines Tages griff er zu einer List. Er bot den Kindern eine Mark an, wenn sie am nächsten Tag wieder kämen und ihre Beschimpfungen wiederholten. Die Kinder kamen, ärgerten ihn und holten

83 Wallander 2003 S. 66 ff

sich dafür eine Mark ab. Und wieder versprach der alte Mann: ›Wenn ihr morgen wieder kommt, dann gebe ich euch 50 Pfennig.‹ Und wieder kamen die Kinder und beschimpften ihn gegen Bezahlung. Als der alte Mann sie aufforderte, ihn auch am nächsten Tag, diesmal allerdings gegen 20 Pfennig, zu ärgern, empörten sich die Kinder: Für so wenig Geld wollten sie ihn nicht beschimpfen. Von da an hatte der alte Mann seine Ruhe.«[84]

Put the money off the table
Daniel Pink, amerikanischer Bestsellerautor und Star-Vortragender zu Businessthemen, vertritt die Ansicht, dass Geld insofern wichtig sei, als der Gedanke daran vom Tisch sein muss, damit gute Leistung passieren kann: »*Put the money off the table*« [85] Ähnlich formuliert es Götz Werner, Gründer der deutschen Supermarktkette DM: Geld solle arbeitende Menschen erhalten, nicht der Gegenwert für die Leistung sein, sondern eine Voraussetzung dafür, dass Menschen sich gute Arbeit leisten könnten.[86]

Sprengers Ansichten werden auch durch neuere Untersuchungen bestätigt. Eine breit angelegte Studie des MIT kommt zum Schluss, dass die Erhöhung der monetären Belohnung nur bei rein mechanischen Tätigkeiten Leistung erhöht. Bei allen Arbeiten, die zu ihrer Bewältigung kognitive Fähigkeiten benötigen, haben erhöhte Prämien einen eindeutig negativen Effekt auf die Qualität der erbrachten Leistung.[87]

Unsere eigenen Beobachtungen ließen uns ebenfalls zu dem Schluss kommen, dass zusätzliche monetäre Entlohnung alle negativen Effekte der Steuerung von Zielen potenziert (insbesondere die Optimierung von Kennzahlen statt des Unternehmenserfolges und das Empfinden von Willkür), weil sie den grundsätzlich aufmerksamkeitsverengenden Effekt derselben unterstreicht.

> Individuelle variable Vergütungen fördern zumeist das Optimieren eben dieser Prämienhöhen, aber nicht Leistung für das Unternehmen oder die Kunden.

Für die Organisation ist ein an individueller Leistung gekoppelter monetärer Anreiz nur dann produktiv, wenn der honorierte Mehraufwand tatsächlich einem einzelnen Individuum zuschreibbar ist und sich ohne Zweifel direkt auf den Unternehmenserfolg niederschlägt, etwa bei Akquise- und Verkaufsleistungen (und auch da nicht immer). Überall dort, wo gegenseitige Interdependenzen bestehen und die Leistungsfähigkeit des Einzelnen von den Zuarbeiten seiner Kol-

---

84 Sprenger 2005, S. 71
85 Pink 2010
86 Werner 2007
87 Deci 1999 und Ariely et al. 2005, zit. nach Pink 2009, S. 40 f

legen abhängt, wiegen negative Effekte individueller Leistungsanreize die positiven zumindest auf.

Eine positive Konsequenz aus dieser Erkenntnis zog jene Gruppenleiterin in einer Bank, die schilderte, dass ihr Star im Verkäuferteam sehr gut verkauft habe, die Teamleistung insgesamt aber schwach gewesen sei. Dies habe sich erst geändert, als sie einen Teil der Incentivierung statt mit den direkten Verkaufsleistungen dieses Verkäufers mit dem Erfolg der anderen Teammitglieder verknüpft habe. Sie hatte also indirekt einen Teambonus anstatt eines individuellen Bonus eingeführt.

Job, Karriere, Berufung

Für Leistung macht es einen großen Unterschied, welche Haltung der Mitarbeiter grundsätzlich zu seiner Arbeit einnimmt. Cameron unterscheidet drei verschiedene Grundhaltungen: »Job«, »Karriere«, »Berufung«. Job bedeutet, dass die wesentliche Motivation für eine Arbeit im materiellen Gegenwert liegt, den derjenige dafür erhält. Für diejenigen, die in ihrer Arbeit vorwiegend eine »Karriere« sehen, sind neben der Bezahlung Zugehörigkeit, Prestige und Macht entscheidende Kriterien. »Berufung« bedeutet, dass die Arbeit an sich und ihre Effekte auf die Umwelt für den, der sie erbringt, einen hohen Wert darstellen. Umso mehr der Charakter der Berufung überwog, desto wahrscheinlicher waren außergewöhnliche Leistungen. Cameron hebt hervor, dass nicht nur statushohe Berufe mit der Einstellung »Berufung« verknüpft sind. Wichtiger ist, dass der Betreffende das Produkt seiner Arbeit als sinnvoll und notwendig erachtet.[88]

6.2.2 Hilflosigkeit der Führungskräfte

Auf der anderen Seite erleben wir viele Führungskräfte, die ohne variable Vergütungsbestandteile das Gefühl hätten, überhaupt keinen Einfluss mehr auf die Leistung der Mitarbeiter zu haben. Boni und Prämienzahlungen sind dementsprechend auch verbreiteter als je zuvor, leistungsabhängige Gehälter sind auf dem Vormarsch. Unternehmen wollen damit gute Leistung produzieren. Im Folgenden ein Zitat, in dem sich die Vorfreude von Führungskräften auf die Einführung von gehaltsrelevanten Zielvereinbarungen in ihrem Unternehmen ausdrückt:

»Wir haben Mitarbeitergespräche mit Zielvereinbarungen seit Jahren herbeigesehnt. Einem älteren Kollegen, der mit Ende 50 das Ende seiner Laufbahn erreicht hatte, war's völlig egal, was wir über ihn denken oder nicht, ob er in der Beurteilung besser oder ein bisschen schlechter gewesen ist. Der ist bis 65 durchgelaufen und am Ende seiner habhaft zu werden, war äußerst schwierig. Mit einer Zielvereinbarung wird das Spiel für uns leichter, weil wir jetzt eine Machtstel-

---

88 Cameron 2008, S. 67 ff

lung haben, die wir früher sicherlich nicht in dem Maße gehabt haben. Wenn wir auch nur 15 Prozent seines Lohns in der Hand haben, dann werden wir ihn an seiner Zielerreichung messen können und da wird sich jeder dann mehr anstrengen.«

Es wird interessant sein zu beobachten, ob Boni sich tatsächlich als wirksamer Angelpunkt erweisen werden. Nach unseren Beobachtungen in anderen Unternehmen müssen wir das bezweifeln. Sprenger vergleicht Boni mit Drogen, weil sie ähnlich wie diese einen starken Gewöhnungseffekt besäßen und nur immer höhere Dosen den gewünschten Effekt aufrechterhielten. Trotzdem bleibt die Frage im Raum: Wie kann Führung Leistung unterstützen – vor allem in den Fällen innerer Emigration und Resignation?

Die Rezepte dafür sind nicht trivial: Ein Unternehmen, das individuelle Steuerungsanreize nach Mitarbeiterprotesten abschaffte, erlebte zur Enttäuschung der Geschäftsführer, dass das Engagement sich kaum veränderte. Ein Unterschied ergibt sich nur, wenn anstelle der Belohnung etwas anderes tritt, das Menschen dazu anregt, verantwortlich, verbindlich und inspiriert zum Unternehmenserfolg beizutragen.

6.2.3 Impliziter Vertrag

Kritik an der Entlohnung erlebten wir dann gehäuft, wenn das Unternehmen wuchs und sich insbesondere in Bezug auf Feedback, Aufmerksamkeit oder Vertrautheit der sozialen Umgebung etwas veränderte. Aus Mitarbeitersicht bedeutete dies die unternehmensseitige Außerkraftsetzung des impliziten Vertrags, den der Mitarbeiter ursprünglich eingegangen war. Zudem ist Geld leichter thematisierbar als das Betriebsklima, soziale Vertrautheit oder Autonomie bei der Arbeit, denn bei all diesen Themen lässt sich die Verantwortung viel schwerer eindeutig zurechnen.

»Es gibt hier Arbeitsbedingungen, die anderswo unvorstellbar wären, etwa, dass man zwei Tage in der Woche im Homeoffice arbeiten kann. Da gibt es schon sehr viele Punkte, die man hier als positiv anführen kann, und die man anderswo nicht so leicht findet. Auch eben dieses nicht den Euro im Vordergrund stellen, sondern dass irgendwie der Mensch zählt. Das war eine gelebte Praxis. Deswegen war die Kündigung vom M. für mich eine ziemliche Zäsur. Jetzt hat sich die Geschäftsführung auf den Standpunkt gestellt, es hat sich nichts geändert, wir machen weiter wie bisher. Aber einen langjährigen, aus meiner Sicht verdienten Mitarbeiter einfach so rausschmeißen, das passt nicht zusammen, also für mich ist da die Glaubwürdigkeit erschüttert.«

»Geld« als Thema in Organisationen steht unserer Erfahrung nach meistens stellvertretend für das Gesamtpaket an Belohnungen, das ein Mitarbeiter für seine Arbeit erhält. Immer wenn andere Faktoren den Anteil an intrinsischer Motivation reduzieren, ist zusätzliches Geld als Kompensation notwendig. Mehr Geld kann dabei mehr Arbeitseinsatz erzeugen, die Qualität der Leistung wird bei zusätzlichem Geld eher geringer, da nicht die für die Umwelt erzeugte Leistung, sondern die Maximierung des Geldes im Vordergrund steht.

> Unzufriedenheit mit Entlohnung ist häufig ein Hinweis auf nachteilige Änderungen anderer Arbeitsbedingungen.

6.2.4 Wofür Menschen arbeiten

Leistung gegen Lohn, so lautet der ausgesprochene Grundvertrag der Erwerbsarbeit.

Doch Menschen arbeiten eben nicht fürs Brot allein. Die meisten von uns sind zwar mehr oder weniger auf ihr Erwerbseinkommen angewiesen, um zu überleben, daher muss die Entlohnung auch einen monetären Anteil haben. Aber sobald der Erwerb die Lebensgrundlagen einigermaßen sichert, werden andere Motivationsfaktoren von vielen Menschen direkt mit dem möglichen Lohn gegengerechnet. Umgekehrt haben wir die Erfahrung gemacht, dass Kritik an der Entlohnung – analog zum Thema Information (siehe oben) – oft nur ein Platzhalter für andere Themen ist.

> Klient: »Beim Thema Gehalt ist bei uns ein Hund begraben. Das ist ein brodelndes Thema, also ich finde das total spannend, wie viel die Leute hier verdienen und wie Gehaltsverhandlungen passieren. Das ist ein Wertschätzungsthema und da hake ich ein, man kann sich es hier echt nett machen, aber Wertschätzung finde ich echt schwierig.«
> Berater: »Woran würden Sie Wertschätzung erkennen?«
> Klient: »Oh, zum Beispiel (lacht), wenn man Sachen erledigt und macht und einfach ein Feedback bekommt, das muss kein Fünfzeiler sein, aber das ist wirklich minimal von den Führungskräften her und oft kommt einfach gar nichts.«

Menschen suchen in ihrer Arbeit unter anderem Herausforderung, Anerkennung und Feedback, Sinngehalt und sozialen Kontakt.[89] Unternehmen konkurrieren mit Löhnen und Arbeitsbedingungen um qualifizierte Arbeitskräfte. Schon hier macht sich Führung bemerkbar, etwa darin, wie attraktiv ein Unternehmen für potenzielle Arbeitnehmer ist, die die Organisation braucht. In den hochqualifizierten Segmenten suchen Headhunter nach Schlüsselkräften – und zwar mit Argumenten, die über gute Bezahlung weit hinausreichen. Pionierunternehmen schaffen Lebenswelten, in denen sich kreative Köpfe wohl fühlen sollen. Nicht

---

89 Vgl. z. B. Sennett 2008, S. 19; Seliger 2014, S. 59 f

zuletzt deswegen sind Konstrukte wie Employer Branding oder Employer of Choice so populär geworden. Sie sollen helfen, die Marke und das Unternehmen selbst so attraktiv zu machen, dass sich die Richtigen für das Unternehmen entscheiden und daran binden. In unseren Beobachtungen waren es vor allem Erfolgserlebnisse, das Gefühl, etwas Sinnvolles beizutragen, die Qualität der Arbeit, der Arbeitsbedingungen und des sozialen Kontaktes, die in die Bilanz der Mitarbeiter einbezogen wurden und auch in die Bewertung der Gehaltshöhe mit einflossen.

Wirksamkeit und Wertschätzung erleben

Erfolgserlebnisse haben ist neben dem Geld einer der wesentlichen Gegenwerte für Arbeit. Die meisten Menschen wollen gebraucht werden und Auswirkungen ihres Daseins auf die Welt erfahren können. Arbeit, insbesondere Erwerbsarbeit, ist ein potenzielles Mittel zu genau diesem Zweck.

Feedback ist in dieser Hinsicht ein »Grundnahrungsmittel«. In vielen Unternehmen haben wir erlebt, dass die Mitarbeiter im direkten Kontakt mit Kunden ein quasi natürliches Feedback bekommen. Das kann ein Nachteil sein, wenn Kunden unzufrieden sind. Gegenüber vielen Innendienst- und vor allem administrativen Rollen scheint aber der Vorteil, dass man die Wirkung der eigenen Arbeit direkt beobachten kann, zu überwiegen.

> »Ich leide *manchmal* unter internem Klüngel und ziehe sehr viel Energie aus meinen Kundengesprächen, weil ich da persönlich einfach sehr viel Motivation und Ansprache bekomme. Was mir intern fehlt, kriege ich beim Kunden.«

Je größer die Unternehmen werden, desto mehr Menschen sind tendenziell im Innendienst und bekommen nicht mehr automatisch eine Rückmeldung darüber, inwiefern ihr Verhalten zum Erfolg bzw. zum Wohl der Kunden (oder anderer Stakeholder) beiträgt. (Dass der Innendienst trotzdem häufig beliebter ist, dürfte mit dem geringeren Druck und der häufig besseren Work-Life-Balance zusammenhängen.)

Auch ein gutes Image der Organisation in der Öffentlichkeit wirkte auf unsere Interviewpartner als Feedback: Positive Resonanz aus dem persönlichen Umfeld auf das eigene Unternehmen bestätigte auch die eigene persönliche Leistung.[90]

---

90 Vgl. Kapitel 8

Wirksamkeit sichtbar machen

Das Erleben von Wirksamkeit hat zwei Voraussetzungen: Menschen müssen einen gewissen Einfluss auf die Gestaltung ihrer Arbeit haben, sprich: die eigenen Entscheidungen, das eigene Engagement müssen einen Unterschied machen. Zum anderen braucht es Aufmerksamkeit für genau diesen Beitrag und für das Ergebnis. Mitarbeiter ohne Kundenkontakt sind für diese Aufmerksamkeit ganz auf ihre Kolleginnen und/oder Führungskräfte angewiesen. Und selbst wenn es Kundenkontakt und -feedback gibt, kann dies interne Rückmeldung nicht völlig ersetzen. So wichtig der Kunde ist, seine Interessen sind nicht identisch mit denen des Systems, und die Qualität der Rückmeldung ist eine andere als der differenzierte Dialog über Verhalten und Ergebnisse.

> Systematische, wertschätzende Aufmerksamkeit für Wirksamkeit von Arbeit ist der wertvollste Gegenwert, den das Unternehmen zu vergeben hat.

Das Feedback durch Führungskräfte hat (s. Zitat oben) zumeist einen höheren Stellenwert, weil es die Anerkennung durch die Organisation, durch das Ganze repräsentiert. In hierarchisch strukturierten Unternehmen entsteht dadurch ein Flaschenhals, der Führungskräfte belastet und auf der anderen Seite Mitarbeiter tendenziell »verhungern« lässt.

Geld ist in gewisser Weise auch ein Feedback, darum wird Erwerbsarbeit als Bestätigung der eigenen Wirksamkeit vielfach »wertvoller« empfunden als ehrenamtliche Beschäftigung oder häusliche Reproduktion. Der Lohn fungiert als Bestätigung, als Signal des Gebrauchtwerdens, allerdings in generalisierter und in seiner Aussagekraft limitierter Form.

> Gute Entlohnung unterstützt das subjektive Gefühl der Bedeutung und Wertschätzung der eigenen Arbeit, ist aber als alleiniger Motivator für sehr gute Leistung ungeeignet.

Einer unserer Kollegen, der jahrelang sehr gut bezahlt in einem Unternehmen gearbeitet hatte, beschrieb dieses im Nachhinein als goldenen Käfig, weil er nie das Gefühl gehabt habe, irgendetwas bewirken zu können. Jahrelang habe ihn das Geld bei der Stange gehalten, aber schließlich habe das nicht mehr ausgereicht.

Nicht-monetäre Benefits

Sinn

Sinn ist eng mit dem Erleben der eigenen Wirksamkeit verbunden, geht aber noch darüber hinaus. Sinn zu erfahren bedeutet, dass ich meine Arbeit nicht nur

wirksam erlebe, sondern die Resultate darüber hinaus in meiner Weltsicht wert-haltig sind.

Was Sinn ergibt

Cameron schließt aus der Durchsicht vieler Studien zu diesem Thema, dass Arbeit als beson-ders sinnvoll erlebt wird, wenn sie zu einer der folgenden Kategorien beiträgt:
- wenn dadurch die Lebensqualität von Menschen verbessert wird
- wenn die Gemeinschaft, der ich angehöre, profitiert (also meine Kollegen, meine Familie …)
- wenn die Ergebnisse besonders langlebig sind
- wenn sie einen für die jeweilige Person besonders zentralen Wert verkörpern.[91]

Sinn wird auf drei verschiedenen Ebenen erlebt:
- auf der Ebene des Produkts: Ist das etwas, worauf ich stolz sein kann, von dem ich überzeugt bin, dass es für die Kunden wirklich einen Sinn ergibt?
- auf der persönlichen Ebene: Ist diese Tätigkeit für mich und meine Entwick-lung gut?
- auf der Ebene der Organisation: Hat meine Arbeit einen wichtigen positiven Einfluss auf die Organisation, stärkt sie unsere Ressourcen, unterstützt sie die Menschen, hilft sie der Organisation, zu bestehen?[92]

> »Ich finde zwei Sachen noch sehr besonders bei uns: Das sind einerseits die Inhalte, die wir be-arbeiten. Es geht um Zukunftsthemen, und es ist extrem spannend, was wir machen und welche Themen sich da unter unserem Dach gesammelt haben. Und das andere sind die Menschen, die da arbeiten. Wir sind so ein bunter Haufen, so unterschiedlich, und es ist so ein respektvoller, netter Umgang, das finde ich wirklich außergewöhnlich nett.«

Qualität der sozialen Kontakte

Der zweite große, nicht-monetäre Gegenwert, der in unseren Untersuchungen immer wieder sichtbar wird, ist die Qualität der sozialen Kontakte, die ein Mensch in seiner Arbeit erfährt, auch oft als »Betriebsklima« bezeichnet. In vie-len Fällen war es besonders diese Qualität, die Mitarbeiter an das Unternehmen band und einen hohen Wert für sie repräsentierte, selbst wenn die anderen Fak-toren nicht zur Zufriedenheit ausfielen.

---

91 Cameron 2008, S. 72 f
92 Vgl. zum Thema Mission Kapitel 5

»Da ist niemand, der gegen andere arbeitet. Wir sitzen alle im Boot, wir informieren uns, wir arbeiten gut zusammen. Das gibt uns unglaublich Kraft und Energie, dass man nicht immer die Angst haben muss, da sitzt einem jemand im Genick, oder dein Job ist vielleicht angeschlagen, wenn du deine Leistung nicht bringst. Das ist seit Jahren ein extremer Pluspunkt hier in dieser Organisation.«

Qualität der Arbeit

Die Qualität der Arbeit hat ihrerseits wieder mehrere Aspekte: Die Autonomie, mit der ich meine Aufgaben gestalten kann, ist ein wesentlicher Faktor für die Leistungsfähigkeit und -bereitschaft. Ganz zentral ist aber auch, wie oft Menschen in dieser Tätigkeit einer Flow-Erfahrung nahekommen, sprich: ihre Arbeit als fordernd, aber nicht überfordernd erleben.

Flow
Flow-Erfahrungen sind dadurch gekennzeichnet, dass die Tätigkeit während des Arbeitens als anregend und erfüllend erlebt, dass man ganz in ihr aufgeht und alles andere währenddessen in den Hintergrund tritt. Meistens geht Flow mit einem veränderten Zeitbewusstsein und mit einem Gefühl hoher Energie einher. Voraussetzung für Flow ist, dass die Stärken der Person auf eine sinnvolle, herausfordernde Aufgabe treffen und dass Erfolg unmittelbar während der Tätigkeit beobachtet werden kann. [93]
Diese Zustände sind laut dem Entwickler des Konzeptes Csikzentmihalyi nicht, wie man es leicht vermuten könnte, auf kreative oder »höherwertige« Tätigkeiten beschränkt. Csikszentmihalyi hat Flow-Zustände bei Akkordarbeitern genauso beobachtet wie im Management.

Exzellente Leistung wird wahrscheinlich, wenn bei der Erfüllung einer Aufgabe die Faktoren Sinn, Einfluss und Können in hohem Ausmaße gegeben sind.

Arbeitsbedingungen

Last but not least sind es die Arbeitsbedingungen, die für Mitarbeiter einen großen Unterschied in der persönlichen Werthaltigkeit ihrer Arbeit machen können. Ob es flexible Arbeitszeiten bzw. Homeoffice-Regelungen gibt oder ob die Arbeit unter attraktiven räumlichen Bedingungen stattfindet, sind gewichtige Faktoren in der subjektiven Einschätzung der Balance aus Geben und Nehmen zwischen dem Unternehmen und dem Mitarbeiter.[94]

---

93 Vgl. Csikszentmihalyi 1990, S. 210
94 Vgl. auch Kapitel 1

»Was mir Energie bringt, ist, dass ich relativ frei entscheiden kann und meinen Arbeitstag frei gestalten kann. Ich habe Homeoffice, ich bin weit weg von der Zentrale und ich bin eigentlich wie selbstständig und kann alles selbst gestalten. Ich kann meine Termine machen, wie ich will, ich kann meinen Urlaub nehmen, wann ich will. Das gibt es woanders in dem Maße nicht.«

6.2.5 Gerechtigkeit

Neben der Gesamtschau auf monetäre und ideelle Gewinne aus der eigenen Arbeitsleistung war Gerechtigkeit das zweite große Thema, auf das sich die meisten Gehalts- und Entlohnungsthemen zurückführen lassen. Dieser Gegenstand beschränkt sich in Organisationen keineswegs auf monetäre Entlohnung. Mangelnde Aufmerksamkeit und Wertschätzung sind ebenso wichtige Ursachen für Ungerechtigkeitsgefühle. Besonders stark zum Tragen kommt diese Komponente in NGOs, wo Aufmerksamkeit und Sinn oft Ersatz für materielle Entlohnung darstellen.

»Wenn man Mitarbeiter aus der Gruppe herauszieht und sie mit irgendwelchen Aufträgen versieht, dann müssen ja andere für sie einspringen. Die Einspringenden werden aber in keiner Weise belobigt. Ich muss die Leute für eine Sonderaufgabe abstellen, andere mussten die Arbeit von denen mit auffangen, aber eigentlich werden nur die belobigt, die jetzt vorne stehen.«

Die Gerechtigkeit einer Entlohnung wird oft an ihrer Verhältnismäßigkeit zur Entlohnung anderer beurteilt. Komplex wird diese Bewertung dadurch, dass die Relation in verschiedene Richtungen stimmen muss: gegenüber den Kollegen, gegenüber dem Unternehmen, gegenüber den branchen- und qualifikationsüblichen Gehältern, im Vergleich zur eigenen Lohn-Leistungsrelation früherer Jahre und gegenüber den Kolleginnen:

»Wenn du die Gehaltsliste anschaust, denkst du dir, warum kriegt der so viel und warum hat der so wenig? Aber der hat sich halt besser verkauft ... Die Leute sehen auch, was mache ich, was macht der, und wenn der das Doppelte verdient hat, dann denke ich mir: puh.«

In großen Organisationen entstehen im Laufe der Jahre oft komplexe Vergütungssysteme. Daraus resultierende unterschiedliche Entlohnungshöhen für vergleichbare Leistung sind für sich genommen ein Anlass für Ärger, werden aber unserer Wahrnehmung nach vergleichsweise häufiger als gegeben akzeptiert. In größerem Ausmaß demotivierend, weil als ungerecht empfunden, ist jedoch der Umgang mit variablen Gehaltsbestandteilen.

In vielen Firmen wurden und werden variable Vergütungsanteile eingeführt, um größere Leistung zu belohnen und damit zu verstärken. Fast überall, wo wir die Effekte beobachten konnten, erzeugten die variablen Gehaltsbestandteile erhebliche Ungerechtigkeitsgefühle. Interne Leistungen werden häufig anhand von Kennzahlen gemessen, die aber nur mittelbar etwas über den tatsächlichen Beitrag des jeweiligen Mitarbeiters zum Erfolg aussagen. Wann immer individuelle Boni an Kennzahlen geknüpft waren, die nicht eindeutig die individuelle Wirksamkeit des Mitarbeiters widerspiegelten, wurden sie als willkürlich erfahren – vor allem, wenn diese Kennzahlen auch von einer Einschätzung der Führungskraft abhängig waren. Dann war auch das mit dieser Situation verknüpfte Feedback entwertet, denn der Ärger über die Ungerechtigkeit machte es schwer, die zutreffenden Anteile des Feedbacks konstruktiv in Lernen umzusetzen.[95]

Der Vergleich an sich führt schon zu Spannungen und zum Verdacht der Ungerechtigkeit, manchmal ist fraglich, ob dieser Effekt durch das zusätzliche Geld wohl wieder wettgemacht werden kann:

> »Die individuelle Leistungszulage ist eher etwas, womit man jemanden beleidigen kann. Ich als Führungskraft muss mir dann Gedanken machen, ob der jetzt 500 oder 700 oder 1.100 bekommt, und durch den Unterschied bekommt er dann quasi mitgeteilt, ob er ein guter oder ein schlechter Performer ist. Also das rentiert den Aufwand letztlich nicht.«

Dabei tut sich in der Bewertung eine Zwickmühle auf: In vielen privatwirtschaftlichen Unternehmen sind die Mitarbeiter durchaus der Meinung, dass sich unterschiedliche Leistung im Gehalt widerspiegeln sollte. Ist dies nicht der Fall, kann dies ganz konkrete Leistungseinbußen zur Folge haben.

> »Die Umstellung auf All-inclusive-Verträge war für mich eine von den großen Katastrophen. Dadurch wurden diejenigen bestraft, die viel gearbeitet haben. Denen hatte man früher Überstunden zahlen müssen. Jetzt aber haben die dazuverdient, die nie Überstunden gemacht haben, und die machen auch heute noch keine und bekommen trotzdem ihren pauschalen Anteil dazu. Und dann passiert es, dass Angestellte, die in der Instandhaltung arbeiten und früher am Wochenende irgendwelche Montagen gemacht haben, die zu jeder Zeit gekommen sind, wenn's wo geknirscht hat, nicht mehr hereinkommen, weil sie keinen Cent mehr bekommen. Der Kollege aus dem Arbeiterbereich daneben bekommt die Stunde oder den Einsatz gezahlt. Der Angestellte verdient heute im Endeffekt weniger als vorher. Der geht jetzt um halb drei nach Hause, weil er sagt, das bekomme ich ja nicht mehr gezahlt.«

Bekommen alle das gleiche Entgelt, unabhängig von zeitlichem Einsatz, sinkt die Motivation für überdurchschnittliches Engagement, etwa in Form von Überstunden. Es sei denn, andere Entlohnungsformen kommen ins Spiel: zum Beispiel erhöhte Aufmerksamkeit oder Entwicklungschancen. Und sobald einmal Geld in Bonusform als Leistungsanreiz ausgeschüttet wurde, enttäuscht die Abschaffung der Prämie auf jeden Fall. Weder gleiche Entlohnung von geleisteten

---

95 Siehe auch Kapitel 3

Stunden noch die Prämierung von Produktivitäts- und anderen Kennzahlen können also letztlich eine als leistungsgerecht empfundene Vergütung garantieren.

> »Wir haben zwar in der Krise Personal abgebaut, viele Investitionen gestoppt, Bildungskarenz, Kurzarbeit und diese Dinge gemacht und es ist dann ganz schnell und relativ überraschend für alle wieder sehr, sehr positiv gewesen. Und es war dann für die Leute ganz, ganz enttäuschend zu sehen, die haben auf unsere Kosten Gewinne gemacht. Bei uns haben sie gespart.«

Mitarbeiter setzen das von ihnen Verlangte in Relation zu den Managergehältern und Gewinnentnahmen der Eigentümer. Dabei sind nicht nur ihre eigenen Gehälter und vor allem deren Veränderungen Maßstab, sondern auch die Jobsicherheit und die getätigten Investitionen. Verschiebt sich die Relation zuungunsten der Mitarbeiter oder des Unternehmens, vermehren sich oft zynische Bemerkungen wie die folgende, in der ein Mitarbeiter das Verhalten der Firmenleitung folgendermaßen interpretierte:

> »Wir sind die Vorstände und verdienen einen Haufen Geld und deswegen entscheiden wir das ohne euch.«

Ein weiterer wichtiger Referenzpunkt liegt in dem Verhältnis der eigenen Entlohnung zu derjenigen vergleichbarer Qualifikationsträger in anderen Unternehmen. In den von uns untersuchten Unternehmen erlebten wir oft, dass Mitarbeiter für empfundene Unterbezahlung einen Ausgleich auf einer anderen Ebene suchten. Umgekehrt konnte eine anständige monetäre Entlohnung zumindest graduell durchaus Schwächen des Unternehmens kompensieren.

> Geld kann sehr demotivierende Wirkung haben, wenn der Verdacht der Ungerechtigkeit damit verknüpft wird.

6.2.6 Vergütungssysteme: Die Lösung ist das Problem

Organisationen entwickeln häufig hochkomplexe Bewertungs- und Karrieresysteme, um der Gerechtigkeit Genüge zu tun. Generell lässt sich unserer Erfahrung nach aber sagen: Je komplexer das System, desto größer die Gefahr von Enttäuschungen. Diesbezüglich sind wir auf folgende Effekte gestoßen:

Falsche Erwartungen

Viele Bonussysteme bewirkten Enttäuschungen, etwa wenn das Unternehmen zusätzliches Geld für besondere Leistungen in Aussicht stellt, diese Zusage aber dann nicht einhält. Zumeist stehen hier Budgetregelungen im Hintergrund, die einen gewissen Topf für Bonuszahlungen vorsehen.

> »Bei uns wurden alle Ziele übererfüllt. Im letzten Jahr war es so, dass wir wirklich alle 120 Prozent Umsatz bei den Kunden geschafft haben, und dann raubt es mir jedes Jahr viel Energie, den Account-Managern, meinen Kollegen, meinen Leuten unser Prämiensystem zu erklären. Zu erklären, dass das auf dem Budget basiert und warum die bei so einer tollen Leistung immer weniger Geld verdienen, das ist für die Kollegen natürlich nicht motivierend.«

Arbeiten viele Mitarbeiter in diesem Sinne sehr gut, kommt die Führungskraft in eine missliche Lage: Sie muss entweder zugeben, dass falsche Erwartungen geweckt wurden, oder die Leistung des Mitarbeiters abwerten, um den Bonusanspruch zu senken. Schadensbegrenzung bedeutete in folgendem Fall, dem Mitarbeiter reinen Wein einzuschenken und das System System sein zu lassen:

> »Ich musste dann meinen Mitarbeitern gegenüber zugeben, du, ich habe nicht für jeden ein Budget. Und denen war das tausend Mal lieber, als die Chimäre zu reiten, ‚das Kompetenzkriterium hast du nicht ganz erfüllt‘, weil ich weiß, der Sack ist leer.«

Komplexität erhöht Willkür

Um Gerechtigkeit und Planbarkeit zu gewährleisten, werden häufig komplexe Regelungen entworfen, die viele Kriterien berücksichtigen und die Vorhersagbarkeit der Bonusaufwendungen für das Unternehmen kalkulierbar machen sollen. Je komplexer allerdings die Regelung ist, desto wahrscheinlicher ist es, dass Ergebnisse Leistungsdifferenzen nicht nachvollziehbar widerspiegeln und letztendlich als willkürlich empfunden werden. In diesem Fall gilt: Je mehr ein System differenziert wird, um Gerechtigkeit zu ermöglichen, desto anfälliger ist es für Ungerechtigkeitswahrnehmung.

> Komplexe Vergütungssysteme richten die Aufmerksamkeit der Organisation und der Mitarbeiter auf das Geld statt auf die Leistung und erzeugen mit sehr hoher Wahrscheinlichkeit den Verdacht auf Willkür und Ungerechtigkeit.

Komplexe Systeme produzieren Tricksereien

> »Diese ständige Individualisierung der Prämienauszahlungen ist furchtbar. Darunter leiden wir. Wenn du bei 50 Leuten für jeden sein eigenes Gehaltsmodell hast, wirst du am Schluss verrückt.«

Der Aufwand, der komplexe Vergütungssysteme für Führungskräfte erzeugt, führt entweder zu einer demotivierenden Zusatzbelastung oder aber dazu, dass zu umständlich empfundene Regelungen umgangen werden. Da die Beteiligten für das Protokoll aber den Schein wahren müssen, manipulieren sie Zahlen dann so, dass das herauskommt, was der Hausverstand und die gemeinsame Sicht der Dinge angemessen erscheinen lassen.

Diese Führungskräfte haben gegenüber den eigenen Mitarbeitern häufig ein sehr gutes Standing, weil sie Anerkennung für die tatsächlich produktive Leistung vermitteln. Der Organisation ist damit aber nicht geholfen, weil die informellen Ausnahmeregelungen dem schon bestehenden gordischen Knoten noch widersprüchlicher und das System meist noch unglaubwürdiger machen.

Alternative

Gerechtigkeit ist eine subjektive Einschätzung. Am ehesten nachvollziehbar sind daher sogenannte Peerbewertungen – also Einschätzungen möglichst vieler Kollegen über den eigenen individuellen Beitrag.

Variable Gehaltsbestandteile aufgrund von Peerbewertungen

Morning Star, kalifornischer Tomatendosenproduzent mit 350 Millionen Dollar Umsatz im Jahr, setzt bei Gehältern auf nachträgliche Selbsteinschätzungen und Einschätzungen der Mitarbeiter durch die Kollegen, mit denen sie enger zusammenarbeiten. Die variablen Gehaltsbestandteile werden dann von einer von der Belegschaft gewählten Kommission aufgrund dieser Einschätzungen festgelegt.[96]

In der Praxis müssen wir die Auswirkungen von Peerbewertungen allerdings noch öfter erleben, bevor wir verbindliche Aussagen über deren Auswirkungen machen können. Aber einen Versuch scheinen sie uns wert.

Beispielhafte Interventionsrichtungen

Was wir nach gründlicher Analyse möglicherweise empfehlen:

Bei Fokussierung von Mitarbeitern auf Kennzahlen statt auf Unternehmenserfolg:

- Reduktion von Zielkennzahlen auf einige wenige wesentliche Kennzahlen
- Einführung relativer Ziele anstatt absoluter
- Regelmäßiger Vergleich der erreichten Werte unter vergleichbaren Organisationseinheiten und zu Mitbewerbern
- Ziele eindeutig als Reflexions- und Lernmittel positionieren, nicht als Belohnung oder Bestrafung

---

96 Hamel 2011, S. 51 ff

- Entkoppelung von Entlohnung
- Transparenz über die Erreichung dieser Kennzahlen
- Regelmäßige Reflexion in Teams und Führungsteams
- Einführung von Teamzielen
- Einführung von Peer-Feedback-Systemen, also Bewertung von Performance durch mehrere Kollegen, deren eigene Aufgabenerfüllung von der Leistung des jeweiligen Mitarbeiters beeinflusst wird

Bei langwierigen Zielvereinbarungskaskaden
- Einführung von zumindest jährlichen Zielkonferenzen, d.h. von Großgruppenveranstaltungen, in denen übergreifend die wichtigsten Bereichs- und Abteilungsziele frühzeitig abgestimmt werden
- Grobe Zielformulierungen in Teams erarbeiten

Bei einer Kluft zwischen vermutetem Potenzial und tatsächlicher Leistung
- Systematische Bewertung von Sinn, Einfluss und Zuversicht im jeweiligen Fall
- Demotivierende Rahmenbedingungen analysieren und abbauen: insbesondere mögliche (empfundene) Ungerechtigkeiten in Bezug auf Leistungsbewertung, monetäre Entlohnung und Aufmerksamkeit erkennen und abbauen

Vergütungen generell
Je mechanischer und bürokratischer die Arbeit, desto wahrscheinlicher ist, dass höheres zeitliches Engagement mehr Leistung bedeutet. Je mehr Wissens-, Kreativitäts- und Beziehungsarbeit enthalten ist, desto weniger sagt zeitlich messbarer Einsatz direkt etwas über Leistung aus. Dann ist es entweder sinnvoll, a) Werke zu honorieren oder b) nur grobe zeitliche Unterschiede zu differenzieren oder c) auf finanzielle Differenzierung ganz zu verzichten – und stattdessen auf Entwicklung und Aufmerksamkeit als Merkmale zu fokussieren.
- Wenn möglich, gleiche bzw. zeitanteilige Beteiligung der Mitarbeiter am Erfolg des Gesamtunternehmens
- Wenn Identifikation und Energie der Mitarbeiter maximiert werden soll: Gehaltsspanne zwischen Topführungskräften und Mitarbeitern begrenzen
- Abschaffung variabler Vergütungen

Wenn variable Vergütungen zu sehr vereinzeln/nur kurzfristige Erfolge bzw. Kennzahlen optimieren:
- Variable Gehaltsbestandteile abschaffen, jedenfalls solche für die Erfüllung »weicher« Ziele
- ... oder auf Verkauf bzw. Akquisition begrenzen
- Alternatives, regelmäßiges Feedbacksystem einführen (am besten Peerfeedback)
- Wenn individuelle Leistungsanteile, dann aufgrund von Ex-post-Bewertungen, nicht aufgrund von Ex-ante-Incentivierung
- Im besten Falle werden die variablen Gehaltsbestandteile ex post aufgrund von repräsentativen Peerbeurteilungen (Wie viel hat der Kollege x beigetragen?) bestimmt.

7 Innenwelt der Außenwelt – Welche Steuerungsimpulse Unternehmen aus ihren Umwelten gewinnen

Unternehmen sind mit ihren Umwelten eng verknüpft und empfangen von diesen wesentliche Steuerungsimpulse. Unserer Beobachtung nach findet dieser für Unternehmen lebensnotwendige Zusammenhang aber oft zu wenig Beachtung oder verschwindet gar aus dem Blick. Sei es die komplexe Eigenlogik der Organisation, seien es betriebsinterne Routinen: Es gibt immer einen Grund, die Welt vor den eigenen Toren kurz- oder langfristig auszublenden. Im folgenden Kapitel skizzieren wir deshalb eine Bestandsaufnahme jener potenziell blinder Flecke, die uns in unseren Untersuchungen begegnet sind. Einmal mehr wird dabei sichtbar, welch zentrale Rolle Führung auch in dieser Hinsicht spielt.

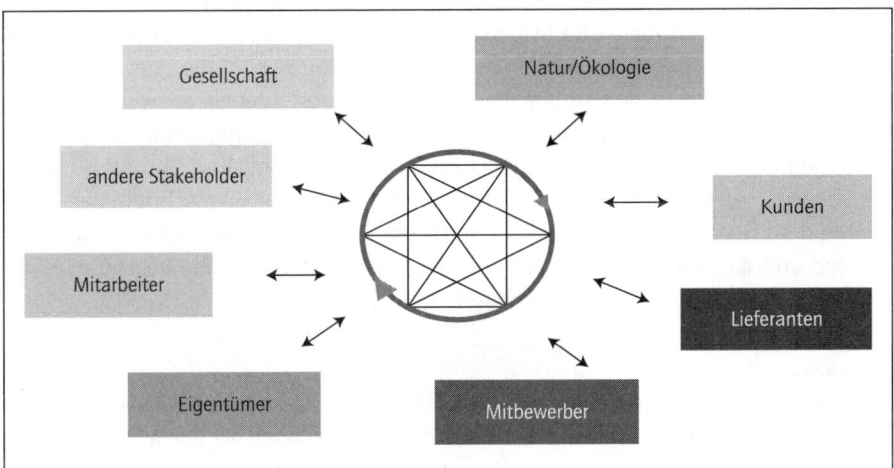

Abb. 20: Relevante Umwelten von Organisationen

Versuch und Irrtum

Die von außen kommenden Impulse (Aufträge, Bedürfnisse, Interessen von Kunden, Klienten und anderen Stakeholdern) sind aber nicht ein für alle Mal in Stein gemeißelt. Bei den meisten Organisationen verändern sie sich im Laufe der Zeit. Die Außenwelt hat Anliegen und Bedürfnisse – die Organisation verarbeitet diese in der ihr eigenen Form. Sie formuliert ihren Zweck selber und hofft, dass die Außenwelt diesen selbstgegebenen Auftrag mit den überlebensnotwendigen Ressourcen honoriert.

Die Organisation braucht die Außenwelt sowohl für diese Ressourcen als auch für ihre Daseinsberechtigung. Die Mission kommt nicht vom Kunden oder vom Auftraggeber direkt, sondern wird von der Organisation definiert und an das Feedback angepasst. Diese beiden Aspekte sind eng, aber nicht immer eindeutig miteinander verknüpft. So berieten wir zum Beispiel ein Sprachen- und Kulturinstitut, das den offiziellen Auftrag hat, südamerikanische Kultur und Sprache an Lernwillige zu vermitteln. Im Laufe der Zeit hat sich dieses Institut einen eigenen Auftrag gegeben, der mit ‚Betreuung und Unterstützung der Latino-Community' beschrieben werden könnte. Dieser Auftrag wird nur sehr mäßig in Form von Ressourcen entlohnt, ist aber nichtsdestotrotz tief im Selbstverständnis der Institution verankert. Im diesem Fall ist es nicht ein einziges Gegenüber, das den relevanten Impuls für die Auftragsformulierung setzt: Die Organisation gestaltet sich ihre Zwecke aus der Gesamtheit ihrer unterschiedlichen Umfeldbeziehungen und -interessen.

Dies gilt in erhöhtem Maße für Organisationen, die überwiegend von öffentlichen Auftraggebern leben. Sind Auftraggeber und Klienten nicht identisch, verdoppeln sich meist auch Ziele und Erfolgskriterien, da auch die Ziele der Auftraggeber oft nicht mit denen der Klienten übereinstimmen. Häufig sind die relevanten Ziele auch nicht die, die in den offiziellen Verlautbarungen angegeben werden. Denn schriftliche Verträge und Auftragsformulierungen sind das Eine, tatsächliche Honorierungen und Mittelzuwendungen das Andere. Der reibungslose Mittelfluss hängt oft ebenso – wenn nicht überwiegend – an der Erfüllung ungeschriebener Ziele. Neben dem finanziellen Ertrag bilden auch die Nachfrage, das Personal, die Technologie und die gesetzlichen Rahmenbedingungen entscheidende Ressourcen, deren Nachschub gesichert und mit denen agiert werden muss.

> **Re-Entry**
> Spencer Brown nennt dieses Integrieren der Einflüsse der Außenwelt in die inneren Prozesse und Logiken der Organisation Re-Entry, den Wiedereintritt der durch die Systemgrenze ausgeschlossenen Umwelt ins System. Das System wird dadurch definiert, dass es von seiner Umwelt unterschieden wird und sich unabhängig von dieser nach einer eigenen Logik reproduziert. Gleichzeitig müssen ausgewählte Aspekte und Reize der Außenwelt in die Operationen der Organisation einfließen, damit sie überlebensfähig bleibt und der Unterschied zwischen Organisation und Umwelt für beide Seiten produktiv wird.[97]

Organisationen sind für ihre Daseinsberechtigung und ihre Ressourcengewinnung auf ihre Umwelten angewiesen und müssen sich daher in gewisser Weise von ihnen führen lassen. Wie aber werden die Impulse verschiedener Umwelten in Organisationen tatsächlich verarbeitet? Welche Arten von Außenbeziehungen führen typischerweise zu welchen inneren Handlungsprinzipien und Reaktionsmustern? Ohne jeden Anspruch auf Vollständigkeit stellen wir im Folgenden un-

---

97 Vgl. Simon 2007, S. 66 ff

sere Beobachtungen dar, welche Stakeholder sich auf welche Weise in den Organisationen und Unternehmen wiederfinden.

7.1 Eigentümer

Jede Eigentümerstruktur hat ihre besonderen Auswirkungen. Wesentliche Unterschiede liegen darin, ob das Unternehmen in Aktien- oder in Familienbesitz ist,
ob es von den Eigentümern geführt wird oder ob es der öffentlichen Hand gehört.
Ein Phänomen, das besonders stark bei Aktiengesellschaften und bei öffentlichen Unternehmen auftrat, war das Gefühl des Ausgeliefertseins gegenüber dem
Eigentümer, bzw. den Eigentümern. Über diesen Unternehmen schwebte, latent
oder ausgesprochen, das Damoklesschwert der Übernahme oder Fusionierung.
»Wenn wir nicht genug performen, dann droht uns der Verkauf« (in den privatwirtschaftlichen Kontexten) oder: »Wenn wir nicht den (expliziten und impliziten) Aufträgen unserer Auftraggeber gerecht werden, dann werden wir aufgelöst
oder mit anderen Institutionen fusioniert« (bei öffentlichen Einrichtungen und
Unternehmen) – so lautete der Tenor dieser Ohnmachts-Perspektive. Dieses
dumpfe Gefühl betrifft sowohl Verkaufs- als auch Entscheidungen über Personal-
reduktion in größerem Ausmaß. In diesen Unternehmen greift oft schleichend
eine Haltung um sich, deren Quintessenz lautet: »Das Unternehmen verfährt mit
uns nach Belieben, also nehmen wir auch, was wir bekommen können.« Diese
Haltung kann unterschiedliche Ausdrucksformen annehmen: Krankenstände,
Dienst nach Vorschrift, Lethargie gegenüber Veränderungsversuchen, bis hin zu
Entwendung von Unternehmungseigentum als einseitigem Ausgleich einer subjektiv empfundenen Asymmetrie.

7.1.1 Konzerne/Aktiengesellschaften

Unsere Erfahrungen mit sehr großen Organisationen rühren hauptsächlich aus
Unternehmen, die Töchter oder Teilunternehmen größerer internationaler Kon-
zerne sind. Daher reflektieren wir im Folgenden Beobachtungen zu Aktiengesellschaften allgemein, insbesondere aber auch die Perspektive der »von außen«
durch Mutterunternehmen geführten Tochtergesellschaften.

Leistungsfähigkeit

Große Organisationen sind aus unserer Gesellschaft nicht wegzudenken. Viele
Aufgaben der Infrastruktur und Versorgung verlangen nach Dimensionen, die

kleine Strukturen nicht bieten können. Zumindest wird ihnen nicht zugetraut, diese Aufgaben zu bewältigen. Die Fähigkeit großer Organisationen, Verantwortung für komplexe und groß dimensionierte Leistungen zu übernehmen, erzeugt Autorität und Gewicht und damit auch Selbstbewusstsein und häufig Stolz. Die (potenzielle) Leistungsfähigkeit besteht nicht nur gegenüber dem Kunden oder Auftraggeber, sondern auch gegenüber anderen Stakeholdern. Große Unternehmen können eine Vielfalt von Karriere- und Entwicklungsperspektiven, aber auch Sozialleistungen anbieten, die für Klein- und Mittelstandsunternehmen undenkbar sind. Dieser Stolz und diese Fülle waren in vielen der großen Unternehmen präsent, die wir untersuchten.

Kurzfristigkeit und Ertragsdruck

Der Eindruck, dass kurzfristiger Ertragsdruck langfristige Überlebens- und Entwicklungsinteressen dominiert oder zumindest auf deren Kosten geht, war in allen Formen privatwirtschaftlichen Eigentums anzutreffen – seltener in Familienunternehmen, häufiger und ausgeprägter in Aktiengesellschaften. Möglicherweise hängt dieser Eindruck einerseits mit dem geringeren Vertrauen der Mitarbeiter in die Eigentümer und das obere Management zusammen, andererseits auch damit, dass die Kapitalgeber nicht mehr mit einzelnen Personen identifiziert werden können, mithin sich auch keine einzelne Person als Person verantwortlich fühlt und/oder gemacht wird.

> Starker kurzfristiger Ertragsdruck, der nicht eindeutig und glaubhaft überlebensnotwendig ist, zerstört Vertrauen und Loyalität bei wichtigen Stakeholdern der Unternehmen – zu allererst bei den Mitarbeitern.

In den Aktiengesellschaften ist es häufig der Unternehmenswert, der hohen Druck erzeugt und aus Mitarbeiterperspektive oft nur schwer nachvollziehbar ist. Das Argument: »Sonst werden wir verkauft« ist zwar verständlich, trotzdem entfremdet der Ergebnisdruck, der damit legitimiert wird. Der Zwang zur Wertsteigerung des Unternehmens begründet weit höhere Zielvorgaben, als sie das Unternehmen aus sich heraus wirtschaftlich zum Leben bräuchte.

Tochter sein

Tochtergesellschaften großer Unternehmen können von den Ressourcen und bekannten Marken ihrer internationalen Mütter profitieren. Manch kleines Unternehmen wird vom Mutter-Unternehmen über Krisen und Anlaufschwierigkeiten hinweggetragen. Demgegenüber steht das gefühlte oder faktische Ausgeliefertsein als Spielball einer internationalen Konzernpolitik, in der die eigene nationale Gesellschaft nur ein mehr oder weniger großes Rädchen darstellt. Je nach

Konzernpolitik kämpfen nationale Tochtergesellschaften auch häufig mit Vorgaben aus der Zentrale. Diese sind nur schwer beeinflussbar und werden selten im Dialog erarbeitet und beschlossen. Ganz besonders große Reibungsverluste erlebten wir in ausgeprägten Matrixstrukturen, wo etwa nationale Vertriebsstrukturen sich permanent von den internationalen technischen und Marketing-Funktionen ignoriert und sabotiert fühlten und wenig Möglichkeiten für direkten Einfluss sahen. Ebenfalls als schwierig erwies sich das Modell des Geschäftsführers als »Flaschenhals«, sprich: als einzige Schnittstelle zur Mutterorganisation, weil bei dieser Konstellation Verständnisse, Missverständnisse und Interpretationen von Handlungsspielräumen in beide Richtungen einzig von einer Person abhingen.

Fluktuation im Management

Ein weiteres, bei Aktiengesellschaften und Konzernen besonders ausgeprägtes Phänomen, ist unserer Beobachtung nach eine hohe Frequenz der Personalwechsel in den Führungsetagen. Mit jedem Wechsel des CEOs wurden oft wesentliche Teile der Geschäftspolitik und/oder der internen Strukturierung hinterfragt und neuaufgesetzt. Erst wenn neue Manager ihre »Duftmarken« im Unternehmen gesetzt haben, scheint es »ihres« zu sein. Bei länger beschäftigten Mitarbeitern führte das Hindurchdienen durch verschiedene Vorstände zu einer gewissen Abgebrühtheit oder Resignation gegenüber neuen Programmen. Dieses Verhältnis lässt sich mit jenem zwischen Politikern und Beamten vergleichen: Die Beamten führen aus, was Politiker beschließen, aber das Setzen von Rahmenbedingungen und die Kultur werden mehr von jenen getragen und geformt, die nach Regierungswechseln immer noch da sind.

Bei Mitarbeitern in privatwirtschaftlichen Unternehmen (verstärkt in börsennotierten Unternehmen) führte dieses Phänomen auch zu einer deutlich distanzierteren Haltung gegenüber dem Management. Nachhaltigkeit der Maßnahmen und Langfristigkeit der Perspektive wurde Menschen nicht zugetraut, deren persönliche Perspektive erfahrungsgemäß mit einigen Jahren begrenzt war. Es führte auch dazu, dass diese Mitarbeiter sich als das eigentliche Unternehmen und die Vorstände in gewisser Weise nur als Durchreisende wahrnahmen. Die für Veränderungsprozesse wichtige Ressource Glaubwürdigkeit war minimiert.

7.1.2 Eigentümergeführte Unternehmen und Familienunternehmen

Die eigentümergeführten Unternehmen und ein Teil der Familienunternehmen hatten dieses Problem nicht. Auch wenn die Entscheidungen nicht immer den Interessen der Mitarbeiter entsprachen, so war die Beziehung öfter von Grundvertrauen und gegenseitiger Loyalität geprägt.

Bereitschaft zur Verantwortung

Eigentümer- und familiengeführte Unternehmen zeichnen sich häufig durch ein hohes Verantwortungsgefühl der Eigentümer und/oder des Topmanagements für die Mitarbeiter, aber auch für andere Umwelten aus. Diese Verantwortung schafft Bindungen, Vertrauen und Loyalität.

Für eine solche intakte Vertrauensbeziehung steht etwa das Beispiel von Lobmeyer (s. Fallbeispiel 4), wo das Vertrauen in die Werthaltung und soziale Verantwortung der Familie ungebrochen war. Zwar war auch hier die Vermischung von Familien- und Unternehmensinteressen spürbar und führte gelegentlich zu Irritationen – aber der Anspruch, für die Mitarbeiter da zu sein und mehr als nur Geld für Arbeit zu tauschen, spiegelte sich konsistent im (für uns sichtbaren) Verhalten.

Die Impulse von Eigentümerseite, mehr Verantwortung sowohl für das soziale Umfeld der Arbeitnehmer als auch für die Region zu übernehmen, stellten das Unternehmen vor zusätzliche Herausforderungen. Sie waren für das professionelle Management schwer zu verarbeiten, weil sie über den Geschäftsauftrag, dem das Management verpflichtet war, weit hinausgingen. Die Haltung der Eigentümerfamilie verstärkte die Glaubwürdigkeit des Unternehmens bei den Mitarbeitern und anderen Umwelten, bescherte jedoch dem Management in einer wirtschaftlich herausfordernden Situation ein Übermaß an Komplexität. Die Nähe, die durch Größe und Komplexität des erfolgreichen Unternehmens abhanden gekommen war, sollte mit der Initiative für das regionale Umfeld auf andere Art wieder hergestellt werden.

Eigentümerfamilien werden weitaus häufiger langfristige Erhaltungsinteressen zumindest an ihren Kernunternehmen zugeschrieben. Je größer und internationaler die Unternehmen wurden, je weiter weg eine Unternehmenssparte oder Tochtergesellschaft vom Kernunternehmen war, desto weniger spürte man diese Loyalität und damit den Unterschied zu anderen großen Unternehmen.

Enttäuschte Loyalität

Die Loyalität ist aber auch in Familienunternehmen keine unbegrenzte Ressource. Gerade jene von uns untersuchten Unternehmen mit stark ausgeprägter Loyalität der Mitarbeiter und das Vertrauen in die Organisation waren deshalb auch besonders anfällig für Enttäuschungen. Die häufig anzutreffende Suggestion, zur Familie zu gehören, kann herbe Kränkungen nach sich ziehen, wenn die Entscheidungen des Unternehmens letztlich einer anderen Logik folgen. Insbesondere, wenn diese Entscheidungen nicht durch Überlebensnotwendigkeiten des Unternehmens begründet zu sein scheinen, sondern etwa durch hohe Gewinnerwartungen, bekommt das Vertrauen Risse.

> »Vielleicht könnte man tatsächlich noch einmal mit den Anteilseignern reden, ob nicht etwas weniger auch mehr sein könnte. Also ein ganz kleines Gefühl habe ich in die Richtung, dass die Organisation zu sehr ausgesaugt wird, dass wir in der Verpflichtung sind, zu viel abzuliefern und dadurch nicht mehr genügend Schmiermittel haben, um das ganze Ding am Laufen zu halten. Das ist so immer meine Sorge, wenn's dann anfängt bei den Kunden, dass man dieses kleine Schmiermittel nicht bekommt, obwohl es eigentlich notwendig wäre.«

Das zweite Indiz, das bei den Mitarbeitern dieses Unternehmens Skepsis gegenüber dem Unternehmen ausgelöst hatte, waren erste Entlassungen in einer Tochter, der erst kurz bestehenden internationalen Holding. Selbst wenn dieser Personalabbau die Mitarbeiter der nationalen Gesellschaft nicht direkt zu betreffen schien, bedeutete er doch einen Bruch mit einem bisher unumstößlichen Prinzip. Das Gros der Mitarbeiter bringt Verständnis für Personalmaßnahmen auf, wenn das Überleben des Unternehmens gefährdet scheint. Die Glaubwürdigkeit einer solchen Aussage wird allerdings schnell infrage gestellt, wenn ein Unternehmen mit stabilen und oder hohen Gewinnen so agiert. In diesem Fall waren der hohe Ergebnisdruck und die langjährige, außergewöhnlich erfolgreiche Unternehmung nicht der passende Kontext, der so eine Maßnahme als überlebensnotwendig legitimieren hätte können.

Familien- vs. Unternehmenslogik

Simon, Wimmer und Groth sehen diese Art von Irritationen als notwendige Eigenschaften von Familienunternehmen:»Bei Familien und Unternehmen handelt es sich somit um zwei grundverschiedene Arten sozialer Systeme, die nach unterschiedlichen Mustern und Spielregeln ›funktionieren‹. Während in Familien die Personen, ihre Beziehungen, Emotionen und langfristige gemeinsame Entwicklungsprozesse im Vordergrund stehen, sind Unternehmen eher Systeme, die auf der Basis von formalen Funktionen, personenunabhängigen Regeln und kurzfristigen Erwartungen operieren. Dementsprechend wird jeweils mit dem ›Personal‹ umgegangen. In Familien ist man quasi in einer nicht kündbaren Position, in Unternehmen hingegen wird auf Austauschbarkeit gesetzt.«[98]

Unterschiedliche Interessen stören das Bild der heilen Familie

In unseren Untersuchungen konnten wir beobachten, dass Loyalität in Familienunternehmen ein zweischneidiges Schwert ist. Wie oben beschrieben, scheint das Grundvertrauen in die langfristige Perspektive und auch die soziale Verantwortung tendenziell hoch zu sein, die Sehnsucht danach ebenso. Dieser An-

---

98 Simon et al. 2005, S. 162

spruch führte auch dazu, dass Interessensunterschiede zwischen Mitarbeitern und dem Unternehmen bzw. den Eigentümern nur schwer benannt werden konnten. Wenn sie doch von Mitarbeiterseite thematisiert wurden, lösten sie eine Empfindlichkeit aus, die eher dem Familien- als einem beruflichen Arbeitskontext zugehörig schien. Die Eigentümer neigten dazu, es als Undankbarkeit zu interpretieren, wenn Ziele und Eigentümerinteressen hinterfragt und in Kontrast zu Mitarbeiterinteressen formuliert wurden. Umgekehrt löste das Familienbild bei den Mitarbeitern Loyalitätserwartungen aus, die ebenfalls ein erhöhtes Kränkungspotenzial zu enthalten schienen.

> Gegensätzliche Interessen erweisen sich in Familienunternehmen häufig als schwerer zu thematisieren und auszuhandeln als in anderen privatwirtschaftlichen Unternehmen.

Verließ das Unternehmen seinerseits die Sphäre dieser Loyalität und kündigte Mitarbeiter, ohne dass die Notwendigkeit dieses Schrittes klar und eindeutig nachvollziehbar war, führte dies zu einem massiven Vertrauensverlust.

7.1.3 Öffentliche Unternehmen

In Unternehmen, die direkt oder indirekt der öffentlichen Hand gehören, registrierten wir ein anders gelagertes, aber in den Wirkungen ähnliches Muster des Gefühls, ausgeliefert zu sein. Mitarbeiter fühlen sich gelähmt, weil die Organisation zwar nicht verkauft, aber aufgelöst, fusioniert und umstrukturiert wird. Dieses Damoklesschwert, das über einem von uns untersuchten Unternehmen schwebte, schränkte die subjektiven Handlungsspielräume ein. Der größte Unterschied zum privatwirtschaftlichen Kontext bestand darin, dass sich der reale Ergebnisdruck im Kern nicht auf die monetären Kennzahlen, sondern auf mediale Wirkung bezog. Wichtigste Zielgröße waren Erfolgsmeldungen im jeweiligen Gebiet, besonders vor Wahlen. In einem von der öffentlichen Hand beauftragten Beratungsunternehmen drückte sich das so aus, dass sinnvolle Reformen nicht angegangen werden konnten, weil sie nicht der kurzfristigen Erfolgsstatistik, sondern »nur« der Nachhaltigkeit der geförderten Maßnahmen gedient hätten. Eine Bedrohung bedeutete bei allen Beteiligten die potenzielle Eingliederung der Institutionen in eine andere, größere Organisation. Dem Geschäftsführer sei es gelungen, dies nun schon über lange Jahre zu verhindern, erfuhren wir in den Interviews, aber nur um den Preis gleichbleibend hoher quantitativer Erfolgszahlen bei gleichzeitigen Kompromissen bezüglich der Qualität. Dass qualitativ nachhaltigere Maßnahmenpakete in vielerlei Hinsicht höher zu bewerten gewesen wären als eine rein quantitative Optimierung, schien in den Medien nicht vermittelbar und daher nicht relevant. Eine niedrigere Erfolgsstatistik hätte jedoch den verantwortlichen Politiker in Rechtfertigungszwang gebracht.

> Der implizite Auftrag vieler öffentlicher Organisationen, ausreichende Medienresonanz zu produzieren, engt die Handlungsspielräume für die qualitative Erfüllung des primären Auftrags oft sehr ein.

Ebenfalls keinen Spielraum sah ein anderes ähnliches Unternehmen bei der Absetzung einer Führungskraft, die von allen Kollegen als destruktiv beschrieben wurde und als Störenfried und Querulant galt. Dessen Drohung, vertrauliche Informationen des Unternehmens an die Öffentlichkeit zu bringen, lähmte die ganze Organisation. Die Konsequenz war, dass Besprechungen im Führungsteam nur Alibi waren. Damit wurde der Spielraum des Unternehmens in Bezug auf seine Führungskommunikation minimiert, denn Entscheidungen mussten durch den Geschäftsführer alleine oder maximal in bilateralen Gesprächen vorbereitet werden – das Gremium der Abteilungsleiter war weitgehend entwertet.

Öffentliche Unternehmen sehen sich häufig einem Paradoxon ausgesetzt: Für die Erfüllung vieler öffentlicher Zwecke ist Aufmerksamkeit und Sichtbarkeit wichtig, um der Öffentlichkeit diese Institution zu präsentieren. Jedoch alles, was auf irgendeine Weise politisch angreifbar ist, bedroht die existenziellen Ressourcen der Organisation. Das zieht eine Verengung der internen Spielräume und das Gefühl, ständig unter den eigenen Möglichkeiten zu bleiben, nach sich.

7.2 Mitarbeiter

Auch Mitarbeiter sind aus systemischer Sicht eine besonders wichtige und unverzichtbare Umwelt des Unternehmens (s. Abb. 20). Die gegenseitigen Abhängigkeiten, Interessen und Wirkungsmechanismen des Gebens und Nehmens zwischen Mitarbeitern und Unternehmen werden im Detail im Kapitel »Brot und Spiele« beleuchtet. In diesem Abschnitt konzentrieren wir uns auf die Frage, welche Rolle Mitarbeiter in den Entscheidungen des Unternehmens spielen, welchen Platz sie als Nicht-Führende ins System Führung innehaben. Mitarbeiter sind der erste Adressat für Führung: Wenn Führung sich von etwas unterscheidet und sich auf etwas bezieht, dann auf operative Arbeit bzw. »einfache« Mitarbeiter. Wenn wir unsere Erfahrungen unter diesem Gesichtspunkt beleuchten, werden vor allem folgende Motive sichtbar:

7.2.1 Zufriedenheit

Für sehr viele Unternehmen stellt die Zufriedenheit ihrer Mitarbeiter eine extrem wichtige Ressource für langfristige Produktivität dar. Deshalb werden in vielen Unternehmen regelmäßig Befragungen zur Mitarbeiterzufriedenheit durchgeführt und negative Ergebnisse durchaus ernst genommen. In Unternehmen, denen Mitarbeiterzufriedenheit glaubhaft ein hoher Wert war, fanden wir umgekehrt eine hohe Loyalität der Mitarbeiter vor, eine Bereitschaft für großes Engagement, Bindungswilligkeit und auch Frustrationstoleranz gegenüber weniger erfreulichen Aspekten. Allerdings zeigten sich im Detail auch einige Fallstricke: Gerade Zufriedenheit wird oft in quantitativen Erhebungen gemessen, die zahlenmäßigen Veränderungen der entsprechenden Indikatoren geben selten eine Erklärung dafür, *was* zufrieden oder unzufrieden macht (unser Vorteil, denn hier kommen dann oft wir ins Spiel ...). Seltener erlebten wir, dass Verhalten von Mitarbeitern beobachtet und reflektiert und daraus Schlüsse über Einstellungen und Stimmungslagen gezogen wurden. Wenn doch, entstanden dadurch oft fruchtbare Auseinandersetzungen.

Noch gravierender erschien uns allerdings, dass die Frage nach der Zufriedenheit meistens mit dem Bild einer Norm bzw. Messlatte für Zufriedenheit verbunden war. Debatten über Zufriedenheitswerte konzentrierten sich ausschließlich auf die Behebung von Defiziten und klammerten die Frage aus, was besonders zufrieden machte – zumindest im Hinblick auf mögliche Anschlusshandlungen.

Die positiven Effekte einer hohen Aufmerksamkeit für die Zufriedenheit der Mitarbeiter werden häufig durch einen Mangel an guten Erklärungen für Unzufriedenheit sowie mechanistische, defizit- und personenfokussierte Lösungsstrategien neutralisiert.

Zu beachten ist auch, dass der Begriff Zufriedenheit allein recht allgemein und nicht an sich aussagekräftig ist. Nicht jede Zufriedenheit ist auch im Sinne des Unternehmens produktiv und nicht jede Unzufriedenheit verhindert per se Produktivität. Der Grad der Zufriedenheit ist außerdem kontextabhängig und von Gewöhnungseffekten bedingt. Dort, wo Neues eingeführt wird und bisherige Sicherheiten infrage gestellt werden, entsteht leicht Unzufriedenheit. Das führt aber oft dazu, dass Unzufriedenheiten sich an Oberflächenphänomenen entzünden, während die eigentlichen Energiekiller schwerer artikulierbar sind.

7.2.2 Verantwortung und Engagement

Das zweite große Motiv, das Führung in Bezug auf Mitarbeiter bewegt, besteht scheinbar aus zwei untrennbaren Aspekten: Verantwortung und Engagement. Ein Geschäftsführer einer kleinen, aber feinen Beratungsfirma äußerte uns gegenüber einmal Ratlosigkeit darüber, wie sehr er, der wirklich um seine Mitarbeiter bemüht sei und ihnen ein wirkliches gutes Umfeld verschaffen wolle, an Grenzen stoße: Die Mitarbeiter wollten nicht mehr arbeiten, selbst wenn das Überleben des Unternehmens auf dem Spiel stehe. Sie würden kleinkrämerisch auf die Kombination aus Geld und Work-Life-Balance schauen und seien nicht bereit, in schwierigen Phasen Verantwortung zu übernehmen. Auch in anderen Unternehmen war eine der am häufigsten gestellten Fragen jene nach der Bereitschaft der Mitarbeiter, Dinge aus eigenem Antrieb voranzutreiben und proaktiv ihren Sektor des Unternehmens zu entwickeln. In vielen Fällen war aber ein derartiges Ansinnen mit einer Art von Doublebind verbunden: Grenzen in Form von Budgets, Kennzahlensalaten und/oder minutiösen Prozessvorschriften, die Eigenverantwortung aus der Sicht der Mitarbeiter unproduktiv und nicht umsetzbar erscheinen ließen.

Letztendlich ist Engagement aber ein Resultat aus dem komplexen Zusammenwirken von Einfluss auf den Arbeitsbereich, Sinn und der Abwesenheit von demotivierenden Umfeldbedingungen. Mitarbeiter von Unternehmen, in denen sie direkt und kollektiv am Erfolg profitieren (etwa in Form von Gewinnbeteiligungen), sind unserer Wahrnehmung nach eher bereit, freiwillig Verantwortung zu übernehmen. Der sinnstiftende Effekt der Beteiligung am Erfolg fällt dabei oft mindestens so ins Gewicht wie der tatsächliche monetäre Anreiz.

7.2.3 Qualifikation

Das Thema Mitarbeiterqualifikation tritt in unseren Analysen als zweischneidiges Schwert zutage. An sich ist die Frage nach Qualifikationen in einer sich verändernden Welt stets aktuell. Für die Mitarbeiter bedeuten Qualifikationen schlicht die Möglichkeit, sich zu entwickeln. Andererseits stellte sich mehrfach heraus, dass der Impuls zur Weiterbildung den Mitarbeitern mangelnde Qualifikation unterstellte. Wenn bei den Mitarbeitern (inklusive der betroffenen Führungskräfte) das Bild vorherrschte, nicht ihre individuellen Kompetenzen, sondern die Rahmenbedingungen der Arbeit und der Führung seien das eigentlich begrenzende Element ihrer Leistung, produzierten Weiterbildungsprogramme das Gefühl der Abwertung und die Vermutung, dass strukturelle Problemen auf die individuelle Ebene abgeschoben würden.

Wollen – Können – Dürfen

Falls Abteilungen, Teams oder einzelne Mitarbeiter nicht die Leistung erbringen oder das Verhalten zeigen, das Führungskräfte von ihnen erwarten, kann dies verschiedene Gründe haben: Entweder sie können nicht (es mangelt ihnen an Fähigkeiten, Wissen oder Ressourcen), sie wollen nicht (sie sehen keinen Sinn darin, es geht ihnen – warum auch immer – gegen den Strich) oder sie dürfen nicht (geschriebene oder ungeschriebene Regeln verbieten ihnen etwas zu tun, was sie andernfalls durchaus wollten und könnten). Führungskräfte haben häufig Lieblingsannahmen darüber, an welchem der drei Aspekte es im konkreten Fall mangelt. Zumeist sind diese Hypothesen Variationen von »Nicht-Können« oder »Nicht-Wollen«. Ist die Annahme jedoch falsch, sind die auf dieser Grundlage gesetzten Interventionen meist zum Scheitern verurteilt. Denn die fälschliche Unterstellung von Nicht-Können kann ebenso beleidigend und blockierend wirken wie die des Nicht-Wollens.[99]

Die Weiterentwicklung der Qualifikation war aus Führungssicht oft auch sehr auf klassische Weiterbildungsmaßnahmen fokussiert, während Mitarbeiter öfter das Gefühl hatten, dass *learning on the job* und gegenseitige Unterstützung große Lernschritte ermöglichen könnten. Dafür fehlten jedoch häufig entsprechende Kommunikationsstrukturen.

7.2.4 Loyalität

Loyalität funktioniert ähnlich wie Vertrauen: Sie wächst über eine lange Zeit, ist jedoch schnell zerstört und bedarf einer Gegenseitigkeit. Wurde in unseren Untersuchungen das Thema Loyalität angesprochen, war sie meist angegriffen, und früher oder später zeigte sich ein reziproker Verlust von Vertrauen der Mitarbeiter in die Loyalität des Unternehmens. In den von uns analysierten Unternehmen ergaben sich Diskussionen über Loyalität vor allem in Bezug auf das Mittragen von Führungsentscheidungen durch das mittlere und untere Management, das Zurückhalten von kritischen Ansichten gegenüber Mitarbeitern oder anderen Stakeholdern oder Flexibilität in Bezug auf zeitliche Verfügbarkeit in schwierigen Zeiten.

---

99   Vgl. Sprenger 2005, S. 226 f

7.3   Öffentlichkeit

Besonders für Organisationen, die auf die eine oder andere Weise stark mit dem öffentlichen Bereich verknüpft sind, ist die Spiegelung in der öffentlichen Diskussion eminent wichtig, weil davon die Bereitschaft und das Wohlwollen der Auftraggeber, Eigentümer oder Regulatoren abhängt. Unternehmen, die direkt dem öffentlichen Sektor zugeordnet sind, haben nach lauter Medienschelte schnell mit großen Veränderungen und Umstrukturierungen zu rechnen.

Zwei weitere Phänomene der Wirkung von Öffentlichkeit auf Unternehmen haben sich wiederholt gezeigt:

7.3.1   Spieglein, Spieglein an der Wand

Erstens ist das Bild der Öffentlichkeit, das Image der Organisation ein wichtiger Faktor des Gefühls von Erfolg und Identität. Dieses Bild in den Medien zeichnet eine Gestalt, die von innen nie so scharf und sicher dargestellt werden kann, da die inneren Ambivalenzen sich zu Vexierbildern mischen, denen man keine exakte Kontur abgewinnen kann.

> »Als [unsere neue Strategie] das Thema war, ist explizit aus meinem Team gekommen: ›Das ist schon ein gutes Gefühl jetzt, was da wieder gemacht wurde, also ich bin vor dem Fernseher gesessen und war schon sehr stolz‹, also das wurde explizit so ausgesprochen.«

In einer Organisation war es der CEO, in dessen starker Medienpräsenz sich das Bild der Organisation deutlicher zeigte, als jedes Dokument der PR-Abteilung es gekonnt hätte. Durch seine Fernsehauftritte und Zeitungsinterviews und die Reaktionen der Öffentlichkeit darauf entstand für die Mitarbeiter ein sehr klares Bild davon, was von außen an ihrer Organisation als besonders und wichtig wahrgenommen wurde. Fragen nach der Vision und nach der Strategie wurden in erster Linie mit dem Namen des CEOs beantwortet, seltener mit Inhalten – aber wenn, dann wurden auch diese Inhalte direkt mit seiner Person verknüpft. Eine solche Konzentration auf eine charismatische Persönlichkeit im Zentrum der Organisation birgt ohne Zweifel große Risiken. Aber sie verschaffte den Befragten tatsächlich ein besonderes Gefühl ihrer Identität, gab den Antworten Richtung, Selbstsicherheit, Überzeugung wie bei kaum einer anderen Organisation.

Markenresonanz

Häufiger dürfte wohl die Spielart vorkommen, die wir bei einem deutschen Lebensmittelhersteller erlebten: Dort erzählten Mitarbeiterinnen, welch positive

Resonanz sie erlebten, wenn sie im Bekanntenkreis das Unternehmen nannten, bei dem sie arbeiteten. Allein die Tatsache, dass das Unternehmen Wiedererkennung auslöste, färbte auf die Mitarbeiter ab und gab ihnen ein Stück Identität und ein Gefühl von persönlichem Erfolg.

Das Bild in der Öffentlichkeit stellt gerade für große Organisationen, deren innere Kader ja an einem notorischen Mangel an Feedback leiden (an wirklichen Erfolgserlebnissen im Sinne von Kunden, die sich aufrichtig bei ihnen bedanken) eine Art Generalfeedback dar, ein Fremdbild, eine Reaktion des Außen, die zeigt, dass man nicht umsonst da ist, dass man wahrgenommen wird und eine Daseinsberechtigung hat, zumindest als Teil der Organisation, für die man sich abrackert.

7.3.2 Öffentlichkeit als internes Kommunikationsmedium

Öffentlichkeit enthält jedoch auch eine Kehrseite dieses positiven Feedbacks: In mehreren der von uns untersuchten Unternehmen erfuhren Mitarbeiter aus den Medien, was sie ihrer Meinung nach vom Management hätten erfahren sollen, in einem Fall etwa von einer bevorstehenden Auslagerung. Ein anderes Mal musste der Vorstand aus den Zeitungen entnehmen, dass Führungskräfte der zweiten Reihe die strategische Linie und Entscheidungen der Chefetage kritisierten. Auch wurde eine Restrukturierung mit den dazugehörigen Kennzahlen publik, ehe sie intern bekannt gemacht worden war.

Nun ist es natürlich ein Unterschied, ob Mitarbeiter etwas über das eigene Unternehmen aus den Medien erfahren oder der Vorstand eine abweichende Meinung von Mitarbeitern in der Zeitung liest. Von oben herab ist es ein Schaffen vollendeter Tatsachen, sozusagen eine Selbstverpflichtung, die nur mehr schwer rückgängig gemacht werden kann. Von unten wiederum hat es den Charakter der Trotzreaktion, des verzweifelten Ungehorsams. Beide Male wird es als Machtdemonstration gelesen, ob es als solche beabsichtigt war oder nicht. Und beide Male bedeutet es für die Rezipienten eine Kränkung, ein Gefühl von Betrogensein.

7.4   Kunden

Wahrscheinlich kennen Sie die Redewendung: Das Einzige, was stört, ist der Kunde. Das trifft leider für viele Organisationen zu.

Häufig fanden wir eine Haltung vor, die sich etwas so umschreiben ließe: »Wir wissen, was euch gefällt. Wir stellen uns euch vor. Vielleicht machen wir eine Studie über euch.« Aber aktiv den Austausch mit dem Kunden zu suchen oder gar Entscheidungen aufgrund dieses Dialogs zu fällen – das trauen sich nach wie vor wenige große Organisationen.

7.4.1 Stellenwert und Rolle des Vertriebs

Überall, wo die Kundenorientierung ausgeprägt war, hatte der Vertrieb einen hohen Stellenwert, weitreichende Kompetenzen und war gut ausgebildet. Viele erfolgreiche und dauerhafte Kunden-Lieferanten-Beziehungen bei großen Unternehmen führen zu einer intermediären Position des Verkäufers zwischen Unternehmen und Kunden. Vertriebsmitarbeiter waren in solchen Kontexten einerseits intensiv mit den Bedürfnissen und Prozessen des Kunden vertraut und hatten andererseits eine gewichtige Stimme in der eigenen Organisation. Dass die Ambivalenz dieser Rolle durchgehalten werden kann, ist ein Indikator für eine Vertrauensbeziehung zwischen den beiden sozialen Systemen. Der Verkäufer sitzt dabei zwischen den Stühlen und muss nach beiden Seiten austarieren.

> »Ich versuche jetzt schon seit Jahren, den Leuten [den Verkäufern] zu sagen, ihr seid die Unternehmer im Unternehmen. Und das ist bei uns schwierig, weil meine Mitarbeiter hauptsächlich für externe Firmen zuständig sind. Ich kann nicht sagen, du bist jetzt der Unternehmer für Großhändler A, denn das wäre eher schlecht für uns, wenn unsere Leute diesen Gedanken hätten. Aber ich sage: Verhandle so, als ob die Firma dir gehört. Die Verkäufer holen sich Pouvoirs direkt bei der Finanz und vereinbaren zum Beispiel direkt mit der Finanz die Zahlungsziele. Dann sagt der Verkäufer zu mir: ‚Die Finanz hat gesagt, 2 Prozent können wir noch Skonto geben, und ich habe jetzt 1,2 ausgehandelt. Ich habe 0,8 gespart, ist doch super!‘ Dann sage ich ‚Fein, ideal.‘ Das ist ein Key-Accounter, der hat keine Mitarbeiter, der verhandelt direkt mit dem Bereichsleiter Finanz über das Thema, weil ich sage: Mach das bitte direkt, verhandle für deinen Kunden.«

In vielen der Unternehmen wurde deutlich, dass die Rolle des Vertriebs und insgesamt die Beziehung zu Kunden in großer Veränderung begriffen sind. Die Kunden sind als potenzielle Käufer nicht mehr nur die Zielscheibe von Marketing und Werbung (vgl. kriegerische Metaphern wie Target-Marketing, Guerilla-Marketing und vieles mehr). Sie rücken als exzellent informierte Nutzer, Innovations- oder Vertriebspartner in eine neue Dimension der Ökonomie vor. Es zeichnet sich ab, dass die Kundenbeziehung viel stärker von Augenhöhe, Partnerschaft und gelingender Beziehung geprägt sein wird. Diesem Trend tragen manche unserer Unternehmen bereits Rechnung, indem sie beispielsweise die Kunden in ihre Innovationsprozesse einbinden oder Mitarbeiter über längere Zeit die Prozesse des Kunden begleiten, während sie auch physisch beim Kunden vor Ort sind.

In anderen Organisationen erlebten wir, dass der Vertrieb nur wenig Spielraum bei Entscheidungen und Angeboten an den Kunden hatte, also am Ende der Entscheidungs-Kette mit vollendeten Tatsachen zurechtkommen musste. Hier bestand die Rolle eines Verkäufers mehr aus Beziehungsanbahnung und dem Herstellen einer hohen Kontaktfrequenz. In Krisenzeiten erweist sich diese Kombination aus wenig Entscheidungsspielräumen und hohem Druck sehr anfällig für Überlastung.

7.4.2 Innenorientierung

Die Kehrseite des oben genannten Selbstgefühls durch eine starke Marke und Öffentlichkeitsresonanz ist das, was wir »Markenfalle« nennen. In der Volkswirtschaft würde diese Herangehensweise dem Ansatz der Angebotsökonomie entsprechen, deren Vertreter davon ausgehen, dass ausreichend massive Angebote keine Rücksicht auf die Nachfrage nehmen müssen, sondern sich kraft ihrer Wirtschaftsmacht durchsetzen können.[100] In der Praxis äußerte es sich so, dass das Angebot an den Kunden im Inneren der Organisation zentral entwickelt und anschließend an den Verkauf zum Vertreiben weitergereicht wurde.

In diesem Muster fanden sich kaum strukturierte Formate, in denen das Wissen der Vertriebler um ihre Kunden erfasst werden und in einem gemeinsamen Prozess wieder in eine Angebotsformulierung einfließen hätte können. Ebenso wenig existierten Entscheidungsstrukturen, die es den Vertriebsmitarbeitern ermöglicht hätten, selbstständig Produktentscheidungen zu treffen. Schon gar keine Rede konnte von Beteiligungen von Kunden und Vertriebsexperten am Entwicklungs- und Produktionsprozess sein.

In einer Bank etwa wurden die jeweiligen Kredit- und Sparkonditionen immer von einer Organisationseinheit in der Zentrale definiert. Da der kurzfristige Ertragsdruck hoch war, hatten die Mitarbeiter keine Möglichkeit, je nach Kundengruppe zu entscheiden, wie viel sie in Kundenbindung und langfristige Geschäftsaussichten investieren wollten. Im Gespräch mit den Vertriebsleuten wurde etwa die Beobachtung laut, dass ältere Kunden dazu tendierten, nicht immer den besten Zinssatz zu nehmen, sondern eher auf die Kontinuität der Beziehung bauten. Ebenso waren Kunden mit Migrationshintergrund eher bereit, ins Geschäft zu kommen, wenn sie einen Ansprechpartner hatten, der ihre Mutterspra-

---

100 Kromphart 1987, S. 201 ff

che sprach. Diese Erfahrungen konnten aber nicht geschäftswirksam umgesetzt werden, weil sich das Marketing ausschließlich auf das Festlegen der Zinsen und Laufzeiten als Produktmerkmale fokussierte. Diese Haltung äußert sich auch in folgendem Zitat:

> »Der Kundenbetreuer muss einerseits auch ein Stück weit getrieben werden von der Produktseite. Die Überwindung des inneren Schweinehunds, ein Produkt zu verkaufen, das ich vielleicht nicht so perfekt beherrsche, muss auch unterstützt werden durch den Druck des Produktspezialisten, der das auch einfordert.«

Ähnlich führte die eingeführte Marke eines Herstellers dazu, dass auch in Krisenzeiten auf die bewährten Variablen in der Produktgestaltung geachtet wurde. Immer neue Zusammensetzungen von Geschmackskombinationen wurden Lifestyle-Zielgruppen auf den Wellnessleib geschneidert. Weder Bio noch Fair Trade waren aber trotz vermehrter Kundenreaktionen eine strategische Überlegung wert. Die Vertriebsmitarbeiter waren hier wie fast überall anders auch eine Gruppe, die viel auf der Straße war – aber wenig im Austausch, weder untereinander noch mit den anderen relevanten Perspektivinhabern im Unternehmen, den Marketing-Leuten, den Einkäufern, den Produzenten und Entwicklern.

7.4.3 Ungleichgewichte

Das Muster kann aber auch anders herum gestrickt sein, wie wir in einem sehr erfolgreichen Produktionsunternehmen erlebten. Hier führten die Kunden tatsächlich – und zwar fast zu viel. Die Verkäufer entwickelten in Kleinarbeit maßgeschneiderte Produkte mit den Kunden und waren damit so erfolgreich, dass die Produktion nicht nachkam.

> »Wenn ich die Priorität sehr stark vom Markt her setze und oft in der Position des Alleinlieferanten bin, kann das Ventil eigentlich nur hinten, im Sinne eines immensen Drucks bei den Mitarbeitern [in der Produktion], sein.«

Dies führte zu Qualitäts- und Lieferproblemen und Burn-out-Tendenzen in der Produktion. Die Kunden alleine führen zu lassen war also auch keine Lösung. Sowohl zu starke Außen- als auch Innenorientierung sorgte für erhebliche Ungleichgewichte, da die jeweils anderen Perspektiven des Unternehmens nicht, spät oder nur in Detailentscheidungen einbezogen wurden.

7.5   Gesellschaft

Der Ozean der Gesellschaft, in dem die einzelnen Unternehmen »schwimmen«, hat mannigfaltige Einflüsse auf das Unternehmen. Die großen gesellschaftlichen Veränderungen drängen mit ihren Themen in die Unternehmen und wirken sich dort als Veränderungen in der Kommunikation aus. Nachhaltige Ignoranz gegenüber diesen Veränderungen führt oft zu einer Verknappung der für das Unternehmen (lebens-)notwendigen Ressourcen, sei es die Überzeugung der Mitarbeiter von der Nützlichkeit des Produktes oder die Attraktivität des Unternehmens für den Arbeitsmarkt.

Folgende Aspekte fanden wir in unseren Beobachtungen und Untersuchungen, die in der einen oder anderen Form Führung auf den Plan riefen:

7.5.1   Sinn des Lebens

Die Selbstverwirklichung des postmodernen Menschen ist nicht mehr im selben Maß wie früher an (Erwerbs-)Arbeit gekoppelt. Familie, Freunde und andere Lebensaspekte stehen als sinnstiftende Elemente nunmehr weitaus gleichberechtigter neben der Arbeit. Unternehmen, die vielfältige Zeitmodelle bzw. große Selbstbestimmung über die eigene Zeit anboten, hatten hier Vorteile. Auch Arbeitsqualität und -bedingungen unterliegen vor allem bei jüngeren Mitarbeitern einer anderen Bewertung. Unternehmen, in denen unter Berücksichtigung der individuellen Aspiration gezielt Stärken der Mitarbeiter entwickelt werden, scheinen engagierte Mitarbeiter besser an sich binden zu können.[101]

7.5.2   Diversity

Kulturelle, demografische und politische Entwicklungen führen neben einhergehenden Spannungen und Widerständen zu einer diverseren Gesellschaft. Geschlechterrollen werden auch in den hartgesottenen Branchen, die bisher ausschließlich dem einen oder anderen Geschlecht zugeordnet waren, immer öfter infrage gestellt. Unternehmen, die etwa ihre Führungs- und Expertenrollen nicht für Work-Life-Balance-Modelle – die auch für Frauen attraktiver sind – öffnen, versagen sich selbst den Zugang zu einem Teil des High-Potential-Arbeitsmarktes. Unsere Gesellschaft besteht keineswegs ausschließlich aus weißen Männern zwischen 35 und 50, sondern stellt ein Sammelsurium verschiedenster Gruppen, Schichten und Communitys dar: Diese Einsicht wird immer wichtiger, sei es, dass Migranten Bedürfnisse andere Migranten besser kennen oder dass ältere

---

101   Vgl. Kapitel 6

Mitbürger mehr Vertrauen in einen Verkäufer ihres Alters haben. Die Glaubhaftigkeit und Wirksamkeit von Diversity-Programmen zeigen sich nicht zuletzt darin, ob diese Themen und Kriterien auch in den Führungsebenen wirksam werden.

7.5.3 Gesellschaftliche Verantwortung

Mitarbeiter, Kunden und die Öffentlichkeit fordern von großen Unternehmen zunehmend, ihre Erfolge nicht ausschließlich an wirtschaftlichen Kriterien zu bemessen, sondern auch ihre gesellschaftliche Nützlichkeit unter Beweis zu stellen. Moderne Netzwerkkommunikation macht kleine Fehler schnell und einem großen Publikum sichtbar – mit potenziell verheerenden Folgen für das Image. Umgekehrt haben Unternehmen, die gesellschaftliche Verantwortung glaubhaft verkörpern, Wettbewerbsvorteile. Für viele Unternehmen sind Aktivitäten der Corporate Social Responsibility zur Routine geworden. Es macht jedoch einen großen Unterschied in der Innen- und Außenwahrnehmung, ob die Kernprozesse und Produkte selber nützlich und nachhaltig sind oder aber gesellschaftliche Nützlichkeit quasi im Ablassverfahren zugekauft wird.

7.5.4 Globalisierung

Globalisierung verändert die Anforderungen an Unternehmen und Führung. In den von uns untersuchten Unternehmen kam die Internationalisierung als Chance ebenso wie als Bedrohung vor. Hochwertige Produkte erzeugten sehr schnell starkes Wachstum. Wird das Wachstum in internationale Standorte umgesetzt, kommt es für viele Unternehmen zu ganz neuartigen Anforderungen an Kommunikation und kulturellem Selbstverständnis.

Die ebenso globale Konkurrenz sorgt andererseits für hohe Unsicherheit und geringe Planbarkeit. Im internationalen Wettbewerb sehen sich Unternehmen mit extremen Auftragsschwankungen konfrontiert.

> »Es hat in Westeuropa nie so hohe Ausschläge und Schwankungen im Marktbedarf in so kurzer Zeit gegeben. Und ein Unternehmen, das so integriert ist wie wir, auch von den Warenströmen sehr international, und gleichzeitig mit neuen Geschäften, neuen Technologien, sowohl im Produkt wie auch im Verfahren ins Unternehmen bringt, das ist natürlich ein Riesenstress, den die Organisation heute bewältigen muss.«

Der verstärkte Kostendruck führt viele Produktionsunternehmen zu strategischen Fragen der Auslagerung der Produktion in Länder mit niedrigeren Arbeitskosten oder näher an die Abnehmer heran. Für die heimischen Arbeitnehmer wird aus der Globalisierung eine Zwickmühle zwischen der Angst vor Auslagerung und der Hoffnung, das Wachstum des Unternehmens im Ausland könne auch die heimischen Arbeitsplätze sichern.

Die sich potenzierenden Unsicherheiten führen zu einem erhöhten Bedarf an Resilienz, also flexiblen, widerstandsfähigen Strukturen. Unternehmen, die

- viel Innovation im Unternehmen ermöglichen und das heißt oft: operatives Geschäft und Entwicklungsimpulse eng verzahnen und die Know-how-Träger an der Basis und im Kontakt mit den Kunden in Innovationsprozesse einbeziehen
- Wert auf gute Eigenkapitalausstattung legen und sich damit Bewegungsfreiheit erhalten
- hohe Loyalität und Fairness gegenüber Mitarbeitern zeigen

erscheinen uns tendenziell robuster gegenüber starken Umweltschwankungen.

7.5.5 Kostendruck

Sparen ist überall angesagt, im öffentlichen Sektor genauso wie in privaten Unternehmen. Der strikte Sparkurs der Volkswirtschaften hat dramatische Konsequenzen für jene Zweige, die ihre Aufträge aus dem öffentlichen Sektor beziehen. Der Kostenwettbewerb wird durch mehrere Trends angetrieben: Konkurrenz durch Billiglohnländer, hohe Gewinnerwartungen der Investoren und globales Konsumentenwissen. In der undurchsichtigen Gemengelage schneiden jene Unternehmen gut ab, die den Kostendruck gut und transparent begründen können, Konsequenzen im strategischen Dialog zumindest mit der zweiten und dritten Führungsebene bearbeiten und klare Prinzipien im Umgang damit finden.

> »Wenn du mit dem Kunden irgendein Problem hattest, dann haben wir Verkäufer uns mit dem zusammengesetzt und sind essen gegangen. Das kannst du aber heute nicht mehr machen, das interessiert die Kunden nicht. Die Kunden wollen Qualität und Menge zu einem bestimmten Termin. Ob du sie jetzt lustig zu einem Abendessen einlädst, das imponiert keinem mehr, das will keiner mehr.«

7.5.6 (Sozial-)Technologische Neuerungen

Technische Entwicklungen, soziale Netzwerke, neue Medien konfrontieren Unternehmen unterschiedlichster Form mit einem permanenten Strom an Entscheidungen über Veränderungen. Die Sorge, zu langsam zu reagieren und dadurch in Rückstand zu geraten, zwingt Unternehmen dazu, viele Neuerungen mitzumachen, deren Nutzen erst einmal ungewiss ist. Angesichts der Vielzahl an Innovationen sind Flops vorprogrammiert, die im Nachhinein gemessen am Aufwand ihrer Einführung nur wenig Ertrag zu bringen scheinen.[102] Vor zwanzig Jahren begann die ISO-Zertifizierungswelle, heute gibt es kaum ein größeres Unternehmen, das nicht auf SAP oder ähnliche Systeme umgestellt hat. Bei vielen Systemen beruht diese Entscheidung trotz aller durchgerechneten Businesspläne letztlich auf einer mehr oder weniger intuitiven Einschätzung, ob genau diese (Sozial-)Technologie unverzichtbar ist oder nicht, ob sie einen Standard schaffen wird, den man in dieser Branche nicht mehr ignorieren wird können, oder ob in zehn Jahren nur noch der Ballast von Informations-, Programm- und Handbuchfriedhöfen zu spüren sein wird.

Familien- und eigentümergeführten Unternehmen haben bei solchen Entscheidungen generell einen höheren Spielraum, da sich Manager, die sich gegenüber Dritten für ihr Verhalten verantworten müssen, solchen Moden kaum entziehen können (siehe auch Kapitel »Veränderung«).

> **Ein innovatives Unternehmen kommt selten allein**
> Bei aller Tendenz zur Selbstdarstellung von Organisationen, jedoch insbesondere von innovativen Unternehmen, längst deutlich geworden, dass Veränderungen und Verbesserungen niemals eine Organisation alleine treffen oder auch nur von einer Organisation alleine durchgeführt werden können (...) Auch und gerade innovative Unternehmen bewegen sich in Kohorten. Sie bestimmen ihre Veränderungsrichtung und ihre -geschwindigkeit, indem sie versuchen, von anderen Unternehmen, die sie kopieren, möglichst minimal, um die Tuchfühlung nicht zu verlieren, aber doch hinreichend deutlich, um sich überhaupt zu unterscheiden, abzuweichen.[103]

7.6 Berater

Eine nicht zu vernachlässigende Umwelt von Unternehmen sind häufig auch – wir wollen es nicht verschweigen – Berater. Unseren eigenen Einfluss distanziert von außen zu betrachten, fällt uns naturgemäß schwer, aber da wir nicht die einzigen sind, die von Unternehmen beauftragt werden, konnten wir einige Muster beobachten.

Viele größere Unternehmen haben schon eine lange Geschichte mit Beratern unterschiedlichster Fachrichtungen. In einigen Unternehmen wird externes Wissen von vorneherein skeptisch beurteilt. In anderen hatten Berater im Vergleich zu internen Wissensquellen hingegen enormes Gewicht. Wir haben öfters erlebt, dass der Einsatz von externen Beratern mit der Entwertung der eigenen Ressourcen einherging, mit der Geringschätzung von in der Organisation vorhandenem

---

102 Vgl. etwa Pfeffer u. Sutton 2005, S. 159 ff
103 Baecker 2007, S. 24 f

Wissen und Erfahrungen. Das Wissen über die eigenen Kunden und Märkte ist eine Expertise, die kein Berater auf diese Art mitbringt. Gute Berater können dieses Know-how integrieren, aber viele Spezialisten kommen mit fertigen Konzepten ins Unternehmen, die dann gegen inneren Widerstand oft mit hohen Kollateralschäden durchgekämpft werden – wenn sie nicht überhaupt am Widerstand scheitern.

In den Unternehmen, wo (Fach-)Beratern tendenziell viel Vertrauen entgegengebracht wird – in der Regel Produktions- und Dienstleistungsunternehmen, in denen Spezialistentum in Stabsstellen konzentriert ist –, haben diese eine große konzeptuelle Macht. Dies drückt sich auch in einer Anfälligkeit für die Moden der jeweiligen Branche aus. Der Einsatz vieler Berater führt häufig dazu, dass unterschiedliche Konzepte in verschiedenen Umsetzungsstadien einander überlagern und zu widersprüchlichen Anforderungen und unverhältnismäßiger Komplexität führen.

Beispielhafte Interventionsrichtungen

Was wir (nach gründlicher Bildung von Hypothesen) tun, wenn…

… kurzfristige Ertragsoptimierung dominiert:
- Wenn möglich Eigentümer/Eigentümervertreter an den Tisch bringen
- Neue Gewichtung von Unternehmenszielen und Erfolgskriterien
- Visionsarbeit

… Mitarbeiter mit Unternehmen nicht genug identifiziert scheinen:
- Impliziten Vertrag und Änderungen desselben überprüfen – Gleichgewichte wiederherstellen
- Gemeinsames Verständnis über Sinn und Entwicklungsperspektive des Unternehmens bearbeiten
- Führungsentwicklung im Topmanagement und Dialog mit Mitarbeitern
- Erfolgsbeteiligungsmodelle überlegen
- Vergütungsstrukturen überprüfen (Spannen, Bonussysteme)

… Mitarbeiterzufriedenheit abnimmt:
- Mithilfe von Organisationsanalysen oder Mikrokosmen (Querschnittsgruppen, in denen alle wichtigen Perspektiven des Unternehmens vertreten sind) Ursachen erforschen
- Mithilfe der Variablen Sinn, Zuversicht und Einfluss die Arbeit in allen Organisationseinheiten bewerten

… für Produkte oder Dienstleistungen hohes (kritisches) Öffentlichkeitsinteresse besteht:
- Interne Stakeholder frühzeitig in Grundsatzentscheidungen einbeziehen
- Mit öffentlichen Auftraggebern (informell) frühzeitig Spielräume klären
- Regelmäßige Stakeholderdialoge zu brisanten Themen initiieren
- Gezielte interne und externe Kommunikation aufbauen

... die Kundenorientierung zu gering scheint:

* Kunden ernst nehmen und als Partner sehen
* Kunden in interne Prozesse einbinden (Innovation, Produktentwicklung, Vertriebsstrategien, Reklamationsmanagement)
* Vertrieb in Produkt-, Marketing- und Organisationsüberlegungen einbeziehen
* Wissen des Vertriebs systematisch nutzen
* Entscheidungsbefugnisse der kundennahen Mitarbeiter ausweiten
* Qualitatives Kundenfeedback einholen, in Entwicklungs- und Produktionsprozesse frühzeitig integrieren

... das Unternehmen heftigen Marktschwankungen ausgesetzt ist:

* Resilienzfaktoren stärken (Flexibilität, Redundanz, Diversität von Auftraggebern und Geschäftsfeldern,)
* Resilienzstrategien im Unternehmen erarbeiten

... der Vertrieb zu dominant ist:

* Kundendialog einführen
* Prozessteams aufsetzen, in denen wichtige Entscheidungen über Bereiche hinweg gemeinsam getroffen oder zumindest besprochen werden

... Entwicklungen in der Gesellschaft große Veränderungen nahelegen:

* Bearbeitung der notwendigen Dringlichkeit und möglichen Optionen in Mikrokosmen
* Gemeinsames Verständnis der Führung zu Veränderung (Inhalte und Prozess) erarbeiten
* Überprüfung der Mission und der wichtigsten Stakeholderperspektiven

... das Unternehmen sehr beraterlastig agiert:

* Internes Wissen und Kompetenzen systematisch wertschätzen und Nutzen, z. B. durch Methoden wie etwa Appreciative Inquiry – (»wertschätzende Befragung« – eine radikal ressourcenorientierte Methode des Change Managments)[104]
* Externes Wissen und Lösungsansätze immer durch interne Expertise und Perspektive ergänzen und bewerten lassen
* Rollen der externen Berater, Konsultations- und Entscheidungsprozesse möglichst transparent halten

---

104 Vgl. Cooperrider et al. 2008 und zur Bonsen et al. 2001

8 Führung der Führung – Fokus auf Führung und Schlüsse

»Where has all the judgement gone?«
Henry Mintzberg[105]

Führung ist eine unmögliche Aufgabe:[106] Diese pointierte Einschätzung von Ruth Seliger hat sich auch in unseren Analysen immer wieder bestätigt. Im Tagesgeschäft erweist sich Führung als ebenso unmöglich wie notwendig, so über- wie gleichzeitig unterfokussiert, so widersprüchlich wie trivialisiert, kurz gesagt: als Aufgabe, der All- und Ohnmacht zugleich zugeschrieben wird.

In diesen wild wuchernden Widersprüchen gefangen,[107] gerät Führung in Unternehmen und Organisationen als Thema oft aus dem Blick. Sie wird von den Anforderungen des Aufrechterhaltens und Planens so gut verdeckt, dass die Bedingungen und Notwendigkeiten ihrer Wirksamkeit selten einen geeigneten Raum der Reflexion finden. Deshalb wollen wir in unseren abschließenden Bemerkungen den Fokus auf die »Führung der Führung« legen und uns die Frage stellen: Welche Bilder von Führung existieren gegenwärtig in Unternehmen? Was leitet Führung selbst an? Was macht sie erfolgreich und zukunftsfähig? Kurz: Was führt Führung?

Archaische Führungsbilder[108]

Helden, Väter, Generäle oder Meister: Diese archaisch-archetpyischen Bilder prägen immer noch Verhalten von bzw. Zuschreibungen zu Führung.

Der Held führt über seine außergewöhnlichen Begabungen und sein einzigartiges Wesen. Er stellt sich und wird über alle anderen gestellt, weil er mutig ist und als Pionier wirkt. Der General führt, weil er dazu ermächtigt wird und Distanz schafft. Er verfügt über Befehlsgewalt und schafft Gehorsam. Er war und ist der Prototyp in Kirchen, Militärs und Schulen und hat sich in vielen Unternehmen durchgesetzt. Der Vater führt über Nähe und über emotionale Bindung. Er sorgt für seine »Familie«. Mitarbeiter folgen, weil er Sicherheit vermittelt. Der Meister erzeugt Gefolgschaft über außergewöhnliches Wissen und Expertise.

Alle diese Bilder finden sich in Schattierungen in den Unternehmen dieser Welt. Allesamt taugen sie nicht mehr für die vielfältigen Anforderungen der Umwelten an Organisationen, denn sie reduzieren Führung auf Eigenschaften oder Fähigkeiten weniger Einzelpersonen.

---

105 Mintzberg 2009, S. 225
106 Seliger 2012, S. 11
107 Sinnigerweise bezeichnet Ruth Seliger Führung als »Dschungel«.
108 Seliger 2012, S. 19 ff

Ein Kurzschluss auf Basis dieser Einsicht würde lauten, dass unsere Gesellschaft als »führungsloses« Raumschiff in eine ungewisse Zukunft schwebt. Unsere Erfahrung zeigt jedoch, dass neue, andere Modelle die alten Bilder abgelöst haben. Führung ist in seinen Anforderungen ohne Zweifel komplexer, vielschichtiger, zuweilen auch undurchsichtiger geworden. Aber sie hat deshalb ihren Posten nicht fluchtartig verlassen, sondern hat sich in ihren Selbstbeschreibungen nachhaltig verwandelt. Im Folgenden arbeiten wir deshalb einige der Bilder heraus, die Führung im Zeitalter des »postheroischen Managements«[109] von sich selbst entwickelt (hat).

8.1   Führung = Arbeit?

In vielen Organisationen haben wir festgestellt, dass es zwar viele individuelle, aber kaum gemeinsame Bilder von Führung gibt. Auf unsere stets zu Beginn an Führungskräfte gestellte Frage: »Was beschäftigt Sie im Moment?« kamen viele Antworten, aber nur wenige hatten ausdrücklich mit Führung zu tun. Wenn Führung erwähnt wurde, ging es meist um Folgendes: Mitarbeitergespräche führen, Mitarbeitern Anweisungen geben oder mit ihnen Probleme lösen.

> Führung wird häufig mit Mitarbeiterführung gleichgesetzt.

Mitarbeiterführung ist zweifellos der manifeste, sichtbare Teil des Führens. Aber uns fiel auch früh auf, dass kaum darüber hinausreichende Beschreibungen existierten, die andere, aus unserer Sicht wesentliche Kernaufgaben von Führung betreffen. Wenn überhaupt, traten diese oft nur quasi als hinderlicher Klotz für die tägliche Arbeit auf:

> »Wenn ich führe, komme ich ja nicht zu meiner Arbeit.«

Mit Arbeit war in diesem Zusammenhang meist Expertenarbeit gemeint: inhaltliche Arbeit an Maschinen, am Produkt, am Kunden oder auch in Projekten. Diese Arbeit, die von den vielen Experten und Fachkräften in Unternehmen gemacht wird, ist zweifellos wichtig, wird sie jedoch von Führungskräften übernommen, sorgt sie für Nebenwirkungen. Führungskräfte können zu wenig ihrem Auftrag nachkommen und durch den für Expertenarbeiten nötigen Detailblick nicht das große Bild in den Blick bekommen, um koordinieren und die Zukunft gestalten zu können. Die andere häufige Nebenwirkung besteht darin, dass sie

---

109 Vgl. Baecker 1994

durch diese Detailarbeit ihre Mitarbeiter begrenzen, ihnen Spielräume und Entfaltungsmöglichkeiten nehmen, und damit der Organisation eine der wichtigsten Ressourcen entziehen oder zumindest stark beschneiden, nämlich das Engagement, die Eigenverantwortung der Mitarbeiter.

> »Führungskompetenz war nicht das Kriterium, das für die Besetzung auschlaggebend war. Wie ich es wahrnehme, war es in der Vergangenheit immer so, dass Fachkompetenz einen wesentlich höheren Stellenwert hatte als Führungskompetenz, und wenn das [Führung] jemand nur relativ gut gekonnt hat, war das schon super.«

Führung wird selten als Arbeit gesehen.

In vielen Organisationen, die wir analysierten, konnten wir beobachten, dass oft der beste Experte zur Führungskraft gemacht wurde. In Familienunternehmen fanden wir dieses Phänomen noch häufiger als in Konzernen. Die allermeisten Trainingsprogramme und Instrumente rankten sich zudem fast ausschließlich um dieses Segment des Führens: Mitarbeitergespräche führen, Kommunikation, Feedback geben, Ziele setzen und nachhalten, Teammeetings moderieren – das waren und sind die zentralen Themen. Dadurch fehlen jedoch mindestens zwei

Abb. 21: Leadership-Map (nach Seliger 2008)

weitere Perspektiven: die Selbstführung und das Führen der Organisation über Strukturen und Veränderung.

8.2   Führung im Dialog?

Nur Führung kann sich selbst definieren. Und damit kann auch die Frage, wie im Unternehmen geführt werden soll, nur von ihr selbst beantwortet und Führung gestaltet werden.[110] Die einerseits so weitreichende, andererseits aber oft fehlende Konsequenz dessen lautet: Führungskräfte haben die Aufgabe, kollektive wie individuelle Erwartungen zu klären und dieses Führungsverhalten immer wieder zu verändern, um es den Notwendigkeiten des Unternehmens und seiner Kunden anzupassen. Dies ist aus unserer Sicht die ureigene und nicht delegierbare Arbeit von Führung. Genau diese ist jedoch fast nie wirklich Teil des Selbstverständnisses von Führungskräften.

> Interviewer: »Sie haben Führungsgrundsätze entwickelt: Sind die Thema bzw. wie weit ist die Umsetzung?«
> Führungskraft 1: »Sagen Sie uns vorher die Führungsgrundsätze, die wir entwickelt hätten? [...] »
> Führungskraft 2: »Ich glaube nicht, dass im Unternehmen viele wissen, was diese Führungsleitsätze sind. Was mich zu der Frage führt, warum wir die gemacht haben.« [...] Man hat dann schon gemerkt, dass die Leute auf Führungstraining waren, das war auch positiv, aber es geht unter.«

Selbst in jenen Fällen, wo es Versuche gab, Führung über Leitbilder für die Organisation zu definieren, konnten wir sehen, dass die Führungskräfte wenig über die Führungspraxis in ihrem Unternehmen sprechen, wie auch obiges Zitat zeigt.

> Die Notwendigkeit der operativen Aufgaben schiebt das Thema Führung in den Hintergrund. Weil Führung zu wenig führt und zu sehr im Tagesgeschäft steckt, verstärkt sich der operative Druck.

Es drängt sich das Bild mit der stumpfen Axt auf: Weil die Axt stumpf ist, muss für denselben Output härter geschlagen werden. Weil die Zeit fehlt, die Axt zu schärfen, wird das Grundproblem nicht gelöst und die Effektivität sinkt immer weiter. Sehr gut konnten wir das immer wieder in Topmanagement-Teams beobachten, in denen Führung kaum bis nie auf der Tagesordnung stand. Man diskutierte operative Themen oft auf einer sehr detaillierten Ebene und dies meist aus

---

110 Seliger 2014, S. 114

den funktionalen Rollen, also der Leitungsfunktion für einen Bereich. So sprachen oft die Bereichsleiter miteinander und versuchten ihre funktionalen Interessen durchzusetzen, was lange Detaildiskussionen mit sich brachte. Daraus erwächst jedoch keine bereichsübergreifende Kooperation im Sinne des Unternehmens. Die unternehmensinternen Partikularinteressen bleiben im Vordergrund, weil Leistung und häufig auch Bonus daran geknüpft sind.

Als wir den Vorstand eines der von uns untersuchten Unternehmen mit der These:»Kunden sind nicht im Blick«, konfrontierten, entsprang daraus eine hochinteressante Diskussion. Ein Mitglied vertrat (wahrscheinlich leicht überzeichnet) die Meinung, im Vorstand sei zum letzten Mal vor ein bis zwei Jahren über Kunden geredet worden, weil meist die operativen Probleme der Bereiche und Töchter fokussiert würden. Daran knüpfte sich ein Gespräch darüber an, was Führung denn bedeute und dass es vielmehr darum gehen solle, zu definieren, was Führung vor allem auf dieser Ebene beitragen solle. Wir hatten einen blinden Fleck aufgedeckt, der zu Dialog und Gegenmaßnahmen führte.

Führung als rekursive Tätigkeit

Seliger bezeichnet Führung als zirkuläre und rekursive Tätigkeit. Sie schafft ihren eigenen Kontext, in dem sie dann interagieren kann.[111] Dafür braucht es einen stetigen Dialog darüber, wie im eigenen Unternehmen geführt werden sollte, welche Themen und Entscheidungen in den Blick genommen, welche Entscheidungen auf welcher Ebene getroffen werden sollen und wie das Thema Führung insgesamt weiterentwickelt werden soll.

Solange Führung sich nicht mit den eigenen (individuellen und kollektiven) Mustern beschäftigt, können wichtige Entwicklungen nicht erkannt und bearbeitet werden. Führung reduziert sich dann darauf, das operative Geschehen abzuarbeiten, um das sich aber vor allem Experten und untere Führungskräfte kümmern sollten, die dies viel besser verstehen. Die Chance, der »Faszination Führung« nachzugehen, wie es vor kurzem ein Geschäftsführer, mit dem wir arbeiteten, beschrieb, bleibt ungenutzt. Damit nimmt sich Führung einen der wichtigsten Schwerpunkte ihrer Arbeit, nämlich Kultur zu prägen und Rahmen zu setzen. Deshalb mangelt es in den Unternehmen oft auch an Orientierung für das tägliche Verhalten.

---

111 Seliger 2012, S.173

8.3   Führungsleistung wird nicht thematisiert

Das beherrschende Thema auf den oberen Unternehmensebenen sind Resultate und Ergebnisse. Da gleichzeitig wenig bis gar nicht über Führungsleistung gesprochen wird, wird Führung in der Folge oft auf Ergebnisse reduziert. Wenn wir davon ausgehen, dass (beobachtbares) Führungsverhalten einen entscheidenden Beitrag zu diesen Ergebnissen leistet, muss förderliches und hinderliches Verhalten von Führungskräften kritisch betrachtet werden. Verfolgen wir diesen Gedanken weiter, kann Führungsleistung nicht mehr alleine auf die Ergebnisse bezogen, sondern muss in erster Linie mit dem Verhalten der Mitarbeiter verknüpft werden.

> Führung wird in der Praxis nicht an ihrer Wirksamkeit gemessen, sondern fast ausschließlich an ökonomischen Resultaten.

»Ich erlebe, dass wir in erster Linie beurteilen, ob die Zahlen stimmen, die hereingemeldet werden, ob die Mengen stimmen und der bürokratische Kram in Ordnung ist. Wir schauen zu wenig auf Entwicklungen, da ist ein- bis zweimal im Monat bei weitem nicht genug. Wir müssten unseren Führungskräften da draußen viel stärkeres Feedback geben. Wenn wir es nicht tun, sagen diese, wenn meine Zahlen stimmen, dann sind die zufrieden da drinnen in der Zentrale. Und dann machen sie die Zahlen stimmig und in der Zwischenzeit laufen schleichende Entwicklungen, die uns dann Probleme bereiten.«

Resultate werden mit Leistung gleichgesetzt, sind jedoch lediglich Indikatoren, die nichts über die Art ihres Zustandekommens aussagen. Dieses Dilemma spiegelt sich häufig in der Diskussion über die Fairness von Prämien am Jahresende, die irgendwie begründet werden müssen.

Zahlen und Ergebnisse liefern ohne Zweifel wichtige Informationen. Wie sie jedoch interpretiert, mit wem sie wann geteilt, welche als relevant herangezogen und welche Entscheidungen daher wie und von wem getroffen werden sollten, ist die Aufgabe von Führung.

8.4   Führung als pseudoobjektivierter Vorgang

Diese Arbeit erfordert Mut und die Fähigkeit zur Beurteilung, deren Fehlen Mintzberg im Eingangszitat beklagt. Diese Bereitschaft und das Vermögen sind ein subjektives Geschäft. Allein deswegen brauchen wir Führungskräfte – wir können diese Leistung nicht an Maschinen delegieren. Zahlen suggerieren uns, dass Führung objektivierbar wäre – der Blick auf ökonomische Outputs lässt uns die Landkarte mit der Landschaft verwechseln. Eine der Antworten auf die Frage von Mintzberg lautet daher: Die Urteilsfähigkeit und -bereitschaft liegt in den vielen Prozessen und Regeln verborgen. Sie sind quasi darin gebunden und hindern Führungskräfte oft daran, mutig Entscheidungen zu treffen.

> **Kennzahlen statt Beurteilung**
>
> «Und dann kam das Messen in seinem grellen Licht. Es war gut, so lange es das Urteilsvermögen stärkte. Sicher, messe, was du kannst, aber stelle sicher, dass der Rest beurteilt wird. Lassen wir uns nicht hypnotisieren vom Messen. Unglücklicherweise geschieht das so oft, dass wir die Urteilsfähigkeit verlieren.«[112]

Anschauliche Beispiele fanden wir in den Kennzahlensystemen zweier von uns untersuchter Unternehmen. Dort hatten sich über die Jahre Dutzende von Kennzahlen angesammelt. Diese wurden gehütet und gepflegt und jedes Jahr für Zielvereinbarungen und Rückmeldungen genutzt. Führung wurde dadurch recht technisch und automatisiert. Der Blick auf das, was die Menschen tatsächlich zu diesen Ergebnissen beitrugen, war immer stärker verstellt. Das führte auch dazu, dass die Angestellten begannen, die Mitarbeitergespräche als Farce und Zeitverschwendung zu empfinden. Als wir dem nachgingen, zeigte sich, dass diese Kennzahlen als beinahe einzige Quelle für Feedback und das Vereinbaren neuer Ziele herangezogen wurden. Dies führte zu Frust und Ohnmacht: Was auch immer die Mitarbeiter versuchten, sie fühlten sich als Spielball der Resultate.

> »Das ist halt schwierig mit dem ganzen Kennzahlensalat, der uns überschwemmt hat oder den wir uns aufgebaut haben. Und dann verliert man den Blick aufs Wesentliche.«

8.5   Führung lernen

Be stupid.
Robert Wilson

In unseren Analysen begegneten wir häufig der Annahme, dass Führung kaum erlernbar sei, sondern dass es sich dabei um eine quasi-genetische Veranlagung handele.

---

112 Mintzberg 2009, S. 225 (Übersetzung von den Autoren)

> »Wir sind davon ausgegangen, dass sie als Manager geboren sind, und daher müssen sie Führung ohnehin kennen.«

Ein explizites »Führungsgen« existiert mit Sicherheit nicht. Aus der Gehirnforschung wissen wir aber, dass wir nicht alles erlernen können. Wir verfügen über bestimmte Anlagen, die wir weiterentwickeln können, allerdings sind dieser Entwicklung auch Grenzen gesetzt. Eine zentrale Botschaft der Wissenschaft lautet, dass »unser Gehirn so wird, wie und wofür man es mit Begeisterung benützt«.[113]

In fast allen unseren Untersuchungen trafen wir auf Menschen, die ihre Führungsaufgaben nach bestem Wissen und Gewissen, mit viel Herzblut, Anstrengung, mit guter Intuition und viel praktischer Erfahrung betreiben. Gleichzeitig halten Qualifikation und Bewusstsein für Führung mit dem Commitment oft nicht Schritt, was Überforderung, Stress und Frust bei den Führenden wie auch den Geführten nach sich zieht.

Auf die Frage, wer oder was denn in dieser Organisation führe und wer die für das Ganze relevanten Entscheidungen treffe, bekamen wir in unseren Interviews vollkommen unterschiedliche Antworten: Einmal war es die Geschäftsführung oder der Vorstand, dann wieder das Controlling, der Vertrieb oder gar der Betriebsrat. Das rief uns immer wieder in Erinnerung, dass Führung grundsätzlich unsichtbar ist. Sie fällt nicht auf, wenn wir sie nicht zu beschreiben lernen. Dazu braucht es Modelle und Wissen über Führung, ohne die uns buchstäblich die Sprache fehlt, um Führung dialogfähig und erlernbar zu machen.

> Führung ist eine Aufgabe, für die es kaum wirksame Ausbildungen gibt. Sie ist zu einem Großteil nur im Job (*by doing*) erlernbar.

In vielen Unternehmen gibt es mittlerweile Führungsausbildungen, Trainingsprogramme unterschiedlichen Ausmaßes und Qualität. Sie alle decken einen kleinen Teil des Führungslernens ab und können Modelle vermitteln. Der Großteil des wirksamen Lernens geschieht jedoch nahe am Tun, in der reflektierten Praxis von Führungskräften.[114]

> **Action Learning**[115]
> Wir wissen sehr wenig über die Lernfähigkeit von Führungskräften, aber wir müssen unbedingt dafür sorgen, dass wir sie nicht denselben Ausbildungsgängen unterwerfen, die für Experten ausreichen mögen. Damit will ich nicht sagen, dass Führungskräfte kein Fachwissen brauchen; eine solche Behauptung wäre unsinnig. Aber wir müssen die simple Tatsache akzeptieren, dass

---

113 Hüther 2011, S. 93
114 Mintzberg 2009, S. 9
115 Donnenberg 1999, S. 31

> es etwas anderes ist, ob man den menschlichen Geist für die unbekannten Fragen der Zukunft öffnet oder ob man ihn mit den Antworten füllt, zu denen Generationen von Forschern in der Vergangenheit gelangt sind. [...] Der Experte häuft immer mehr Kenntnisse an, die man als programmiertes Wissen bezeichnen könnte. [...] Aber für den Umgang mit Unsicherheiten, über die wenig bekannt ist, bevor sie auftreten, kann sich ein Übermaß an programmiertem Wissen als Handicap erweisen, weil es leicht dazu führt, dass man nur sieht, was man sehen will, und nicht, was wirklich da ist. Führungskräfte müssen die Fähigkeit entwickeln, neue und nützliche Fragen zu stellen, wenn das, was vor ihnen liegt, nicht ihre verklärte Vergangenheit, sondern ihre düstere und bedrohliche Zukunft ist. Echte Menschen müssen Probleme in Echtzeit bewältigen und sollten dafür eine Lerngemeinschaft aufbauen.

Gerade diese Praxis ist aber in Unternehmen zumeist völlig ungewohnt. Lernen und Einüben von Führungsarbeit werden oft aus der Organisation wegdelegiert, sei es in externe Trainings, wo mit Kollegen aus anderen Organisationen gelernt wird, oder in interne Seminare, in denen zumindest Netzwerken und informelle Kommunikation stattfinden. Beide Konzepte können Basisqualifikationen vermitteln. Das tägliche Einüben und das Aufbauen neuer Verhaltensrepertoires jedoch erfolgen zu einem großen Teil über die Thematisierung von Führung im Alltag, über das kontinuierliche Beobachten, Bewerten und Ausprobieren neuer Verhaltensmöglichkeiten.

In jedem Fall braucht es Kommunikationsanlässe, die einen geeigneten Rahmen schaffen, um lernen zu können, und in denen Wirksamkeit von Führung beobachtet, besprochen und laufend den Notwendigkeiten der Organisation angepasst wird. Denn ähnlich wie beim Erlernen eines Musikinstrumentes braucht es Lernen, um die Fertigkeiten immer weiter zu verfeinern, neue Stücke einzulernen und um nicht aus der Übung zu kommen. Anders als etwa beim Klavierspiel geht es in der Organisation aber um sich ständig verändernde Kontexte und Adressaten von Führung, die im besten Sinn des Wortes über Eigensinn verfügen.

8.6   Führung der Zukunft – Ausblick

Führung befindet sich zurzeit in einem Paradigmenwechsel.[116] Dieser besteht vereinfacht gesagt in einem raschen Übergang von hierarchischer zu lateraler Macht, ausgelöst bzw. verstärkt unter anderem durch das Zusammentreffen neuer Kommunikationstechnologien mit erneuerbaren Energien aller Art. Durch die freie Verfügbarkeit von Information und (immer mehr auch) Energie wird sich die

---

116 Rifkin 2011, S. 146

Gesellschaft aller Voraussicht nach weiter in Richtung Kooperation verändern. Die heute immer noch bis zu einem gewissen Grad auf Gegnerschaft aufgebaute Beziehung zwischen Verkäufer und Käufer weicht einem kollaborativen Verhältnis zwischen Lieferant und Verbraucher. Diese Entwicklung hat der Theoretiker Baecker bereits vor zwanzig Jahren in seinem Buch *Postheroisches Management*[117] als das Ende des Heldentums beschrieben. Auf managerialer, organisationaler Ebene ist das tayloristische Denken von einer Praxis des Netzwerkdenkens abgelöst worden.

8.6.1 Laterale Kooperation und Vertrauen

> Managing is as much about lateral relationships among colleagues
> and associates as it is about hierarchical relationships.
>
> *Henry Mintzberg*[118]

Formen (meist) informeller Einflussnahme, um wichtige Themen in die Organisation zu bringen, nehmen zu. Wir bezeichnen dies als »*leadership without the line authority*«, Führung ohne Positionsmacht. Jüngere Menschen schauen immer weniger nach oben, die Bedeutung von Positionen wird zugunsten von Inhalten zurückgedrängt.[119] Die Organisationen sind zunehmend gezwungen, auf das gesteigerte Bedürfnis nach Selbstbestimmung zu reagieren. Die neuen organisationalen Formen und Kulturen werden Netzwerken ähneln. DePree, der frühere Vorstandsvorsitzende des US-Unternehmens Herman Miller Inc., nannte dies »vagabundierende Führung«, die im Unternehmen rotiert und jeweils dem das Zepter in die Hand drückt, »der in einer bestimmten Frage die größte Kompetenz besitzt«.[120] Grundvoraussetzung dafür und Ergebnis daraus sind aber Vertrauen und Verantwortung. Diese Begriffe werden in Zukunft nicht nur hinsichtlich der Führung von Organisationen von zentraler Bedeutung sein.

> Die Führung der Zukunft wird stärker über laterale Kooperation und Vertrauen steuern. Die Organisationsformen werden netzwerkartiger strukturiert sein und horizontale Kooperation in den Vordergrund rücken.

---

117 Baecker 1994
118 Mintzberg 2009, S. 29
119 Die Zeit Archiv, 2014
120 Baecker 1994, S. 47

Der amerikanische Managementtheoretiker Kotter spricht diesbezüglich vom dualen Betriebssystem von Unternehmen:[121] Während die klassische Hierarchie für die operative Steuerung des täglichen Geschäfts gute Antworten bietet, ist sie für Anpassungen an die immer schneller werdenden Verschiebungen an den Märkten nicht mehr geeignet. Dafür braucht es eine neue Form, die er als flexible, netzwerkartige Struktur bezeichnet. Diese Mikrokosmen oder Querschnittsgruppen der Organisation sollten verstärkt und stetig an der Unternehmensstrategie arbeiten und sie umsetzen. Diese Zellen von »Freiwilligen« sollten letztlich den permanenten Wandel der Organisation im Blick haben, um das Unternehmen auf ihren Märkten wettbewerbsfähig zu halten.

8.6.2 Führung »macht« Sinn

Führung wird mehr und mehr die Rolle des Kommunikationsbrokers einnehmen und die Aufgabe erfüllen, Rahmen zu setzen und Kommunikationsstrukturen zu gestalten, in denen große gemeinsame Bilder entstehen, die Sinn schaffen. Dafür benötigt sie Kontexte, in denen Menschen in ihren Funktionen Probleme und Konflikte lösen können und in denen eher über positive Abweichungen gelernt wird anstatt über Defizite und Fehler.

Führung wird von der Heldengeschichte zum Sinngeschäft. Sie hat die wesentliche Aufgabe, das Überleben von Unternehmen zu sichern, solange es eben Sinn ergibt. Damit wird Führung zu einem Dienst an dem System, für das sie Verantwortung übernimmt. In vielen Organisationen, allen voran den Familienbetrieben, ist dies in der täglichen Praxis stark spürbar und wird von den Mitarbeitern häufig wohlwollend beschrieben. Dies lässt die Führungskräfte aller Ebenen sogar harte Schnitte wie Kündigungen, Sparmaßnahmen oder Verkäufe ganzer Einheiten sinnvoll und mit Engagement durchführen. Immer dort jedoch, wo der Verdacht entsteht, dass Strategien und Maßnahmen nicht zum Wohl der Organisation und ihrer Umwelten, sondern zum Vorteil einzelner Personen oder ganzer Stakeholdergruppen eingesetzt werden, beginnt die Stimmung zu kippen.

8.6.3 Positive Leadership

In unseren Untersuchungen hatten wir am Ende des ersten Durchgangs der Auswertung unseres Hypothesenmaterials meist sehr defizitorientierte Muster zum Vorschein gebracht. Dies ließ uns zunächst immer ziemlich ratlos zurück – hatten und haben wir uns als Berater doch auf die Fahnen geschrieben, Stärken, Ressourcen und positive Abweichungen in den Vordergrund zu stellen. Wir frag-

---

121 Kotter 2014, S. 12

ten uns, wie es sein könne, dass Systeme, die im Grunde organisationale Erfolgsgeschichten darstellen (sonst hätten sie nicht gut überlebt), so negativ über sich selbst denken und reden, dass wir selbst als externe Beobachter vollkommen in dieses Muster hineingezogen werden.

In unseren Rückmeldungen bemühten wir uns, die positiven Dinge im Material zu finden, in einen unternehmenshistorischen und strukturellen Kontext zu stellen und nach der Funktion des jeweiligen Musters zu suchen, um differenziert Rückmeldung geben zu können.

> Die Energie eines Unternehmens liegt in den Stärken und positiven Abweichungen. In der Managementwelt regiert jedoch oft das Defizit und unterwandert konsequent Energie für Veränderung und Entwicklung.

Wir führen diesen – nicht nur, aber auch – in vielen Unternehmen vorherrschenden, allein auf Defizite konzentrierten Fokus auf unsere gemeinsame Sozialisation, also starke kulturelle Prägungen zurück. Und doch gab es auch Ausreißer in die andere Richtung: Das folgende Zitat fasst zusammen, was wir unter dem Stichwort sinn- und beteiligungsfördernder Führung auch immer wieder gefunden haben:

> »Ich fühle mich sehr wohl geführt von dem, was wir gemeinsam entwickeln und erarbeiten. Um eine bessere Kundenorientierung zu erreichen, haben wir starke Emotionen, Selbstvertrauen, Begeisterung eingebracht und das haben wir alles selbst erarbeitet, das ist nicht von der Konzernspitze vorgegeben worden, sondern auf ganz breiter Basis von einigen Mitarbeitern und Führungskräften erarbeitet worden. Da wurden dann bestimmte Regeln aufgestellt, und von DIESEN Dingen, die wir da erarbeitet haben, fühle ich mich sehr wohl geführt. Da finde ich mich wieder, das gefällt mir sehr gut, das akzeptiere ich, und von dem werde ich auch geleitet, wenn man so will.«

Literatur

Ariely, Dan/Gneezy,Uri/Lowenstein, George/Mazar, Nina (2005): Large Stakes and Big Mistakes. In: Federal Reserve Bank of Boston Working Paper Nr.5/11, Boston 2005

Baccei, Tom (1994): Das magische Auge. München 1994
Baecker, Dirk (1994): Postheroisches Management. Berlin 1994
Baecker, Dirk (2003): Organisation und Management. Frankfurt/Main 2003
Baecker, Dirk (2007): Studien zur nächsten Gesellschaft. Frankfurt/Main 2007
Baecker, Dirk (2009): Die Sache mit der Führung. Wien 2009
Barnard, Chester (1938): The Functions of the Executive, Cambridge, MA 1938
Bateson, Gregory (1985): Ökologie des Geistes. Frankfurt/Main 1985
Bergmann, Frithjof (2004): Die neue Arbeit. Freiamt/Schwarzwald 2004

Cameron, Kim (2008): Positive Leadership. San Francisco 2008
Csikszentmihalyi, Mihalyi (1990): Flow. Das Geheimnis des Glücks. Stuttgart 1990

Dannemiller Tyson Associates (2000): Whole Scale Change. San Francisco 2000
Deci, Edward L./Ryan, Richard M./Koestner, Richard (1999): A Meta Analytic Review of Experiments. In: Psychological Bulletin 125/6 S.659. Washington 1999
Der Standard (2013): Simulierte Meuterei auf Kreuzfahrtschiffen. 18.11.2013
Die ZEIT (2014): Archiv, Generation Y: Wir sind jung..., Nr. 10/2014
Donnenberg, Otmar (1999): Action Learning. Ein Handbuch. Stuttgart 1999
Drucker, Peter F. (2001): The essential Drucker. New York 2001

Förster, Heinz von (1992). In: Gumin, Heinz/Meier, Heinrich (Hrsg.), Einführung in den Konstruktivismus, Band 5, München 1992
Froschauer, Ulrike/Lueger, Manfred (2003): Das qualitative Interview. Wien 2003
Füllsack, Martin (2009): Arbeit. Wien 2009

Hamel, Gary (2007): The Future of Management. Boston 2007
Hamel, Gary (2011): First, let's fire all the managers. In: Harvard Business Review, December 2011, Boston 2011
Hengstenberg, Hans Eduard (1998): Mensch und Materie. Dettelbach 1998
Hüther, Gerald (2011): Was wir sind und was wir sein könnten. Frankfurt/Main 2011

Jaspers, Karl (1973): Allgemeine Psychopathologie. Berlin 1973

Kotter, John (1996): Leading Change. Boston 1996
Kotter, John (2014): Accelerate. Boston 2014
Kühl, Stefan (2011): Organisationen. Eine sehr kurze Einführung. Wiesbaden 2011
Kromphart, Jürgen (1987): Konzeptionen und Analysen des Kapitalismus. Göttingen 1987

Luhmann, Niklas (1971): Zweck-Herrschaft-System. In: Luhmann, Niklas, Politische Planung. Aufsätze zur Soziologie von Politik und Verwaltung. Opladen 1971
Luhmann, Niklas (1987): Soziale Systeme. Frankfurt/Main 1987
Luhmann, Niklas (2000a): Organisation und Entscheidung. Opladen 2000
Luhmann, Niklas (2000b): Vertrauen. Stuttgart 2000

Maturana, R. Humberto/Varela, J. Francisco (1984): Der Baum der Erkenntnis. München 1984
McKinsey and Company (2010): Taking Organizational Redesign from Plan to Practice. McKinsey Quarterly December 2010. New York 2010
Mintzberg, Henry (1979): The Structuring of Organizations. New Jersey 1979
Mintzberg, Henry (2009): Management. San Francisco 2009
Mintzberg, Henry/Ahlstrand, Bruce/Lampel, Joseph (2012): Strategy Safari. München 2012

Noll, Bernd (2002): Wirtschafts- und Unternehmensethik in der Marktwirtschaft. Stuttgart 2002

Pflaeging, Niels (2008): Führen mit relativen Zielen. Frankfurt/Main 2008
Pfeffer, Jeffrey/Sutton, Robert I. (2005): Hard Facts, Dangerous Half-Truths & Total Nonsense. Profiting from evidence-based Management. Boston 2005
Pink, Daniel H. (2009): Drive. The surprising truth about what motivates us. New York 2009
Pink, Daniel H. (2010): (RSA Animate Video) Drive. The surprising truth about what motivates us. http://www.thersa.org/events/rsaanimate/animate/rsa-animate-drive 2010

Rifkin, Jeremy (2011): Die dritte industrielle Revolution. New York 2011
Roethlisberger, Fritz Jules/Dickson, William J. (2003): Management and the Worker. London 2003.
Rosenberg, Marshall (2003): Nonviolent Communication. Encinitas 2003
Ruffing, Reiner (2009): Bruno Latour. Paderborn 2009
Rüther, Christian (2010): Soziokratie. Ein Organisationsmodell. Grundlagen, Methoden und Praxis. www.christianruether.com 2010

Schein, Edgar (1985): Organizational Culture and Leadership. A Dynamic View. San Francisco 1985
Schein, Edgar (2003): Organisationskultur. Bergisch-Gladbach 2003
Seliger, Ruth (2008): Das Dschungelbuch der Führung. Heidelberg 2008
Seliger, Ruth (2012): Das Dschungelbuch der Führung. Heidelberg, 3. Ausgabe, 2012
Seliger, Ruth (2014): Positive Leadership. Stuttgart 2014
Sennett, Richard (2008): Handwerk. Berlin 2008
Sennett, Richard (2012): Together. New Haven 2012
Simon, Fritz B. (1997): Meine Psychose, mein Fahrrad und ich. Heidelberg 1997
Simon, Fritz B. (2004): Gemeinsam sind wir blöd. Heidelberg 2004
Simon, Fritz B. (2007): Einführung in die systemische Organisationstheorie. Heidelberg 2007
Simon, Fritz B./Wimmer R./Groth T. (2005): Mehr-Generationen-Familienunternehmen, Heidelberg 2005
Sprenger, Reinhard K. (2005): Mythos Motivation. Frankfurt/Main 2005
Stanford, Naomi (2005): Organisation Design: A Collaborative Approach. Oxford 2005
Stanford, Naomi (2007): Organisation Design: Creating high performing and adaptable enterprises. London 2007
Stanford, Naomi (2013): Vortrag im Rahmen der trainconsulting Standpunkte, Wien, 17.9.2013

Tolchinsky, Paul D. (2007): Managing Change and Transitions. Cleveland 2007
Towers Perrin Global Workforce Study 2007-2008, 2008

Waldherr Gerhard (2009): Die ideale Welt. In: Brand1, 1/2009
Wallander, Jan (2003): Decentralisation – Why and how to make it work. Stockholm 2003
Weick, Karl E./Sutcliffe, Kathleen M. (2003): Das Unerwartete managen, Stuttgart 2003
Werner, Götz (2008): Einkommen für alle. Köln 2008
Whyte, William Foote (1996): Die Street Corner Society: Die Sozialstruktur eines Italienerviertels. Berlin 1996

Wimmer, Rudolf (2012): Die neuere Systemtheorie und ihre Implikationen für das Verständnis von Organisation, Führung und Management. In: Rüegg-Sturm, Johannes/Bieger, Thomas (Hrsg.): Unternehmerisches Management. Herausforderungen und Perspektiven. Göttingen 2012

Stichwortregister

70/30-Regel 144

A
Abweichungen, positive 249
Action Learning 246
Ältere Geschwister Syndrom 150
Aktiengesellschaft 217
Alignment 41, 165
Analyse 8
Anerkennung 40, 204
Angebotsökonomie 230
Arbeitsbedingungen 208
Aufbaustruktur 94, 99
Aufmerksamkeit 136, 206, 209
Aufwärtsfeedback 126
Auslagerung 233
Autonomie 61, 208
Autorität 94, 110

B
Baecker, Dirk 131, 159
Balanced Scorecard 199
Barnard, Chester I. 78
Berater 135, 235
Berichtswesen 114
Berufung 202
Beschreibung 1. Ordnung 10
Beschreibung 2. Ordnung 10
Betriebsklima 207
Bilder von Führung 239, 240
blinder Fleck 69
Blockade 86
Boni 211
– individuelle 210
– Team- 202
Bullshit-Bingo 180
Burn-out 93
Bürokratisierung 40
Business Process Reengineering 100

C
Cameron, Kim 202, 207
Chancen 30
Change fiction 159
Change Formel 153
Change Management 145

charismatische Persönlichkeit 227
Commitment 154, 184, 246
Corporate Social Responsibility 166, 233

D
Darwinismus 175
Datenerhebung 8
Defizit 11, 131
Designprozess 158
Desinformation 113
Dialog 115, 118, 127, 158, 177 f., 219
Diversity 232
Divisionale Struktur 95
DNA des Unternehmens 168, 182
Doublebind 47, 96, 106, 139, 225
Double Link 90
Dringlichkeit 155
Driver 155
Drucker, Peter 194
duales Betriebssystem 99, 249

E
Ego 93
eigentümergeführte Unternehmen 219
Eigentümerinteressen 169
Eigenverantwortung 54, 77, 98, 241
Einwegkommunikation 109
Employer Branding 205
Endenburg, Gerard 91
Energiedreieck 177
Engagement 225
Entlohnung 200, 204
Entlohnung, Kritik 204
Entscheidungen 85, 88, 94
Entscheidungsstrukturen 86
Entscheidungsverantwortung 104
Entstörung 102
Erfahrung, praktische 100
Erfolg, ökonomischer 148
Ergebnis, absolutes 197
Erziehung der Mitarbeiter 134
Eskalation 104, 130
Experte 241
Expertenwissen 135
Exzellenz 208

F

Familienunternehmen 21, 219
Feedback 40, 120, 121 ff., 206, 210, 228
– 360°- 124
– anonymes 126
– Peer- 124, 213
Fehlerkultur 141
Feinanalyse 8
Fishbowl-Format 31
Flaschenhals 97, 128
Flexibilität 98
Flow 174, 208
Fluktuation 219
fordistisches Modell 110, 114
Formen 76
Frustrationstoleranz 224
Führen mit Zielen 190
Führung 242
– Rekursivität 243
Führungsaufgabe 115
Führungsbilder 239
Führungsentwicklung 152
Führungskommunikation 223
Führungsleistung 244
Führungsrolle 115
Führungsstil, familiär-egalitärer 24
funktionale Struktur 94

G

Gerechtigkeit 209
Geschlechterrolle 232
Glaubwürdigkeit 219
Gleichgültigkeit 88
Globalisierung 233
Gore 97, 103
Groth, Torsten 221

H

Hamel, Gary 175
Handbücher 100, 135
Harmonie 95, 129
Harmoniestreben 126
Hawthorne-Effekt 146
Hierarchie 73, 86, 88, 98 f., 249
Hochsicherheitsorganisationen 123

I

Identität 101, 177
Image 227, 233
Incentives 193
Incentivierung 202
Information 117

– als Machtmittel 114
– mangelnde 113
Innen-Außen-Diskrepanz 74
Innovation 98, 235
Input-Output-Bild 113
Interessen
– Partikular- 119
– verschleierte 119
Internationalisierung 39, 148, 181
Ist-Zustand 146

J

Job 202

K

Karriere 202
Kennzahlen 193, 245
Kohorte 235
Kokon 24
Kokooning 95
Kommunikation 29, 41, 152
– Abwesenheit von 136
– Face-to-Face- 142
– gewaltfreie 130
– informelle 68, 119, 137
– kollektive 140
– Missverständnisse 116
– One-Way- 114
– Politisierung 138
– positive 137
– ressourcenstärkende 135
– schriftliche 140
– sternförmiges 62, 127 f.
– systemisch-konstruktivistisches Modell 110
Kommunikationsanlässe 247
Kommunikationsbroker 249
Kommunikationsereignis 117
Kommunikationsgelegenheiten 19
Kommunikationsmuster 109
Kommunikationsstruktur 109
Komplexität 73, 98, 101, 105
Konflikt 128
Konsent-Modell 143
Konsultation 115
Kontrolle 77
Kooperation 98, 248
Kooperation, laterale 248
Kotter, John 154
Kränkung 220, 228
Kultur 82, 168
Kundennutzen 167

L
Landkarte, innere 110
Leadership-Map 241
leadership without the line authority 99, 248
Leistung 199, 244
Leistungsanreize, individuelle 191, 202
Leistungsfähigkeit 217
Leistungssteuerung 189
Leitbilder 177 ff.
Leitprinzipien 179
Lernchancen 126, 161
Lernen 121 f., 125, 129, 179, 247
– durch Ziele 199
– organisationales 139
Lernfähigkeit 183
Lerninstrumentarium 199
Lösungsorientierung 129
Loyalität 25, 218 ff. 224, 226
Luhmann, Niklas 76

M
Macht 94, 228, 247
Machtbereich 88
Machtkämpfe 129
Management by Objectives 189 f.
Management, postheroisches 240
Marke 228, 230
Markenresonanz 227
Marketing 229
Matrixorganisation 96, 99, 219
mechanistische Falle 161
Menschenbild 133
Messlatte 133
Metaentscheidungen 86
Metakommunikation 139
Methoden, qualitative 6
Migranten 232
Mikrokosmen 249
Mikromanagement 134
Mintzberg, Henry 181
Mission 98, 166, 169
Misstrauen 63
Mitarbeiter 223
Mitarbeiterbefragungen 126
Mitarbeiterführung 240
Mitarbeitergespräch 123, 202, 245
Mitarbeiterzufriedenheit 224
Mitsprache 113
Modelle der Führung 246
Monitoring 79, 105
Morning Star 213
Motivation 30, 81, 199

– intrinsische 200
Muster 106, 250
Mythos 93

N
Netzwerkdenken 248
Netzwerken 247
Netzwerkorganisationen 97
Neuerungen, technologische 234
NGO 196
nicht-triviales System 110

O
Oben-Unten-Muster 93
öffentliche Unternehmen 196
Ökonomisierung des Erfolgs 150
Old-Boys-Netzwerk 138
Organisation
– formelle 81
– informelle 82
Organisationsanalyse 4
Organisationsdesign 73, 80
Organisationskultur 76, 82
Organisationsstruktur 81
Overrule 92

P
Pädagogisierung 134
Paradigmenwechsel 247
Peer-Feedback-System 198
Peer-to-Peer-Contracts 107
Performancemanagement 189
Personenorientierung 221
Pink, Daniel 201
positive Abweichung 132
positive Leadership 249
postheroische Management 159
Prinzip der Nichteinmischung 128
Prinzipien 76
– Unternehmens- 177
Profitcenter 96
Prozesse 99
Pseudoobjektivierung von Führung 79
Psychophysik 73

Q
Qualifikation 225
Qualifikationsprogramm 134
Qualitätsmanagement 114
Querschnittsgruppen 249

R
Re-Entry 216
Reflexion 41, 101, 120, 177, 179, 183, 239
Rendite 54
Reorganisation 61
Reporting 114
Resilienz 148, 234
Ressourcen 156
Ressourcenorientierung 135, 182
Restrukturierung 148, 152
Resultate 244
Risikovermeidung 191
Roadmap 162
Rollen 104 f., 119
– informelle 105
– ungeklärte 119
Rollenbilder 105
Rollenerwartung 105 f.
Rollenklärung 64, 116
Rollenlandkarte 108
Rollenträger 104
Rückendeckung 137

S
Sandwichposition 90
Schein, Edgar 75
Schumpeter, Friedrich 73
Selbstführung 242
Selbstverwirklichung 232
Selffulfilling Prophecy 192
Sender-Empfänger-Modell 110
sense of urgency 154, 158, 162
Shareholder 114, 153
Silodenken 17, 29, 91
Silos 91
Simon, Fritz 10
Sinn 87, 115, 158, 167 ff., 204, 206, 216, 225, 249
Sinnhaftigkeit 42, 86
soziale Kontakte 207
Soziokratie 91
Spencer Brown, George 216
Sprenger, Reinhard 172, 200, 203
Stakeholder 114, 249
Standardisierung 36
Stanford, Naomi 74
Stärken 135, 250
Stolz 218
Strategie 152, 181
Strategieentwicklung 185
Strategiekonferenz 37
Struktur 89

Sutcliffe, Kathleen 123
Svenska Handelsbanken 159, 200
Systemanalyse 8
System, autopoietisches 101
systems of sentiments 146
Systemtheorie 73

T
Taylorismus 248
Themenanalyse 8
Tochtergesellschaften 218
Transparenz 117
triviale Informationsfalle 158
triviale vs. nicht-triviale Maschine 161

U
Überlastung 24, 133
Überzeugung 184
Ungerechtigkeit 211
Unsicherheit 85
Unternehmensgeschichte 250
Unternehmenskommunikation 111
Unternehmenslogik 221

V
Veränderungen, soziale 232
Verantwortung 135, 155, 225
– gesellschaftliche 233
Verfahren, hermeneutische 7
Vergütungsstruktur 189
Vergütungssysteme 211
Vergütung, variable 201, 209
Verhalten 78
Verhaltenserwartung 104
Vertrauen 77, 152, 218, 248
– mangelndes 119
Vertrieb 229
Vision 98, 103, 156 f., 166, 171, 176
– qualitative 172, 176
– quantitative 172, 176
Vorbildwirkung 179

W
Wachstum 148
Wallander, Jan 159
Wandel 98
Weisheit des Systems 184
Werner, Götz 201
Werte 76, 177, 179
Wertschätzung 205 f.
Wettbewerb, internationaler 233
Willkür 212

Wimmer, Rudolf 196, 221
Wirksamkeit 206, 244
Work-Life-Balance 205, 22530232

Z
Ziele 133, 190 f.
– harte 198
– Individual- 191
– Living Goals 195

– Output- 197
– SMART 195
– Verhaltens- 198
– weiche 198
Zielkonflikt 23
Zielvereinbarungen 194
– gehaltsrelevante 202
– Kaskaden 193
Zufriedenheit 224
Zweck 168 f.

Die Autoren

Oliver Schrader, Jahrgang 1966, ist systemischer Organisationsberater, studierter Sozialwissenschaftler, zweifacher Vater und Theaterimprovisateur. Seine Laufbahn begann er mit der Erstellung von Planspielen und der Gestaltung von Kommunikationsprozessen in Verwaltungs- und Wissenschaftsorganisationen. Er verfügt über Ausbildungen in Moderation und systemischer Organisationsberatung und arbeitet als Consultant bei trainconsulting, einem der führenden systemischen Beratungsunternehmen, in Wien.

Schwerpunkte seiner Beratungstätigkeit sind qualitative Organisationsanalysen, Organisationsdesign und Führungsentwicklung. Er ist Mitglied des Instituts für systemische Organisationsforschung sowie des European Organization Design Forum und unterrichtet in mehreren Master-Lehrgängen.

o.schrader@trainconsulting.eu
www.trainconsulting.eu

Lothar Wenzl, Jahrgang 1967 und Vater von zwei Töchtern, studierte Handelswissenschaften in Wien und Mexiko. Er begann seine Karriere im Vertrieb und in der Personalentwicklung und arbeitete in internationalen Konzernen als Personalverantwortlicher. Seit fast 12 Jahren ist er geschäftsführender Gesellschafter von trainconsulting, einem der führenden systemischen Beratungsunternehmen in Wien.

Seine Arbeitsschwerpunkte liegen in der Begleitung tiefgreifender Veränderungsvorhaben in Unternehmen aller Branchen. Beratung der Führung bei der Gestaltung effektiver Organisationen, in denen Arbeit mit Sinn und Freude gemacht wird, steht dabei im Zentrum. Lothar Wenzl ist Mitglied des European Organization Design Forum und unterrichtet in verschiedenen Masterlehrgängen, unter anderem an der Steinbeis-Hochschule in Berlin.

l.wenzl@trainconsulting.eu
www.trainconsulting.eu